国防科技图书出版基金

多无人飞行器
协同航迹规划与编队控制

Cooperative Path Planning and Formation Control of Multiple Unmanned Aerial Vehicles

马培蓓　吕超　雷明　范作娥　纪军　著

国防工業出版社
·北京·

图书在版编目(CIP)数据

多无人飞行器协同航迹规划与编队控制/马培蓓等著. —北京:国防工业出版社,2024.8 重印
ISBN 978 - 7 - 118 - 12662 - 4

Ⅰ. ①多… Ⅱ. ①马… Ⅲ. ①无人驾驶飞行器 - 航迹控制 Ⅳ. ①V47

中国版本图书馆 CIP 数据核字(2022)第 182913 号

※

国防工业出版社出版发行
(北京市海淀区紫竹院南路 23 号　邮政编码 100048)
北京虎彩文化传播有限公司印刷
新华书店经售

*

开本 710 × 1000　1/16　**插页** 4　**印张** 11¾　**字数** 196 千字
2024 年 8 月第 1 版第 2 次印刷　**印数** 1501—2500 册　**定价** 98.00 元

国防书店:(010)88540777　书店传真:(010)88540776
发行业务:(010)88540717　发行传真:(010)88540762

致 读 者

本书由中央军委装备发展部**国防科技图书出版基金**资助出版。

为了促进国防科技和武器装备发展，加强社会主义物质文明和精神文明建设，培养优秀科技人才，确保国防科技优秀图书的出版，原国防科工委于1988年初决定每年拨出专款，设立国防科技图书出版基金，成立评审委员会，扶持、审定出版国防科技优秀图书。这是一项具有深远意义的创举。

国防科技图书出版基金资助的对象是：

1. 在国防科学技术领域中，学术水平高，内容有创见，在学科上居领先地位的基础科学理论图书；在工程技术理论方面有突破的应用科学专著。

2. 学术思想新颖，内容具体、实用，对国防科技和武器装备发展具有较大推动作用的专著；密切结合国防现代化和武器装备现代化需要的高新技术内容的专著。

3. 有重要发展前景和有重大开拓使用价值，密切结合国防现代化和武器装备现代化需要的新工艺、新材料内容的专著。

4. 填补目前我国科技领域空白并具有军事应用前景的薄弱学科和边缘学科的科技图书。

国防科技图书出版基金评审委员会在中央军委装备发展部的领导下开展工作，负责掌握出版基金的使用方向，评审受理的图书选题，决定资助的图书选题和资助金额，以及决定中断或取消资助等。经评审给予资助的图书，由国防工业出版社出版发行。

国防科技和武器装备发展已经取得了举世瞩目的成就，国防科技图书承担着记载和弘扬这些成就，积累和传播科技知识的使命。开展好评审工作，使有限的基金发挥出巨大的效能，需要不断摸索、认真总结和及时改进，更需要国防科技和武器装备建设战线广大科技工作者、专家、教授，以及社会各界朋友的热情支持。

让我们携起手来，为祖国昌盛、科技腾飞、出版繁荣而共同奋斗！

国防科技图书出版基金

评审委员会

国防科技图书出版基金
第七届评审委员会组成人员

主 任 委 员　柳荣普

副主任委员　吴有生　傅兴男　赵伯桥

秘 书 长　赵伯桥

副 秘 书 长　许西安　谢晓阳

委 员　才鸿年　马伟明　王小谟　王群书

（按姓氏笔画排序）　甘茂治　甘晓华　卢秉恒　巩水利

刘泽金　孙秀冬　芮筱亭　李言荣

李德仁　李德毅　杨　伟　肖志力

吴宏鑫　张文栋　张信威　陆　军

陈良惠　房建成　赵万生　赵凤起

郭云飞　唐志共　陶西平　韩祖南

傅惠民　魏炳波

前　　言

智能化无人飞行器是指采用了人工智能技术，具备态势感知、信息融合、自主决策和协同控制能力，实现“自主、高动态与分布协同作战”的无人飞行器。从空中、地面到水下，以导弹和无人机为代表的无人飞行器作为新军事变革的代表性装备必将成为未来战场上的重要力量。它具有突防能力强、制导精度高、机动性好、效费比高的优点，充分体现了未来战争信息化、网络化、无人化、非接触的特点，是最符合未来战争需求和世界装备发展潮流的航空武器装备，已逐步成为现代战争不可或缺的重要装备之一。随着无人飞行器、自主系统、人工智能、大数据、网络等现代前沿科技领域的迅猛发展，并基于其研究成果，美军正在研发无人飞行器“蜂群”战术，由大型空中平台搭载和释放大量的无人飞行器，编成战斗集群，无人飞行器群采用自主协同、航迹规划、编队飞行控制、态势感知、目标分配和智能决策等手段，依靠整体战斗力，应对复杂、强对抗、高度不确定的战场环境。美国在其《无人飞行器系统路线图 2007—2032》中明确提出发展协同决策控制方法，使得多架具备自主决策控制能力的无人机能够通过组织规则和信息交互实现较高程度的自主协作。预计在 2025 年，无人飞行器将具备集群战场态势感知和认知能力，能够完全自主和自行组织作战。美国空军研究实验室(AFRL)启动了“编群战术空间”计划，研究无人飞行器间的协同作战，演示验证了 12 架无人作战飞机的自主协同飞行、搜索和模拟打击。美国海军研究局(ONR)开展了“低成本无人飞行器蜂群技术”项目，完成了 40s 内在海上连续发射 30 架无人机以及无人机群编组和机动飞行试验。多无人飞行器可支持复杂战场下的协同侦察、协同监视和攻击多目标，满足在时空约束下以最大的成功概率和最低的风险命中目标，产生显著的作战效益，军事理论与应用价值巨大。

本书是作者多年以来从事无人飞行器自主协同决策研究工作的总结，重点研究多无人飞行器航迹规划技术、编队飞行控制技术以及具有攻击角度和攻击时间约束的协同制导技术。本书作者结合自身积累的研究基础总结成书，望能抛砖引玉，激发有志者加入到该领域的研究中来。

本书将多无人飞行器协同作战过程分为在线任务规划、巡航编队飞行和攻击目标 3 个阶段展开研究，共由 8 章组成，具体内容安排如下。

第 1 章“绪论”介绍研究背景与意义、分析多无人飞行器应用现状以及协同控制研究现状；第 2 章 ~ 第 4 章考虑在线任务规划阶段，以某型导弹为研究对象，充分考虑工程实现的角度，并结合具体飞行器模型，研究无人飞行器航迹规划问题；第 5 章 ~ 第 7 章考虑巡航编队飞行阶段，以某型无人机为研究对象，研究多无人机编队飞行控制问题，并分析其编队稳定性；第 8 章“控制攻击时间与攻击角度的导弹三维制导律”以导弹为研究对象，考虑在攻击目标阶段，为了提高导弹的协同攻击能力，研究导弹末制导段同时控制攻击时间与攻击角度的问题。

马培蓓撰写第 1 章、第 4 章、第 8 章，吕超负责第 2 章 ~ 第 4 章相关内容的仿真计算，雷明撰写第 5 章 ~ 第 7 章，范作娥撰写第 2 章 ~ 第 3 章，纪军负责第 1 章的部分内容和全书的编辑、审校，全书由马培蓓统稿。在书稿的撰写过程中得到许多同行的关心和帮助，收获了很多宝贵的意见和建议，尤其感谢海军航空大学的张友安教授、雷丹博士，以及张友根博士给予的指导和帮助。感谢为本书的出版做出贡献的人们。

本书得到了国防科技图书出版基金的支持，同时得到了国家社科基金（2021 - SKJJ - B - 012）、国防科技 173 计划领域基金（2021 - JCJQ - JJ - 0526）以及山东省自然科学基金（ZR2019MF065）的支持。

由于作者水平有限，书中难免存在一些问题和不足，欢迎读者批评指正。

马培蓓

2022 年 7 月于烟台

目　　录

Contents

第1章　绪　　论

1.1　背景和意义

多无人飞行器协同是通过以导弹、无人机为代表的无人飞行器之间的紧密协作完成的,以一体化无缝通信网络实现信息共享,并通过协同策略综合分析、处理、分发各种战场信息数据,根据系统的共同利益承担目标,从而在整个协同系统内实现作战运用,是一个典型的群智能系统。智能化无人作战飞机在越南战场上出现,从海湾战争、波黑战争,再到阿富汗、伊拉克战争中的显著战果,充分证明了其军事应用价值。1991 年的海湾战争中,美国只用了一种“先锋”无人机;2001 年对阿富汗战争中,美国使用了“全球鹰”“指针”和“捕食者”3 种无人机;2003 年对伊拉克的战争中,美、英两国使用了以 X-45A 攻击型无人机为代表的十多种无人机;2020 年在纳卡地区爆发亚美尼亚与阿塞拜疆的冲突中,阿塞拜疆大量使用无人机进行攻击,占据战场主动权。俄乌战争已经成为到目前为止实战应用规模最大的现代化战争,并在此次冲突中充分验证了自身实战效能,突出显示了其新型作战力量的角色地位,甚至可能成为未来战争规则的改变者。无人机遂行的任务从单纯的空中侦察扩大到导弹攻击、情报监视、充当诱饵、电子战及战场损伤评估,在五维一体化的战场上显示出了重要的作用。与此同时,许多型号的导弹也具备了航迹规划功能和目标选择能力。而要最大限度利用新型无人飞行器的航迹规划、编队飞行和目标选择能力,大力协调飞行器间的系统资源,充分发挥编队协同作战的优势,就需要有综合任务规划系统在飞行器发射前和飞行过程中进行任务规划[1-5]。在高动态、不确定、多任务、高威胁的现代强对抗作战环境下,单飞行器有限的飞行能力和载弹负荷很难独自完成复杂战场态势中的信息收集、区域监视、多目标攻击等任务,而多无人飞行器协同作战已经成为未来武器装备的新兴作战样式。多无人飞行器协同作战是以自主协同网络为依托,在局部战场上创造出压倒性优势,可前突到高危战场前沿,完成情报监视与侦察搜索任务,为作战行动提供实时目标情报信息;在进攻歼灭任务中,无人飞行器可利用携带的制导弹药或直接对目标进行突发性的攻击摧毁,为进一步对地攻击提供安全通道[6-10]。未来无人飞行器的任务内容必将形成以无人机侦察发射平台为核心、以导弹攻击拦截为作战手段、以卫星实时通信为信息保障，智能控制、指挥“机、弹、星、人”结合武器系统。无人系统的智能化体现在两大方面：一是智能化的指挥、控制战；二是智能化武器的攻防对抗。多无人飞行器协同作战必定会改变现代战争的模式，使战争的形式从完全的物质摧毁型变成真正的局部手术式，使正规战变成特种战，使顺序作战变成并行作战，突然袭击也将贯穿于战略战役行动的全过程。当前无人飞行器由保障型向作战型发展，由注重单一平台向网络化多智能平台发展，由自主系统向协同任务自适应自主系统发展。

美国在其《无人机系统路线图 2007—2032》中明确提出发展多无人机协同决策控制方法[10]，使得多架具备自主决策控制能力的无人机能够通过组织规则和信息交互实现较高程度的自主协作。预计在 2025 年，无人机将具备集群战场态势感知和认知能力，能够完全自主和自行组织作战。美国空军研究实验室启动了“编群战术空间”计划，研究无人机间的协同作战，演示验证了 12 架无人作战飞机的自主协同飞行、搜索和模拟打击。美国海军研究局开展了“低成本无人机蜂群技术”项目，完成了 40s 内在海上连续发射 30 架无人机以及无人机群编组和机动飞行试验。多无人机自主协同控制已被美国空军科学研究局列为六大基础课题之一，也成为学术界研究的热点和难点问题。研究多无人飞行器协同控制的关键问题，抢占战略“制高点”，作为集群无人飞行器协同作战的重要支撑，协同航迹规划与编队飞行控制技术能够根据作战任务，在满足任务时序、载荷能力、飞行性能、安全规避和时空一致等复杂约束条件的前提下，合理配置作战资源、制定行动方案，引导多无人飞行器有序协同、高效地完成协同突防、协同探测、编队飞行、协同打击等特定任务，提升作战效能，达成作战使命。

1.2 多无人飞行器的应用现状

1.2.1 无人机在局部战争中的作战应用现状

近年来，无人机的研制热潮在多数发达国家持续高涨，已经涌现出许多性能优异的新型无人机系统，如美国的 RQ－4“全球鹰”、RQ－5“猎人”、RQ－7“影子”、RQ－11“渡鸦”、RQ－170“哨兵”、X47－B 等，以色列的“苍鹭”“黑豹”等，俄罗斯的“猎人”“海鹰”“猎户座”等。我国的无人机领域保持创新势头，研发了包括“翼龙”“云影”“利剑”“彩虹”等大量具有自主知识产权的无人机机型。各型无人机高速发展的主要原因在于无人机以其特有的方式和作战效能在局部战争中发挥了十分重要的作用。以美国为首的西方国家纷纷制定或调整计划研制新型无人机，包括研制无人作战飞机和临近空间无人飞行器。在未来的空天战场中，无人机作为重要的空中威胁将显得更加重要。

1. 越南战争

无人机真正投入实战是在20世纪60年代的越南战争，美国开始通过对“火蜂”系列靶机进行改装，使其发展为无人侦察机，并首次应用到越南战场，这也是无人机第一次真正意义上应用于战争。“火蜂”无人侦察机在越南北方上空进行了照相侦察、破坏评估、电子窃听、无线电干扰等诸多任务，其战损率仅16%。按当时有人机的损失率来计算，至少有1500名飞行员幸免于难。但局限于当时的科技水准，再加上回收时存在重要技术难题，回收成功率较低。

早期的无人机除了具备让飞行员免受伤害的优势之外，几乎没有展现出比有人驾驶飞机更多的优势。

2. 中东战争

在1973年的中东战争和1982年叙、以贝卡谷地之战中，无人机发挥了重要作用。以军出动美制“E－2C”鹰眼预警机对叙军进行监视，同时每天出动“侦察兵”和“猛犬”等无人机70余架次，对叙军的防空阵地、机场进行反复侦察，轻易获得叙军阵地雷达工作频率和信号特征，探明SAM－6导弹的部署位置和制导系统，并将拍摄的图像传送给预警飞机和地面指挥部。以军查明了叙军雷达的位置，接着发射“狼”式反雷达导弹，摧毁了叙军不少雷达、导弹和自行高炮，迫使叙军雷达不敢开机，为以军的有人飞机攻击目标创造了条件，使以军仅用6min的时间，就将叙军部署的19个SAM－6导弹阵地和40部雷达全部摧毁。

无人机在这次战争中的成功应用引起了世界各国的高度关注。

3. 海湾战争

在海湾战争期间，“先锋”无人机完成了目标搜索、战场警戒、海上拦截及海军炮火支援等任务。美军在海湾地区共部署6个“先锋”无人机连，总共出动了522架次，飞行时间达1640h。无人机不仅将侦察到的伊拉克军队的指挥所、飞机机库、地空导弹阵地、高炮阵地、雷达阵地、坦克部队和巡逻艇的位置和动态等情况首次实时传输到前线指挥所和美国本土，引导地面部队摧毁了伊军120多门火炮、7个弹药库、1个炮兵旅和1个机步连，还作为空中诱饵，以组合式干扰和反辐射导弹干扰攻击伊军的指挥与防空系统，为战争的准备和空中精确打击提供了重要情报，甚至侦察到了伊拉克从科威特撤退的情况，使美军地面部队提前一天占领了科威特。

在实战中，无人机确实发挥了重要的作用，一架“拓荒者”无人机盘旋在伊拉克士兵上空，他们竟然因此向美军投降，无人机的重要和特殊作用可见一斑。

世界其他国家也在积极引进和研制无人机，这标志着无人机装备新技术又将掀起一项新的革命浪潮。

4. 科索沃战争

在科索沃战争中，以美国为首的北约集团，使用了“捕食者”和“猎犬”等无人机，飞行了1400h，对南斯拉夫境内进行侦察，获取了南军的大量情报。美、英、法、德、意5个国家纷纷选用了性能各异的无人机参战，参战各国的无人机共有7种，估计有200～300架。这是历次局部战争中使用无人机数量最多的一次，也是发挥作用最大的一次。无人机在科索沃战争中完成了以下任务：中低空侦察及战场监视、电子干扰、战果评估、目标定位、气象资料搜集、散发传单以及营救飞行员等，起到了有人机难以完成的作用。

科索沃战争不仅提高了无人机在战争中的地位，而且引起了各国政府对无人机的重视，这将对未来无人机的发展及广泛应用起到不可估量的作用。

5. 阿富汗战争

在2001年的阿富汗战争中，美国使用了包括“全球鹰”在内的无人机，对阿境内的塔利班武装进行了广泛的侦察，获取了大量的情报，为美军实施精确打击提供了准确信息。“捕食者”无人机还首次携带反坦克导弹，用于对阿富汗地面目标实施攻击，标志着美军无人攻击机走向实战。

由此，无人机的使命突破了传统的情报侦察领域，而正式向作战装备迈进。无人机技术已趋于成熟，性能日臻完善，能够承担的任务范围进一步扩大，任务级别由战术级扩大到战役级，任务性质由支援性保障扩大到攻击性作战。

6. 伊拉克战争

2003年3月20日，美军在对伊拉克首轮空袭中使用了“捕食者”无人机发射“地狱火”导弹，打击伊拉克在阿马拉城外的防空炮火。在伊拉克战争中，美军使用十几种无人机，这一数量是阿富汗战争的3倍多，机型包括陆军的“猎犬”和“指针”无人机，海军陆战队的“龙眼”和“先锋”无人机，空军的“全球鹰”和“捕食者”无人机，另外还有其他几种小型的无人机系统，用于支援特种作战需求。具体分析，伊拉克战争中无人机的作战使用有如下特点。

(1) 无人机侦察能力得到进一步加强，并拓展了新的功能。从目前来看，侦察仍然是无人机传统长项，随着无人机技术性能的大幅提高，战场侦察能力得到进一步加强。

(2) 无人机开始具备攻击能力，起到猎杀作用。无人机已从单纯执行侦察、监视、搜索、目标指示等非攻击任务，发展到对地攻击及轰炸等精确打击任务，任务内容逐步由简单向复杂过渡。以无人机侦察发射平台为核心、以导弹攻击拦截为作战手段、以卫星实时通信为信息保障，智能控制指挥的“机、弹、星、人”结合武器系统，将是无人机作战使用的一种新模式，它将极大地提高作战效能，是军用无人机发展的里程碑。无人机将从过去一直执行的空中侦察、战场监视和战斗毁伤评估等任务的作战支援装备，升格为能执行压制敌防空系统、对地攻击、拦截战术弹道导弹和巡航导弹任务，甚至可执行对空作战任务的作战装备，其性能将会发生质的飞跃。

(3) 在电子战中的作战使用效能增大。反辐射无人机更是实施电子战硬杀伤手段的有效武器，用于反辐射作战的无人机专门研制和攻击对方的雷达。与反辐射导弹相比，这种无人机的成本低、机动性能好、航程远，可在目标区上空长时间飞行，待机攻击目标。如果敌方雷达关机，无人机会改为巡航搜索状态，等敌方雷达再次开机时实施攻击。美军利用无人机干扰伊拉克的通信系统，无人机能在很近的距离上完成由 EA－6B、EC－130 所承担的通信干扰任务。

(4) 使用样式多样化、作战任务多元化。美军利用无人机发射微型无人机，执行更多样化的任务；无人机融入 TMD 系统，拦截巡航导弹和弹道导弹，比用有人驾驶战斗机和攻击机更安全、经济、有效。将多架带有拦截导弹的无人机部署在敌导弹可能入侵的航迹上，待机飞行。当敌导弹飞临时，发射导弹实施拦截，无人机成为网络中心节点，进行通信、战术控制中继。美国海军研制的新一代无人机的主要使命之一就是通信中继，利用一架加装了超高频和甚高频无线电通信设备的"捕食者"无人机进行中继通信，将实时视频图像从地面传送给了其他美、英有人作战飞机。

表 1－1 列举了无人机的作战使用情况[11]。从表中可以大致看出，在战争的促进下，无人机的作战任务领域在不断拓展。需要注意的是，在不同的战争中，往往会出现同一种无人机以不同的使用方式完成同样的作战任务，如"捕食者"无人机在阿富汗战争中首次携带反坦克导弹用于作战，而在伊拉克战争中，该型无人机发射"地狱火"导弹，打击伊拉克的防空高射炮。

表 1－1　无人机在局部战争中完成的任务

战争名称	侦察	欺骗	干扰	监视	中继	对地攻击	对空攻击
越南战争	√						
第四次中东战争	√	√					
海湾战争	√	√	√	√	√		
科索沃战争	√	√	√	√	√		
阿富汗战争	√			√	√	√	
伊拉克战争	√	√	√	√	√	√	

表1－2总结了各次涉及无人机实战所动用无人机的国别。虽然自越南战争以后，有几场战争没有无人机参与，但在1991年海湾战争之后，世界上几乎每个大的军事行动都有无人机的身影，并且多数都有美军无人机的出现。当前，美国是无人机研究最深入的国家。

表1－2 各次实战中应用的世界各国的无人机

战争名称	应用无人机的国家
越南战争	美国
第四次中东战争	美国
海湾战争	美国、美以合作、法国、英国
科索沃战争	美国、美以合作、法国、英国、意大利
阿富汗战争	美国、美以合作
伊拉克战争	美国、美以合作、英国

1.2.2 无人机集群协同作战现状

1. 无人机集群协同作战研究现状

随着无人机性能的迅速提升，作战功能在不断扩展，无人机集群协同作战的思想也在这时被提了出来。无人机集群协同作战是一种全新概念的作战模式，具备智能化程度高、不确定性因素多以及任务环境复杂等诸多特点，协同控制是实现无人机集群协同作战的关键，对于提高无人机集群的整体作战效能起着至关重要的作用。无人机集群自主协同是以无人机集群协同系统为研究对象，在高度非结构化、不确定环境中，无须或最少人工干预，以集中/分布的方式选择和协调多个混合平台间的行为来完成一个共同的目标，使无人机集群系统通过协同获得比相互独立设计的单架无人机控制更有效的工作能力。无人机系统自主决策控制等级将人机交互、协同观测、协同分析、协同决策，以及协同行动能力纳入自主性能度量中，以便更完备地描述无人机系统自主能力。无人机的自主能力不断发展，将逐步从简单的遥控、程控方式向人机智能融合的交互控制、全自主控制方式发展，无人机将具备集群协同执行任务的能力。

多无人机协同执行空中突袭任务，已取得不俗的战果[12]。2018年1月8日，叙利亚叛军使用20架小型无人机，挂载轻型迫击炮，以“蜂群”战术突袭了俄罗斯的两处军事基地，尽管军事基地受到防空系统的保护，但叛军的“蜂群”无人机仍击毁了7架军用飞机，造成了俄罗斯近30年来对外战争的较大一次战损。2019年9月14日，也门胡塞武装多架无人机采用低空突防、集群协同的战术空袭了沙特的炼油厂和油田，导致沙特石油减产，国际油价上涨15%，而部署于沙特的“爱国者”防空导弹系统并未及时对无人机进行有效拦截。2020 年 4 月，土耳其的攻击型无人机在叙利亚战场上数天之内击毁了多部本来专门用于拦截无人机的弹炮合一防空系统，证明了无人机与地面防空系统较量时的作战能力。

智能化集群无人机协同是通过无人机之间的紧密协作完成的，以一体化无缝通信网络实现信息共享，并通过协同控制策略综合分析、处理、分发各种战场信息数据，根据系统的共同利益承担目标，从而在整个系统内实现协同，是一个典型的群智能系统。多机协同具体包括 6 层含义[13-18]：①多机协调，即多架无人机在执行任务过程中，可以根据各机的情况和任务，进行协商和最优动态任务分配；②多机战术重规划，具备集群无人机应对突然威胁、目标功能，并对目标和已有威胁进行排序和任务分配，并与其他系统分离态势信息；③多机战术目标，在执行任务的集群无人机中有一架核心无人机负责战术任务分配，具有执行任务协同行动的能力；④分布式控制，集群无人机中没有核心，采用分布式架构，并且有多个无人机编队执行任务；⑤多机战略目标，集群无人机在几乎没有人的帮助下完成战略目标，但需要有人的监督；⑥全自主蜂群，集群无人机完全自主工作，不需人的干预，利用和共享跨领域传感器的信息来无缝地指挥、控制和通信。

现代化战争的形势正逐步由传统的“平台中心战”向“网络中心战”发展，网络中心战由现代信息化战争衍生而来，是一种扁平分散化的结构网络，其数据流向兼顾了串行与并行的特点，并能够动态地接入各种资源，其网络资源、信息高度共享、结构灵活、动态扩展能力强，因此也是一种面向服务的体系结构[19-21]。在网络中心战下，无人机是以网络节点的形式参与至整个作战对抗体系中，因此要求无人机自身具备一定的自主决策控制能力，如传感器探测能力、数据分析与融合能力、载弹攻击能力等，从而为整个作战网络服务。网络中心战下的决策控制则由信息驱动，因此要求无人机具备高度的智能，该智能能够对缺失的不完备信息、定性表达的模糊信息进行数据挖掘，并能对战场突发情况做出响应，容忍一定程度的任务失败并最大限度地做出补偿措施。此外，该无人机节点还需要具备与友军节点进行协作的能力。无人机集群自主协同决策控制可理解为智能控制技术与平台控制技术的高度综合，其自主决策控制能力是无人机集群协同作战的技术基础。美军明确提出发展无人机自组织集群控制方法，使得多架具备自主决策控制能力的无人机能够通过组织规则和信息交互实现较高程度的自主协作，通过高效的协同组织形式和动态功能分配方法提高系统作战效能。面对日益复杂的战场环境，无人机参与作战的形式将更多地表现为无人机集群协同作战，即指派一个由多架同构或异构无人机组成的编队系统，通过编队成员之间的能力互补和行为协调，从而提升非结构化战场环境下无人机执行任务的成功率。无人机集群系统的基本组成包括无人机载机、任务规划/控制系统、任务载荷、武器系统、通信数据链、指挥控制中枢以及其他友邻单元等，其中无人机是任务规划/控制系统、任务载荷以及武器系统的载体。无人机编队是组成无人机集群系统的首要元素，它可以是由单个无人机按照分组规则构成的普通单元编队，也可以是普通单元编队构成的无人机集群协同编队。

2. 国外无人机集群协同试验

目前，对于多无人机协同任务研究中，比较引人注目的是美国国防高级研究计划局(DARPA)主持的自治编队混合主动控制[22]工程，该工程对飞行器协同控制中的多项关键技术进行了研究，包括分层控制结构、自主编队控制理论与算法以及建模和仿真技术，其目标是通过提高无人飞行器的自主控制和协同控制能力，实现较少操作人员对大规模飞行器编队的控制。早在海湾战争前，美国空军就认识到需要更新上层协同控制系统的重要性[23]。早在 1988 年，美国空军系统司令部的罗姆实验室和工业界就利用 1400 万美元的经费研制先进的协同控制系统 APS。APS 具有天气、电子战、威胁、航迹规划等模块，并备用各种评估软件，是一种用于战术空军控制中心的作战规划部的综合部队级系统，其特点是几个规划人员可同时规划一项战斗攻击任务，以便互相确认和缩短规划时间。此外，美国空军还在陆上设置了空军作战指挥与控制中心，该系统在空地作战管理，特别是通信领域具有独特的优点，能够彩色显示敌人防空威胁的覆盖范围和危险程度，并可重叠在地图上，可供飞行员选择最佳的攻击航迹。美国海军也在提高其协同控制系统的功能。美国海军研究办公室主持的无人作战飞机项目对多无人作战飞机系统的智能控制结构进行了研究[24]，将一组无人作战飞机作为一个中央控制器协调下的多智能体系统，无人作战飞机在高度自治的同时相应协同地完成任务。此外，美国海军还研究了 APS 的子系统，称为综合打击规划系统(ISPS)，该系统已装备于航空母舰，用于制定舰炮火力支援、常规弹头巡航导弹和攻击机协同作战计划。ISPS 可作为任务分配系统将一些任务要求输入设置在太平洋或大西洋的舰队司令部的战区任务规划中心。

美、英、法等国针对多无人机在有人机引导下的协同飞行进行了大量的飞行试验。

1) 美国的飞行试验

(1) 美国“珀耳狄克斯”项目。2015 年 6 月，美国一架 F-16 战斗机从阿拉斯加空军基地起飞，在空中释放了 30 架“灰山鹑”无人机。2017 年 1 月 7 日，该项目又进行了一次里程碑式的演示，3 架有人驾驶的 F/A-18F“超级大黄蜂”战斗机在空中一次性投放了 104 架微型无人机。这些无人机是由 3D 打印制造而成，成本非常低廉，能够作为诱饵迷惑敌人的防空系统或安装电磁干扰器干扰敌方雷达信号。上百架无人机在脱离发射箱之后能够相互感知队友并且可以像蜂群一样形成集群队形。

（2）美国“战斗机交战管理”项目。这是战术集成空战作战应用的一种，利用 F/A－22 来管理 4 架小型、低成本、传感器少，但多用途的无人机，以从事危险和充满挑战的防空压制任务，位于每个有人战斗机的任务战斗管理系统提供关键辅助决策和连接管理功能，为复杂的防空压制任务提供近实时的最佳分布式多机协作策略，并指挥每个作战单元的行动。与地面站远程指挥控制无人机的方式比较，有人机指挥引导多无人机协同作战的方式，在缩短时限和提供更有效的多机协作策略以压制或摧毁综合防空系统的威胁方面具有革命性的改善。

（3）美国忠诚僚机项目。美国的 XQ－58A“女武神”是美国忠诚僚机的典型代表，该机主要用于监视、侦察和远程作战，可提高作战灵活性和实用性。作战中，该机作为有人机的无人护航或僚机发挥作用。一是该机可与 F－22 或 F－35组成编队协同作战，在有人机的指挥下实施侦察与打击行务，也可自组合形成无人机蜂群，实现自主察打一体任务。4～6 架无人机作为僚机前出飞行，用于作战先期的“踹门”，有人机跟进打击；二是承担预警机、加油机、巡逻机等大型机的护航，主要在无人机上加装相控阵雷达、红外载荷等加大战场态势感知能力。美军在 2020 年初步形成人机协同作战能力，研究重点向人机智能协同聚焦。

2）英国的飞行试验

英国的国防科技集团 QinetiQ 一直致力于开发编队执行任务过程中有人机对其他协同无人机的实时同步控制技术。2006 年 10 月，英国利用 BAC1－11 飞机来模拟无人机，成功验证了最新研发的无人机控制和管理方法，实现了有人机控制无人机飞行的试飞验证。2007 年 4 月，英国进行了人机协同飞行验证，利用 1 架“狂风”战斗机作为指挥控制机，4 架 BAC1－11 飞机来模拟无人机，实现了 1 名有人机飞行员同时管理 4 架无人机。无人机实时将前方敌军目标的图像传输给有人机，在得到有人机下达的攻击命令后便开始进行打击行动。当出现突发情况时，有人机可以停止无人机的自动操作转而对其进行控制。有人机与无人机通信失效时，无人机将转换成全自主作战模式，并可在任务完成后自动返回。

3）法国的飞行试验

法国在 2014 年 4 月向世界展示了利用 Rafale 有人战斗机与 Neuron 无人机进行编队飞行的视频，视频显示通过两种机型的协同和实时信息交互，二者可在编队状态下稳定飞行上百千米，体现了技术的稳定性和可行性。

1.2.3 多导弹协同作战现状

除无人机外,导弹作为另外一种类型的无人飞行器,其多导弹协同问题正受到越来越多的关注[25-28]。防御系统全方位多层次情报搜集能力、战场拦截能力和主动干扰能力的提高对精确制导武器的作战方式提出了新的要求,多导弹协同作战的概念应运而生。多导弹协同作战系统可定义为一个具有自主控制的多动态实体,系统内每枚导弹共享信息或任务以完成共同的使命。对于协同来说,最重要的是导弹间的相互通信,通过有效的信息传递使多枚导弹协同攻击的整体作战效能优于各枚导弹单独作战效能之和。例如,俄罗斯的花岗岩超声速反舰导弹通过任务规划系统,将侦察机、直升机、陆基与海基探测器联合组网在一起,甚至将卫星获取的目标信息进行融合,解算目标数据,构成"卫星-网络传感器-发射平台-导弹-目标-领弹"的闭合网络,可以根据战场情况,采用数据链技术实时修正数据,重新选择目标和对战场实时评估[29]。目前,多任务协同的研究对象主要集中在无人机、机器人方面,以多枚导弹为对象的协同作战问题研究相对少一些。与无人机和机器人相比,多导弹协同有其自身的特点,由于导弹运动速度大,所以要求多导弹协同控制方法的实时性更高、通信量更小,而且导弹只能向前飞行,不可能像无人机一样出现盘旋、静止或倒退的现象,并且弹道应尽可能平直,不能转弯过多,许多用于无人机方面协同控制方法不能直接应用于多导弹协同。因此,了解多导弹协同的作战样式、协同的特点,并确定多导弹系统的控制体系结构就成为要研究的重要问题。

1. 多导弹协同的作战样式

多导弹协同作战是指由同类型或不同类型的多枚导弹组成编队在任务规划系统的引导下,根据战术要求进行时间上、空间上、功能上的协同以完成战术任务的作战方式[30]。具体而言,一般可采用协同攻击、编队突防、"侦打一体化"协同作战以及新概念协同作战,在实际运用上往往不是使用单一的协同样式,而是多种协同样式同时使用,以实现导弹武器最佳作战效能。

(1) 协同攻击的最典型的方式便是在一次进攻中采用不同制导体制、不同飞行高度的导弹,在不同方向上进行多发协同攻击,使敌方防御系统处于饱和状态。由于受到武器系统的作战反应时间、射击能力以及射击观察时间等因素的影响,敌方对多枚导弹同时攻击的反应能力必然下降,从而大大提高了进攻导弹突破敌方防御系统的能力。协同攻击中主要涉及时、空协同问题。时间协同主要有 3 种样式,第一种是多弹同时齐射或从不同区域和不同时间发射,同时到达目标;第二种是各枚导弹以精确、指定时间间隔依次到达目标;第三种是多枚导弹到达目标的时间满足在一定的范围之内。应尽量减小每枚导弹之间的发射间隔时间，每枚导弹发射间隔时间太长，则导弹齐射失去了意义。空间协同主要是协同多导弹以不同的攻击角度同时攻击目标或从低、中、高空实施三位一体的突防。多弹协同攻击主要用于海战，攻击海上的航空母舰战斗群，在一次进攻中，采用不同频率、不同类型的导弹在不同方向上进行齐射，由于受到防空武器系统的作战反应时间、射击能力以及射击观察时间等因素的影响，敌方对多弹同时饱和攻击的反应能力必然下降，使得导弹突破敌方防空单元的能力大大增强，饱和攻击可以有效提高导弹的突防能力和电子对抗能力[31]。

（2）编队突防相较于单枚导弹的突防效果，导弹编队可以依靠时间和空间上的协同实现高密度同时突防，增加敌方防御系统拦截的难度使得编队的突防效果达到最佳。例如，被俄罗斯称为“水面舰艇克星”的“舞会”-E 系统的显著特点就是可以实施编队协同作战，其导弹采用航迹规划技术实现了自动地形跟踪、地形回避、威胁规避，可在高度 20m 以下海面和 50～150m 地面上空编队飞行，大大降低了被现代防空系统拦截和杀伤的概率。对于突破多层防御体系的导弹，为了提高突防能力，一方面，要寻找防御阵地中防空力量薄弱的环节进行突防；另一方面，应当采取有效的进攻方式。多弹编队突防是提高导弹整体突防能力的有效策略。在不同时刻，不同区域发射的导弹同时到达目标，如果同时突防的弹数大于防空火力通道数，就可以保证一部分导弹安全地突破敌人的防空阵地。同时，若能在突防的多弹之间建立有效的数据链，实现目标信息的共享，则可以大大减少假目标的干扰，在提高电子对抗能力上显示出强大优势。

（3）“侦打一体化”协同作战编队中，不同角色承担者还可以实现任务协作，包括领弹和跟随弹的协同、高价值武器和低价值武器的协同（即先用低价值的武器消耗敌人防空火力，然后用高价值的武器实施下一轮的精确打击）。在领弹与跟随弹的组合中，将多导弹协同问题转化为跟随弹跟踪领弹的位置和方向问题，这样就可以用标准的控制理论知识加以分析并稳定跟踪误差，从而有效实现导弹之间的信息共享，提高导弹突防能力和综合作战效能。承担侦察任务的导弹通过弹间数据链传递信息至精确制导导弹，使得后者可以实现隐身“静默攻击”，从而完成侦察、打击一体化作战。有航空母舰克星之称的俄罗斯“花岗岩导弹”，具有目标选择与分配能力及独特的自主编队功能，攻击模式能以高、低两种弹道攻击目标。在齐射攻击的导弹中，弹群低空突防进入末制导区域后，有一枚导弹被预编在较高弹道飞行承担领弹任务，它可以最早发现目标信息。通过数据链将数据传输给低弹道飞行的导弹，并实时更新数据和目标分配，其他导弹各自锁定目标后实施攻击。如果领弹被中途拦截，则备份弹能够依次递补承担领弹任务实现侦察、打击协同作战。

（4）新概念协同作战。随着新技术的发展，导弹武器系统性能不断提高，新的协同方式也不断出现,可能的协同方法如下。一是干扰弹和战斗弹的协同:干扰弹携带电子干扰设备,干扰敌方的电子搜索和跟踪设备,以提高战斗弹的突防能力。二是不同类导弹之间的协同,可以实现弹道和攻击方式的创新组合,提高导弹的远程精确打击能力和突防能力。三是巡逻-攻击导弹,导弹像侦察机一样,可以在空中巡逻等待时机,配合其他导弹,共同完成作战任务。

2. 多导弹协同的特点

导弹武器系统所采用的技术先进性、自身的特点以及所执行任务的多样性、协同性,也使多导弹协同产生了许多新的特点[32-33]。

1)协同引入了更多的复杂性

在协同任务中,涉及的导弹数量众多,而且编队中既包括同型导弹,也包括异型导弹。首先,导弹的协同需要考虑众多的任务指标和战术、非战术的约束条件(如要求燃油消耗最少、危险性最小、目标价值收益最大等),这些任务指标是相互制约的,甚至可能是冲突的。其次,导弹的协同不仅会受到诸如导弹的作战半径、爬升率、子系统性能等的制约,而且还会受到对目标终端攻击角度、攻击时间等条件的制约。再次,多枚导弹协同作战是在复杂的战场环境下进行的,需要考虑各种性质的禁飞区、战场威胁部署等条件的制约。因此,需要综合利用多目标优化、运筹学、智能计算以及计算几何等理论和技术降低问题求解难度并求解。因此,由于导弹之间存在的大量约束关系,导致协同控制问题变得更为复杂。

2)飞行任务中面临各种不确定性因素

不确定因素会对规划结果产生重要影响。天气状况的变化、战场态势的变化、敌方防御区域内各种配置发生的临时变动(包括威胁机动、目标变化等)、意外事故发生等,所有这些都给任务计划执行带来不确定因素[34]。下面给出3种不确定因素。

(1)对多导弹协同系统来说,首要的不确定性是导弹飞行前环境的不确定性。由于缺乏对整个战场态势的了解,从而影响飞行航迹的安排、导弹数量以及传感器配置等计划的制定。因此,需要设计合理的决策分析方法,对多种可能的初始状态下的行动计划的效益值或成功概率进行评估,从而选择出最佳的计划。

(2)意外事件带来的不确定性。如编队成员掉队、任务的突然改变等这类难以预测的意外事件往往会导致任务的执行出现偏差,从而没有达到预先设定的效果,因而,在很大程度上影响了计划的鲁棒性和成功率。军事行动计划的最基本的要求就是要保证计划拥有足够高的成功率和应变能力。

(3)局部可观察环境带来的不确定性。其中天气因素、未探明区域、不可预计的威胁源是主要的不确定环境因素。目前,对于静态已知的环境已有不少成功的研究成果,但对部分已知或完全未知的环境,由于难以建立有效的模型,对该情况下的航迹规划问题一直没有得到很好的解决。

3）冲突消解的问题

所谓协同冲突,是指从协同控制系统的角度出发,为整个系统产生一组整体最优规划,但是这个整体最优规划对于单枚导弹来说可能不是最优的,于是,冲突产生了[35]。协同的目的是在充分考虑到每枚导弹所拥有的信息资源前提下,得到一个从全局而言的最优满意解,这需要解决冲突消解问题,使冲突消解后产生的规划和决策因融合了各导弹的优势而达到整体最优化。

4）基于协同变量的最小共享信息集

在多导弹协同攻击目标的过程中,由于作战任务的复杂,战场信息高度密集,作战态势又瞬息万变,作战时机十分珍贵,因而,必然出现“信息爆炸”的情况。换言之,各导弹之间的交互信息应该尽可能少,又必须满足协同控制的要求。因此,必须研究基于协同变量的最小共享信息集[36-37],即在多导弹协同控制产生的大量信息中选出适当的信息作为协同变量,使每枚导弹刚好能了解相互间的情况,并做出正确的决策,实现有效的协同并使作战效能最大。协同变量强调的是信息的适用性和共享性,对一枚导弹的有用的信息如果不向其他导弹传递,则不属于协同变量。在不同的应用场合协同变量不同,例如,在研究具有时间约束的多导弹协同航迹规划时,追求的是各导弹之间在时间上的协同,此时,可把协同时间作为协同变量研究。

具有航迹规划的导弹可通过火控系统战术应用软件设定导弹攻击航迹和多种目标选择方式,使导弹按设定方式选择攻击目标,以多航路、多角度饱和攻击目标。其末制导雷达具有“多种捕捉模式”,可解决以往攻击同一区域内多个目标时只有一种捕捉模式,而容易造成多发导弹攻击同一目标,可以实现多发导弹攻击不同目标。空舰导弹的主要用途是打击敌大中型水面舰艇及编队,典型目标为 5000t 级的驱逐舰,具有攻击小型舰艇目标能力。导弹火控系统共有直接攻击和迂回攻击两种攻击方式,只有确定了攻击方式,指挥仪才能进行导弹发射参数的解算。直接攻击方式是指导弹直接飞向目标,不需要设定攻击角。迂回攻击方式是指导弹按设定航路飞行,以预定角度接近目标。直接攻击方式下主攻击角和攻击差角都自动设置为零。对一个目标只有一条直接攻击航迹,该航迹上只有一个航迹点,该航迹点就是目标点。直接攻击的优点是导弹飞行航程短、接敌快,与迂回攻击比,最多可缩短将近一半航程。因此,直接攻击可达到尽快打击敌舰的效果,其示意图如 1-1 所示。

迂回攻击方式就是导弹发射后不直接飞向目标,而是以预定的攻击角迂回

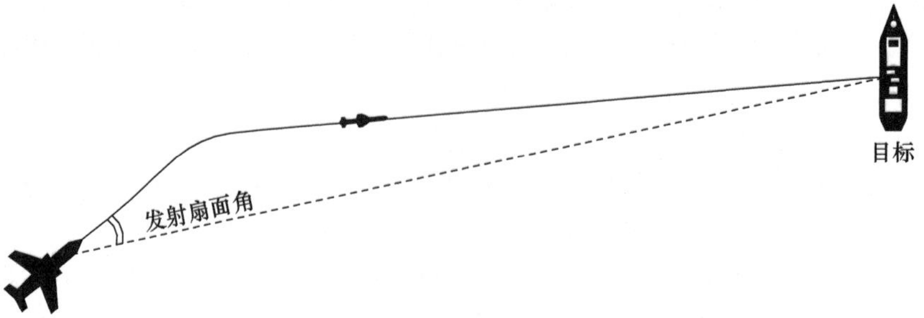

图 1－1　直接攻击航迹示意图

飞向目标。迂回攻击方式需要选定和装定如下参数：目标批号、规划方案、用弹量、主攻击角 α_0 和攻击差角 α'。对同一目标第一个发射导弹的攻击角就是主攻击角；α_0 第二发导弹的攻击角 $\alpha = \alpha_0 + \alpha$；第三发导弹的攻击角 $\alpha = \alpha_0 - \alpha'$；第四发导弹的攻击角 $\alpha = \alpha_0 + 2\alpha'$。攻击角射向左边为负、右边为正，攻击差角只能为正值。攻击角的可用范围也会随着射程的增大逐渐减小，如果计算出的攻击角 α 超过了可用范围，指挥仪会自动按照攻击角 α 等于主攻击角 α_0、$\alpha = \alpha_0 + 0.5\alpha'$、$\alpha = \alpha_0 - 0.5\alpha'$、$\alpha = \alpha_0 + 1.5\alpha'$ 的顺序修正所用的攻击角。对一个目标最多有 4 条迂回攻击航路，每条航路上有 2 ~ 3 个航迹点，最后一个航迹点就是目标点。迂回攻击示意图如图 1－2 所示。

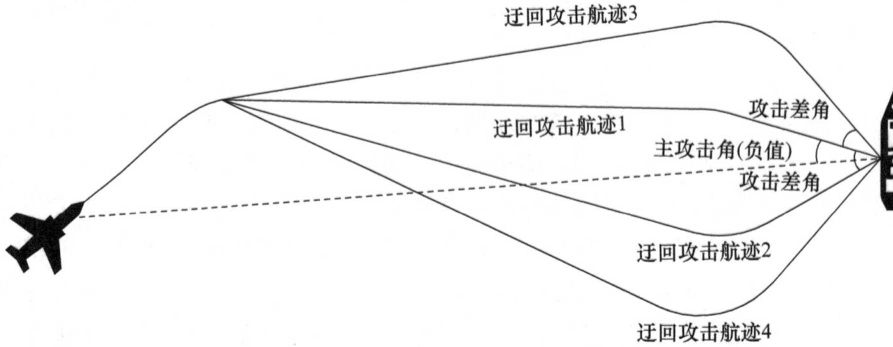

图 1－2　迂回攻击航迹示意图

3. 巡航导弹的任务规划系统

航迹规划技术使传统的直线单一攻击航迹变为优化曲折多变航迹，大大增加了拦截难度。末段采用高速多变机动弹道，导弹可自动改变方向，以进一步提高突防能力。此种方式通常用于隐蔽发射、饱和攻击以突破末端拦截。例如，美国“捕鲸叉”导弹、俄罗斯“克拉布”导弹都可进行航迹规划。“战斧”式巡航导弹是美国武器库中的主要纵深精确打击武器，也是迄今为止世界上实战使用最多、开发应用最早、最具影响力的巡航导弹，对其所使用的任务规划系统的了解对于研究和发展导弹的航迹规划与协同控制具有重要的参考价值[38]。“战斧”式巡航导弹主要有两种基本型，分别是“战斧”反舰导弹（TASM）和“战斧”对陆攻击导弹（TLAM），并包括十余种改进型。任务规划系统是“战斧”式巡航导弹使用过程中的重要系统，“战斧”导弹自服役以来，其任务规划一直在弗吉尼亚州的诺福克或夏威州的史密斯营的战区任务规划中心（TMPS）完成。TMPS 是巡航导弹整个武器系统的大脑，它集中了规划人员的科学知识、技艺、经验和直觉，由此产生的飞行程序将操纵巡航导弹从几千千米之外飞越敌方的领土，以很高精度命中目标。“战斧”导弹具有如下性能。

（1）“战斧”导弹规划系统。该系统的功能完成“战斧”导弹从第一预先规划的导航点到目标的航迹规划，任务规划人员必须拥有导弹飞越区域的地图和关于导弹飞行特性的详细知识，并考虑环境条件、威胁因素和限制区域等，以便为导弹设计出一条航迹，使其以最大的成功概率到达目标区。由于飞行初期所采取的动作，直到任务最后期才显露结果，因此，任务规划是一个迭代过程，需要规划人员洞察导弹在整个飞行期间遇到各种条件时所具有的应付能力。“战斧”对陆攻击导弹规划系统软件的改进不仅提供了自动航迹规划辅助，而且还提供了规划的质量保证和包括分析导弹攻击目标时所有可能的性能改变的任务校验系统。

（2）任务分配系统。任务分配系统的功能是将一些任务及它们的支持指挥与控制数据分配给导弹射手和参谋人员。在巡航导弹支援机构中，任务分配系统和任务数据分配系统都被用于“战斧”对陆攻击导弹的任务传输装置，这些数据传输装置存有发布“战斧”对陆攻击导弹指令信息和发送任务数据修正的任务数据。任务分配系统使指挥和控制节点获取有关“战斧”导弹任务的所有信息，并且不仅使节点间具有相互通信的能力，还使节点与舰艇、海岸站和巡航导弹支援机构之间具有通信能力，这是打击规划和管理的关键。设置在航空母舰、指挥舰、海岸指挥和控制阵地及舰队总司令部的任务分配系统使战术与战区决策者能迅速检查他们可能采用的“战斧”对陆攻击导弹任务。只要轻轻一按按钮，决策者们就能考察他们感兴趣的打击目标，检查设计的航迹，观看预期的瞄准点图片，并确定由哪些舰艇承担这些任务以及这些舰艇的导弹库存量。然后，他们利用这些数据生成打击程序包，并把所需要的指令和数据传到执行任务的舰艇。

（3）实施准确的时间控制。旨在精确控制“战斧”导弹飞抵目标的时间。导弹实时地根据情况，选择远、中、近 3 条飞行航迹中的 1 条实施对目标的精确攻击。

若导弹比规定时间提前，它会自动选择远程航迹；如果准时，就选择中程航迹；若比规定时间晚，则选择短程路线。“战斧”导弹飞抵目标区域实施攻击的准确时间控制，可使各种作战平台舰艇、飞机更好地协同作战，取得最佳战术攻击效果。

（4）飞行中可重新选择目标并伺机发起攻击。战术“战斧”发射后，如果目标或作战任务发生变化，即可根据指令在飞行距离不超过400km的战区上空进行长达3～4h的战术盘旋待机飞行，同时，其全球定位系统（GPS）接收机的超高频通信卫星数据链路从卫星、预警机、无人机或岸基设施上实时接收目标的重新准确定位数据，一旦这些数据输入导航系统，战术“战斧”导弹即改变航向，对重新确定的目标发起攻击。这种转换攻击能力是世界上现役的任何一种巡航导弹都不具备的，可以说是武器制导技术的重要突破和巅峰之作。

（5）作战任务规划时间大大缩短。对于需远程袭击的巡航导弹而言，其任务规划时间的长短对于可否攻击“时间敏感性”和“时间关键性”目标、实现“发现即摧毁”的战术目的至关重要。战术“战斧”由于采用了最先进的制导和导航系统，加之任务规划工作可在发射平台上完成，因此又可使整个作战规划时间进一步缩短到10min左右，基本拥有了对各种目标进行实时打击的能力。

（6）拥有目标杀伤效果评估功能。战术“战斧”导弹装有与战场指挥中心相链接的数据链路，其头部还装有评估战损用电视摄像机，可将导弹的状态信息传回舰载终端，并在导弹命中目标前瞬间向指挥中心发回目标的最后一幅图像。据此，操作人员就可对导弹是否命中目标以及杀伤效果做出评估，从而决定是否需要再次进行攻击。向同一目标发射的第二枚战术“战斧”还可以检测并反馈第一枚导弹的攻击效果；如果操作人员判定目标已被摧毁，即可迅速指令第二枚导弹转而攻击其他目标。战术“战斧”的这一目标毁伤评估功能使攻击同一目标所需的导弹数量大为减少，也使战争成本和发射平台载弹量相应降低。

巡航导弹的任务规划系统是一项非常复杂而庞大的系统，同导弹武器系统的性能、战场环境、规划方法、计算机技术和情报信息等密切相关，而我国在这方面的研究尚未成熟，还存在许多亟待解决的问题。以反舰导弹为例，其任务规划具有以下新的特点。

（1）任务规划实时性要求更高。反舰导弹主要为掠海飞行，制导系统主要采用惯导和自动寻的系统组成，导弹飞行存在偏差，再加之海上目标机动性大，造成导弹偏离预定目标较远，因此，需要进行在线重规划，而从导弹发现目标、弹群任务分配、导弹航迹重规划到导弹导引头开机所允许的反应时间短，故任务规划要求实时性更强。

（2）任务规划精度要求更高。反舰导弹一般为掠海飞行，虽然地形并不复杂，但会有规避岛屿等自然障碍物的需求。对于雷达探测和火力拦截要做到尽量规避，而对于自然障碍，则要做到必须规避，并且考虑导弹飞行位置偏差，任务规划精度要求更高。

（3）航迹规划难度加大。导弹飞行航迹中拐弯点较少，导弹性能约束条件苛刻，航迹规划难度增大。

（4）多弹协同难度加大。随着防空能力的增强，需要协同攻击的导弹数量会很大，规划时，不仅要考虑单枚导弹航迹的可行性、导弹的生存概率，还要考虑多枚导弹在时间和空间上的协同，保证各导弹对目标的毁伤概率及编队整体遂行打击任务的成功率最大，协同难度和协同规划计算量大大增加。另外，无人机的飞行速度可调，而反舰导弹在定型后其巡航速度一般是固定的，这也增加了协同任务规划的难度。

针对导弹协同任务规划相对多无人机的独特之处，完全照搬以前的研究思路和研究方法是不行的，必须立足现状，充分考虑我国未来导弹作战使用的可能方式，对智能化导弹任务规划技术展开深入研究，逐步积累相关技术。

1.3 多无人飞行器协同控制研究现状

随着以导弹和无人机为代表的无人飞行器自主技术、协同技术、通信技术等关键技术的突破，智能化程度将日渐提高，作战能力逐步提升，作战领域将从情报监视、侦察向对地打击任务拓展，将极大改变未来军队的作战模式。但对于面向协同作战的多无人飞行器编队来说，面临着许多挑战，主要包括以下几个方面。

（1）传统通过预先航迹规划进行避碰和避障的方法已经不再适应未来作战需要，有效的航迹规划必须要满足实时性、时间约束性，具有动态规划处理能力。

（2）无人飞行器的航迹规划算法缺少对飞行器本体实际模型的综合考量，只是简单地将飞行器模型用二阶模型来替代。

（3）通信环境变得越来越复杂，各无人飞行器之间的通信链接也将受到通信干扰、时滞和带宽受限等因素影响，这给无人飞行器编队协同控制带来极大困难。

（4）多无人飞行器协同编队完成战术巡航飞行到达攻击阵位，其机载导弹或飞行器本身对目标实施火力攻击，如何实现具有攻击角度和攻击时间约束的飞行器对目标实施协同攻击，是研究的难点问题。

本书将多无人飞行器协同作战过程分为在线航迹规划、巡航编队飞行和目标打击 3 个阶段展开，针对多无人飞行器航迹规划技术、编队飞行控制技术和具有攻击时间与攻击角度约束的协同制导技术方面开展现状研究。

1.3.1 多无人飞行器航迹规划研究现状

从系统规划结构或者建模求解角度，多无人飞行器航迹规划可分为集中式与分布式两类[39-42]。接下来，从集中航迹规划技术与分布式规划技术两方面论述。

1. 集中式航迹规划

集中式规划结构中，系统由编队中的一个指挥 Agent 或是由设于陆基、舰基、预警机上的任务控制站来管理，每个无人飞行器要将其探测的信息和系统状态信息汇集到指挥 Agent 或任务控制站，经过统一的分析决策、集中计算后，再将求解结果（包括航迹、航速的信息等）以控制指令形式发送给各无人飞行器，并控制各无人飞行器执行控制指令以完成作战任务。根据不同的航迹规划方法将其分为以下几类。

1）几何航迹规划方法

运动 Agent 的导引、导航和控制近几年已经成为重要的研究课题，研究成果大量地应用于水面舰艇[43]、水下交通工具[44]、机器人[45]以及无人飞行器[46]等方面。文献中介绍的导航控制算法采用航迹点跟随方案，假定飞行器的航迹是由一系列导航点组成，将这些导航点连接在一起，进一步平滑形成可飞的轨迹。对于诸如求机器人在二维平面不完整约束条件下的运动方程，通过给定初始条件 $p_0=(x_0,y_0,\theta_0)$ 和终止条件 $p_f=(x_f,y_f,\theta_f)$，进一步证明存在最优的最短航迹，采用的几何航迹规划方法得到的航迹通常由两部分组成，即切线段和具有最大转弯曲率限制的圆弧，这种形式的路径通常称为“Dubin 路径”。文献[47]提出了根据最优条件规划在二维平面的航迹，并进一步研究三维空间的 Dubin 路径规划方法[48]。尽管上述讨论的几何航迹规划算法可产生最优航迹且容易实现，但它不一定能有效地处理飞行空间中存在障碍的情况，即生成的航迹不一定能有效绕过威胁区和禁飞区，因此，必须研究存在障碍的情况下，如何进一步解决航迹规划问题。

2）障碍回避的航迹规划方法

一种回避障碍的航迹规划方法是采用人工势场法，它不需要利用图形的形式规划空间，而是将物体看成是两种力的结果：一种是吸引力，它将运动物体拉向目标点；另一种是排斥力，它使运动物体远离障碍物和威胁源。这样物体总是沿着合力的方向运动，其显著的优点是规划速度快。文献[49]基于人工势场法提出针对机器人的实时障碍回避算法，此方法中机器人在人工势场中运动，将目标作为吸引力建模，而将障碍和其他运动体作为排斥力建模；文献[50]中，将人工势场的局部最小值连接用以建立增长图，然后在图上搜索得到最终的目标位置。尽管采用人工势场法能产生平滑的、动态可行的、具有较低计算代价的飞行轨迹，但仍有许多不足，如检测和回避障碍主要被邻近障碍影响，导致飞行器会陷入局部最小；另一个问题是障碍不能作为刚性约束条件来建模，人工势场法可建立具有连续可微的数学模型，但会导致对障碍的形状和维数不精确的描述，这些约束会导致当飞行器在战场环境中产生机动时，不能有效地回避障碍。

与局部的人工势场法相对应的是全局航迹规划算法，进行航迹规划时考虑整个规划空间，不仅能克服局部最小问题，而且能回避障碍。这些算法首先应能够详细规划具有障碍的战场环境，最简单的方法是将规划空间划分为具有规则形状的单元(通常为正方形)，然后检查各单元是否被障碍物覆盖或与障碍物相交，即采用栅格法进行规划，可以有效地减少存储代价；还需要进一步研究二维空间的全局航迹规划算法以及三维空间的全局航迹规划算法，可以采用概略图法进行航迹规划，首先根据一定的规则将自由的 C 空间表示成一个由一维的线段构成的网络图，然后采用某一搜索算法在该网络图上进行航迹搜索，常用的概略图法包括可视图法、随机路线图法、Voronoi 图法等。

可视图[51]是由规划空间中的障碍物相互可见的顶点间的连线构成，其边数具有数量级 $O(n^2)$，所需时间的数量级也是 $O(n^2)$，可用于求解二维规划空间中的最短路径问题，尽管也可用于高维规划空间，但此时生成的航迹不再是最短的。当存在多个复杂多边形障碍物或威胁区域时，其计算复杂度急剧增加。另外，可视图法不能表达物体运动的方向性约束，除非运动物体可以向任何方向运动。

随机路线图法[52]是全局航迹规划的代表，优点是可在规划时间和航迹质量之间进行权衡，构造随机路线图的时间越长，得到最优航迹的可能性就越大，但随机路线图法不能通过局部更新适应新的环境，因此算法不适于在线实时应用。

Voronoi 图由与两个或多个障碍区或威胁给定特征元素距离相等的点的集合构成，可以将威胁源的中心点作为特征元素，Voronoi 图将规划空间划分为多个不同的区域，每个区域包含一个特征元素。Voronoi 图比可视图法具有明显的优点，Voronoi 图的边数只有数量级 $O(n)$，构造 Voronoi 图所需时间的数量级为 $O(n\log n)$，其中 n 为特征元素的数目。Voronoi 图在仿真中取得了较好的效果。但是已有的该方法对战场环境进行了大量简化处理，使其非常结构化，威胁均简单作为点目标处理，没有考虑威胁的类型和强度差别以及禁飞区等面状区域对多飞行器协同航迹的影响，没有充分考虑多飞行器协同航迹规划约束的复杂性，因此，对该方法还需要展开进一步研究。

本书进一步研究了几种最优搜索方法，快速随机启发式搜索法形成了一个随机最优化的子集用于解决全局航迹规划问题[53-54]，其搜索树不断在线扩大以产生相应的目标状态；可以通过 A^* 算法或 Dijkstra 算法找到从初始点到终端点的代价最小的航迹[55]。为了适应动态变化的环境，需进行局部修改等动态航迹规划算法的重规划，其中 D^* 算法[56]可以在不确知或局部确知的环境中进行航迹再规划，采取有效的递增搜索方法产生最优航迹，并在递增搜索方案协同之前搜索到信息，从而更快地发现符合要求的解。

3）动态航迹规划

上述讨论的大多数的搜索方法并没有协同飞行器或机器人的动态模型，这会导致局部航迹段难以满足运动学约束，可以采用平滑处理方法以满足约束条件。现在有许多学者采用数学最优化方法分析动态飞行器模型。文献[57－58]分别研究了非线性规划法（NP）和混合整数线性规划法（MILP），在连续线性最优化问题上，MILP 允许包含整数变量和离散量，这些变量可用于实现模型的逻辑约束，如障碍和碰撞回避。尽管 MILP 算法可以回避航迹规划中出现的矩形障碍，以生成可行的航迹，但它不适合处理大规模航迹规划问题中计算的复杂性，其算法在动态变化的环境中也不是非常有效的。

模型预测控制（Model Predictive Control，MPC）和滚动时域控制（Receding Horizon Control，RHC）方法来处理动态航迹规划问题，这是一种不断地在线优化确定控制策略的算法，以滚动方式进行在线轨迹规划，先平滑航迹的一段，使无人机一边沿着规划好的航迹飞行，一边处理余下的航迹，随滚动窗口的推进不断取得新的环境信息，从而实现优化与反馈的合理结合，并大大节省规划的耗时。使其在优化过程中利用实测信息不断地进行反馈校正，一定程度上克服了不确性的影响，增强了控制的鲁棒性。目前，研究人员已将其扩展应用于更上层的协同控制，出现了基于 MPC 的任务分配方法和基于混合整数线性规划的 RHC 方法。

2. 分布式航迹规划

分布式系统是将一个大的系统分成若干个子系统，分别由若干台局部控制器控制，它承认各个子系统之间的关联，通过通信子网络把各局部控制器联系起来，分工实现总目标。即每个无人飞行器都作为独立的 Agent，各个 Agent 由局部通信网络连接，系统中的各个 Agent 具有较大的自主权，在逻辑上是平等的、物理上是分散的、功能上是独立的。每个无人飞行器都将自己的位置、速度、姿态和运动目标的相关信息与系统中与之相邻的飞行器进行协商，系统控制功能的实现和全局决策的制定通过飞行器之间的协调与协作来完成。在分布式控制策略中，每个无人飞行器按照自己的任务目标和控制策略自主控制，只在必要时通过信息交换与相互协商实现任务分配与协调。分布式控制有许多优点，如大大减少了计算量，比集中式控制更适合动态环境和任务变化的情况；系统的自动化程度较高，通道组织灵活、迅速；由于系统没有中央节点，各 Agent 关系平等，系统生命力强，一旦某个 Agent 发生故障，就可以直接将其从系统中隔离掉，还可以使系统具有重新配置其余各 Agent 的功能，使系统在部分受损时仍能保持战斗力；系统设备的标准化、通用化程度较高，可降低制造成本和使用费用。

目前，分布式航迹规划的方法主要包括合同网协议、拍卖、一致性等基于市场机制的方法，分布式马尔可夫决策过程，分布式预测控制以及博弈论等。

1）基于市场机制的方法

基于市场机制的合同网协议是目前应用较为广泛的一种分布式任务规划方法。R. G. Smith 于 1980 年首次将合同网协议用于分布式任务规划问题中[59]。基本思想是无人机间通过数据链相互传递信息，然后通过模拟市场竞拍活动中“招标 – 投标 – 中标”过程实现多机间的任务指派与协调。合同网协议方法结构简单、易于实现、效率较高，在无人飞行器航迹规划中获得了广泛的研究与应用[60-61]。

2）分布式马尔可夫决策过程

基于马尔可夫决策过程的基本原理和分布式规划思想，文献[62]考虑了智能体的通信，放松了对信息的要求，提出了分布式马尔可夫决策过程。马尔可夫决策过程适合描述状态非完全可观测情况，适用于不确定环境建模[63-65]。但当无人飞行器数量和任务数量增加时，该方法的可扩展性和实时性较差，可考虑引入强化学习机制。

3）分布式预测控制

分布式预测控制方法能综合考虑未来信息，做出当前的决策，因此，可用于多无人飞行器在线航迹规划中[66-68]。但该方法在解决任务空间不确定时，较难找到可行解。通常的解决方法是将模型进行简化和条件假设，但假设条件也许不符合问题实际。

4）博弈论

博弈论适合通信不可靠或者非合作环境下的建模，其难点在于需要建立恰当的效用函数和协商策略以使无人机自身利益与全局任务目标相一致。目前，主要应用势函数作为效用函数对问题进行建模，并通过最优反应动态、虚构游戏及后悔值匹配等学习方法作为协商策略求解博弈模型的均衡点[69-70]。

3. 基于时空约束的多无人飞行器航迹规划

空间协同即避碰问题，要求无人飞行器能够及时发现并消除碰撞冲突。时间协同要求无人飞行器在执行任务过程中满足一定的时序约束，对飞行器协同执行搜索、跟踪、打击和评估等任务具有潜在价值[71-73]。时间协同的实现方式一般有以下 3 种。

（1）速度调整，即保持规划的航迹不变，通过调整飞行速度实现时间协同，但由于飞行器速度的变化范围有限，要求各飞行器的航迹长度差异不能太大。

（2）航程调整，即保持无人飞行器速度基本不变，在航迹代价允许的情况下适当调整某些飞行器的航迹长度，或者通过让航迹较短的飞行器做一些附加的机动，通过延长其航迹，使多无人飞行器同时到达目的地。但通过搜索生成的最优航迹，经过长度调整或机动调整后有时将不再保持其最优性，并且经过调整的航迹很难再满足各种约束条件。此时，需要在航迹的最优性和时间性之间做一定的权衡，甚至可充分利用威胁回避是软约束的特点，使时间滞后的飞行器以一定概率穿越某些威胁，通过缩短其飞行长度来弥补时间的差异。

（3）为每个飞行器都规划一组航迹，在备选航迹集合中为飞行器选出既能满足时间协调要求，又能使系统整体代价最小的航迹，在此基础上确定协调时间。该方法的优点是能够得到较优的协同航迹，但代价是为每个飞行器都规划一组航迹而增加的计算量，因此更适合于任务开始前的预先规划。

在真实的战场环境中，多无人飞行器的协同航迹规划不仅要满足空间约束的要求，还必须满足飞行器间的时间协同要求，多飞行器同时或依次到达目标是多无人飞行器协同攻击的显著特点。由于各飞行器航迹不同，空中飞行速度也有差异，即使严格控制其发射时刻，也很难保证各无人飞行器准确地在同一时刻到达目标。因此，要研究具有时空约束的协同航迹控制算法，使每架无人飞行器在尽可能回避威胁的前提下，生成相应的航迹，并满足同时到达目标的要求，从而保证在敌方防空系统来不及组织第二次抗击的时间段内到达目标，有效提高作战效能。文献[74]描述了具有紧耦合任务和相对严格时间约束的无人机编队的最优任务规划问题。总体目标是减小无人机编队完成任务的时间，并将无人机巡逻时间作为额外的自由度以满足时间约束。文献[75]研究了关于协同无人飞行器编队导引和控制问题，通过研究整体控制系统结构，能执行整个编队最优时间协同并确保整个编队在性能上具有实时性，能实时重新规划以应对环境或编队的变化。文献[76]提出了两种方法来解决时间协同问题：一种方法是将其作为混合整数线性规划问题，可采用商业化软件 CPLEX 来实现，这种方法可证明能找到全局最优解，但是计算量较大；另一种方法是使用轨迹规划的近似算法，允许迅速规划不同代价的轨迹，将任务分配和轨迹问题去耦并采用局部分布方法，以提供快速解算的能力。文献[77]提出一种稳定的滚动时域控制方法解决具有威胁和不可飞行区的复杂环境下最小时间、最优轨迹的问题，飞行器能在有限的时间内到达目标。文献[78]采取航迹再规划分布策略，以最长航程作为基准，分步补偿较短的无人机航程。

1.3.2 多无人飞行器编队控制研究现状

为了大力发展更加有效的无人飞行器管理和组织模式，提高作战效能，拓宽无人飞行器的用途，协同编队飞行(Coordinated Formation Flight,CFF)已经越来越受到国外军事学者的重视。协同编队飞行是将多架具有自主功能的无人飞行器按照一定的结构形式进行三维空间排列，使其在飞行过程中保持稳定的队形，并能根据外部情况和任务需求进行动态调整，以体现整个机群的协同一致性，并通过信息共享在飞行中改变原有队形，自主地对突发事件做出反应。编队控制策略是设计编队控制律的前提，国内外研究人员提出了多种编队控制方法，主要有 leader - follower、虚拟结构和行为法 3 种控制策略。一致性是指编队内所有智能个体在最终的协同变量上趋于相等。一致性控制算法表征智能体之间信息传递的规则，使个体的协同变量最终趋于一致。协同变量达成一致是智能个体之间任务协作的基础，因此，一致性算法在多飞行器协同编队控制、群集运动、聚集问题、同步等问题中具有重要的应用。

1. 一致性编队控制

在智能群体系统中，一致性是指群体内所有智能个体在最终的协同变量上趋于相等。一致性控制算法(或协议)表征智能体之间信息传递的规则，使个体的协同变量最终趋于一致。协同变量达成一致是智能个体之间任务协作的基础，因此，一致性算法在智能群体的协同编队控制[79-86]、群集运动[87-91]、聚集问题[92-94]、同步问题[95-96]等问题中具有重要的应用，一种最典型的一致性算法为[97]

$$\boldsymbol{u}_i(t) = -\sum_{j\in N_i} a_{ij}(\boldsymbol{x}_i(t) - \boldsymbol{x}_j(t)) \tag{1-1}$$

式中：$\boldsymbol{x}_i(t)$、$\boldsymbol{x}_j(t)$为系统的状态变量，在控制协议 $\boldsymbol{u}_i(t)$的作用下，个体仅通过局部信息的传递能够达成一致，即 $\lim\limits_{t\to\infty}(\boldsymbol{x}_i(t) - \boldsymbol{x}_j(t)) = 0$。

基于一致性的协同编队控制方法是一种典型的分布式控制方法，与传统的集中式协同编队控制方法相比，具有通信和控制结构灵活、个体数量规模不受限制等优点。该方法仅需要系统内部分个体的状态信息，算法简单、计算量小、易于工程实现。基于一致性的协同编队控制具有两个协同变量，即个体的位置和速度两个状态量，对于个体 i，个体控制协议 $\boldsymbol{u}_i(t)$可以统一表示表示为

$$\boldsymbol{u}_i(t) = f(\boldsymbol{x}_i(t), \boldsymbol{x}_j(t)) \qquad i,j = 1,2,\cdots,n \tag{1-2}$$

式中：$\boldsymbol{x}_i(t) = (x_{i1}(t), x_{i2}(t), \cdots, x_{in}(t))$，$\boldsymbol{x}_j(t) = (x_{j1}(t), x_{j2}(t), \cdots, x_{jn}(t))$，分别为智能个体的位置和速度状态量；$f$ 是一致性控制算法函数。

Olfati - Saber 基于 Fax 和 Murray 的工作，最早提出了一致性问题的理论框

架[98]，设计了最一般的一致性算法，发现网络的代数连通度表征了系统收敛的速度，给出了算法达到平均一致的条件，并将结果扩展到带时滞的对称一致性算法。进一步，Beard 等[99-102]研究了一致性收敛的条件并给出了理论分析。在实际工程应用中，由于任务的改变或者环境的影响，智能体的编队队形、速度均可能发生较大变化。文献[103]研究了有限时间编队问题，通过划分全局信息和局部信息，形成多 Leader - follower 的编队运动模式，并对编队队形变换问题进行了研究；文献[104]在集中式任务管理的框架下，将编队问题转换为同步问题，根据编队需要确定具体的同步任务，设计了个体控制器，使得位置误差和同步误差渐进趋近于零；文献[105]根据同步控制的思想，设计了轮式机器人的路径跟踪和时变编队控制算法，个体的同步控制器能够保证系统的稳定性。当智能群体中的个体数量较少时，大部分的编队控制律均具有良好的性能。随着个体数量增多，特别是编队队形复杂时，编队的计算量急剧增大，信息拓扑结构变得非常复杂，即使编队能够形成，对其队形和速度的调整也非常困难。针对大规模智能群体的运动，早期研究人员通常关注的是群集运动，群集运动和编队运动的本质区别是队形问题，群集运动没有队形要求，其控制目的是实现 Reynolds 提出的 3 条规则。编队运动可以看作是具有队形要求的一类特殊的群集运动，在实现群集运动的过程中，增加队形约束，能够实现大规模智能群体的编队任务[106-107]；文献[108]提出了一种新的平滑控制器用于调节群集运动的队形，实现了 3 种简单的队形；文献[109]研究了约束空间内具有编队形状的群集运动，通过势场函数的方法调整智能体间的相对位置，需要每个智能体均能够获取准确的相对位置信息。

2. 一致性协同编队稳定性

Fax[98]等采用 Nyquist 稳定性判据研究了编队稳定性问题，将群体系统的编队稳定性等价转换为 N 个关联子系统的稳定性问题，其中每个子系统的稳定性与图的拉普拉斯(Laplace)矩阵密切相关，进一步考虑了系统中存在时滞情况下的编队稳定性问题。Lin[80]等对独轮车构成的群体系统进行了研究，基于一致性算法设计了编队控制律，使群体系统形成期望的编队队形。在单向环通信拓扑结构下，Marshall[110]等分析了群体编队的追逐策略。Caughman[111]等利用群体中个体之间的相对信息设计编队控制器并且使群体编队稳定。

由于智能个体通过无线通信网络交互信息，在信息的发送、传播和接收过程中不可避免地存在通信时滞，通信时滞随着系统规模的变化而变化，具有不确定性，对系统的稳定性造成重要的影响。具有通信时滞的一致性控制算法有两种：一种是对称一致性算法，即在个体测量自身信息和通过无线网络接收其他个体信息的过程中，均存在时滞；另一种是不对称一致性算法，即仅考虑个体接收信息的过程中存在的通信时滞。

（1）对称时滞一致性算法：

$$\boldsymbol{u}_{i-d}(t) = -\sum_{j\in N_i} a_{ij}(\boldsymbol{x}_i(t-\tau_{ij}(t)) - \boldsymbol{x}_j(t-\tau_{ij}(t))) \tag{1-3}$$

式中：$\boldsymbol{u}_{i-d}(t)$表示协调控制项；$a_{ij}>0$ 为权重系数；$\tau_{ij}(t)>0$ 为通信时滞。

在式(1-3)中，假定个体自身状态的时延与对应邻居状态的通信时延大小相同，即邻居个体之间实现了状态的同步匹配，个体需确切知道邻居个体的通信时延大小。

（2）不对称时滞一致性算法：

$$\boldsymbol{u}_{i-d}(t) = -\sum_{j\in N_i} a_{ij}(\boldsymbol{x}_i(t) - \boldsymbol{x}_j(t-\tau_{ij}(t))) \tag{1-4}$$

在式(1-4)中，个体使用的是当前状态，不需要邻居个体之间的状态同步匹配，对通信时滞的不确定性具有很强的鲁棒性。

目前，针对一阶时滞一致性算法已有较多的理论成果[112-117]。在无向连通、权值对称的通信拓扑结构下，文献[118]研究了具有恒定均等通信时滞的系统收敛性问题，证明了只要网络保持连通，系统最终能够收敛；文献[119]研究了固定及切换无向网络中的时变时滞问题，通过采用线性矩阵不等式的方法，得出了在网络连通情况下，保证算法一致收敛的时滞上界；文献[120]研究了具有不同通信时滞的一阶系统，根据圆盘定理和最大模原理，获得了系统渐近收敛一致的条件，并求出了系统最终一致状态的表达式；文献[121]研究了具有不同通信时滞的一阶系统的一致性问题，根据 Lyapunov - Razumikhin 函数的不变集原理，证明了如果连接拓扑在连续有界时间间隔内的合并图含有全局可达节点，则系统最终能够达成一致；文献[122]中，Moreau 基于不对称性算法，研究了固定及切换有向网络中的恒定均等时滞问题，获得了时滞系统的收敛性条件；文献[123]基于不对称算法讨论了固定网络中非均等的恒定时滞问题；文献[124]研究了 leader - follower 编队策略下的时变时滞一致性问题。

实际系统大都为二阶系统甚至是高阶系统，因此，研究二(高)阶系统的时滞一致性问题具有重要意义。与一阶一致性协议不同，二阶一致性协议的收敛性不仅依赖于拓扑结构，还与系统的耦合强度密切相关，已有的研究成果不能直接推广应用到二阶一致性算法中。文献[125]研究了具有固定耦合时滞的两种二阶一致性算法，基于 Lyapunov - Krasovskii 方法分析了系统稳定性问题，两种二阶一致性算法均属于对称性算法；文献[126-127]研究了具有固定时滞下，二阶模型的平均一致性协议，分别使用频域分析法和 LMI 的方法获得了保证系统稳定的条件；文献[128-129]研究了具有时变时滞的 leader - following 一致性协议,使用 LMI 的方法获得了系统稳定条件,其编队稳定性与领航者的状态密切相关;文献[130]基于对称一致性算法,研究了移动智能群体系统的动态编队控制问题,采用频率域的拉普拉斯变换和圆盘定理,得到保证系统收敛的条件;文献[131-132]分别研究了具有均等时滞的系统收敛性条件,并且以不等式的条件给出了系统的稳定性条件;文献[133]研究了具有不同输入时滞的二阶系统的收敛性问题,根据线性分式变换和小增益定理,得到了系统的鲁棒一致性条件;文献[134]使用小增益稳定性理论和奇异结构值理论,在频率内研究了二阶一致性的收敛性问题,得到了与时滞界限、拉普拉斯矩阵特征值相关的频域稳定性判据;文献[135]考虑到多通信时滞问题,研究了具有对称耦合权重的二阶智能群体系统,使用频域法获得了系统稳定的充分条件。

除了通信时滞之外,外部干扰与噪声在实际的智能群体系统中是普遍存在的。噪声的存在对系统的性能有很大的负面影响,因此设计鲁棒一致性协议与算法或者设计适当的控制器使群体系统在噪声存在的前提下仍然能稳定一致就显得非常重要。文献[136]应用随机微分泛函工具,研究了有向网络中的带噪声的领航者和跟随者的问题;在文献[137]中,同时考虑到噪声和时滞的影响,应用随机微分泛函方法,研究有向网络中的领航者和跟随者的问题,但是文献[138-139]都只研究了个体为一阶积分型的情况,正如文献[140]中所述,二阶一致性问题比一阶一致性问题更难研究,尤其是当网络拓扑是切换的情况,要找到一个公共 Lyapunov 泛函来证明系统稳定性就极为困难;文献[141]考虑了一个带多时滞和外部干扰的个体跟踪问题,其中每个个体是二阶积分型,在固定和切换通信拓扑条件下,提出了一种改进的一致性算法,使用 Lyapunov 泛函和鲁棒的方法,证明了所有个体均能够以给定的指标跟随其领航者;文献[142]考虑到量测噪声的影响,研究了具有时变领航者的一致性问题,引入时变增益消除噪声的影响,使用随机理论和代数图论,获得了固定和切换拓扑条件下,系统达成均一方差一致性的条件;参照卡尔曼滤波的结构,文献[143-145]研究了卡尔曼滤波型的一类一致性协议,文献[143]首先提出了该种结构的一致性协议,获得了该协议下,系统达成一致的充分条件,在文献[144]中证明了该种结构的滤波器下的闭环系统是输入到状态稳定的(ISS 稳定),即如果没有噪声,该协议能够保证系统渐进达成一致,文献[145]将该类型的协议应用到无人机分布式时间协同中;使用随机逼近算法,文献[146-150]研究了具有时变增益的一致性算法,文献[146]考虑到量测误差,研究了固定拓扑结构下的一阶一致性算法,提出了具有递减步长的随机逼近型的协议,证明了该协议能够有效地消除噪声的影响,文献[147-148]研究了固定拓扑下,具有通信噪声的平均一致性控制问题,证明了随机逼近型的协议能够有效地消除通信噪声的影响,获得了系统无偏均方差一致的条件，文献[148]提出并解决了 ε 一致性问题，证明了系统状态能够在有限时间内收敛到 ε 管道中，文献[149]考虑到模型参数未知、输入时滞等问题，使用鲁棒最优控制设计 leader - follower 模式下的多智能体系统的航迹跟踪控制，文献[150]研究了噪声和扰动情况下的一致性问题，建立鲁棒一致性、权重拉普拉斯矩阵的第二小特征值、动态图连通度之间的关系；文献[151]在外部扰动和模型未知环境下，设计了鲁棒一致性控制方法；文献[152]基于最优化设计方法，提出了最优离散一致性算法的设计思想；文献[153]研究了具有随机通信时延和包丢失的数据采样一致性问题，引入了排队机制，并且将切换拓扑建模为伯纽利随机过程，提出了均方差鲁棒一致性设计方法；在存在白噪声的情形下，Castro[154]等设计了状态反馈控制器，使得群体系统系统仍能达到一致并且能满足对噪声的最优性能，Castro 等首次采用线性矩阵不等式理论研究了网络化群体的一致性问题，为进一步的工作打下了基础。因此，如何设计合适的控制器使群体系统能在存在噪声的情况下，仍然达到一致并且满足一定的鲁棒性能是需要进一步研究的问题。

1.3.3 带有攻击时间和攻击角度控制的导弹制导问题研究现状

对具有航迹规划功能的中、远程导弹，导弹飞行时间、自控终点散布和目标规避均急剧增加，必然存在攻击时间误差和攻击角度误差，因此在导弹的末制导段需要进一步对存在的攻击时间和攻击角度进行误差补偿。依靠单枚导弹自身性能实现突防的难度日益加大，而运用先进信息技术，将担负不同任务的智能化导弹组成一体化集群的协同攻击则是一种更符合现代信息化战争思想的作战方法。但如何通过有效的协同制导策略支持多导弹协同攻击多目标，并且满足在攻击时间和攻击角度约束条件下以最大的成功概率、最低的风险命中目标，以最小的代价、最少的伤亡换取最大的作战效能，是一个极具理论价值和实战意义的问题，也是导弹制导技术研究的热点。

要实现多导弹协同攻击，就要求参与攻击任务的多枚导弹能从不同方向同时到达目标，亦即要求导弹制导系统具有控制导弹攻击时间和攻击角度的能力。传统导引方式的研究可分为两类[155-156]：一类是攻击时间控制导引，即事先为每枚导弹指定一个共同的到达时间，每枚导弹各自独立地按照指定的到达时间导引到同一目标；另外一类是时间协同导引，即参与协同的每枚导弹通过通信和协调，达到时间同步，这种方法不需要事先为每枚导弹指定一个共同的到达时间，但需要有弹载实时数据链的支持，这显然不能满足导弹攻击角度和攻击时间的需求。因此，有必要研究以协同攻击为应用背景的多导弹攻击时间与攻击角度协同制导方法。

1. 攻击角度控制制导律研究

为了提高导弹的协同攻击能力，在制导律中需要考虑角度控制的要求。例如，反舰导弹需要进行侧向攻击，以便获得最大程度的对敌毁伤。自 Lee 等[157]在 20 世纪 70 年代提出攻击角度控制的问题，经过 40 来年的不断发展，这一领域取得了丰硕的成果。按照所运用的理论，攻击角度控制制导律(Impact Angle Control Guidance Law，IACGL)主要可以分成如下几类。

1）基于最优控制理论的 IACGL

基于最优控制理论的 IACGL 是指以控制总能量的加权函数为性能指标，以导引方程和导引终端条件为最基本的约束条件，将带攻击角度约束的导引问题转化为最优控制问题，并通过求解最优问题得到制导律。C. H. Lee[157]先假定待设计的 IACGL 为剩余时间的多项式，然后代入到线性化的导引方程，求解出满足导引终端条件(即零脱靶量、零攻击角度误差以及零需用过载)的多项式系数，从而设计出所谓的剩余时间多项式制导律。由分析可知，关于最优攻击角度控制导引的研究主要集中于在满足基本导引性能指标(零脱靶量和零攻击角度误差)的同时，通过选择合适的加权函数或选择合理的制导律参数，来调制导弹的弹道，以达到附加的导引性能。

2）基于比例导引的 IACGL

基于比例导引的 IACGL 是指在传统比例制导律的基础上，通过附加一个合理的偏置项来调整导弹的攻击角度，以使导弹按指定角度来攻击目标，从而得到的制导律。K. S. Erer 等[158]设计了一种基于两阶段控制的偏置比例制导律来控制攻击角度。这种偏置项不依赖于距离，而仅是导引初始条件和期望的攻击角度的函数。在导引的第一阶段，运用所设计的偏置制导律进行导引，当偏置项的积分值满足一定条件时，导引模式切换到传统的比例导引，进入导引的第二阶段；文献[159]改进了基于两阶段控制的带常值偏置项的偏置制导律，使其可用于攻击非机动的运动目标；文献[160]设计了一种新的偏置项，这种偏置项是攻击角度误差和剩余时间的函数，为了实现这种制导律，文章相应地给出了剩余时间的估算方法。

对比这几种偏置比例制导律可知，它们都具有结构简单的特点。它们的主要不同之处在于偏置项所需的信息不同。因此，应根据弹载测量设备所能提供的信息来选择不同的偏置制导律。

3）基于滑模控制理论的 IACGL

基于滑模控制理论的 IACGL 是指通过构造能同时满足零脱靶量和攻击角度约束的滑模面，针对导引方程，运用滑模控制理论设计控制律以使导引系统沿所构造的滑模面运动，从而得到的制导律。文献[161]依据非奇异终端滑模理论设计滑模面，以使目标视线角速率和攻击角度误差在有限时间内收敛到原点，从而使导引系统具有有限时间收敛的优良特性。实现该制导律需要目标机动能力的上界作为输入。当攻击机动的高度运动目标时，关于攻击角度的一个更为合理的定义是：当导弹击中目标时，导弹速度向量和目标速度向量之间的夹角。S. R. Kumar 等[162]采用这种方法来定义攻击角度，推导为达到指定攻击角度所需的目标视线角，进而设计一种终端滑模面来实现视线角速率和视线角误差的有限时间收敛。文中对所设计的制导律进行了修改，以保证当导弹航向误差较大时，导弹仍能击中目标。这种制导律的实现需要目标的加速度信息作为输入。目标的加速度信息通常是难以获得的，这就给计算所设计的滑模变量带来困难。为了解决这一问题，文献[163]以文献[162]的思路为基础，引入线性扩张状态观测器来实时估计目标的加速度，并设计了新的非奇异终端滑模面。

通过以上分析可知，基于滑模控制的攻击角度控制导引的研究重点在于，设计合理的滑模面、处理未知的目标加速度、保证导引指令的连续、实现全方位攻击以及如何考虑弹体动态特性等方面。

4）基于模型预测静态规划控制理论的 IACGL

模型预测静态规划理论是由 Padhi[164]提出来的一种结合预测控制思想和近似动态规划方法的控制理论，可用于处理有限时间域内的带终端约束的非线性控制问题，它的计算效率极高。带攻击角度约束的导引问题，是一类典型的有限时间域内的带终端约束的非线性控制问题。因此，可运用模型预测静态规划控制理论解决带攻击角度约束的导引问题，但算法对初始猜测解的依赖性，导致运用它很难设计出可实现全方位攻击的制导律。

对比上述主要类型的 IACGL，各种制导律都或多或少地存在一些缺陷。基于偏置比例导引的攻击角度控制律具有结构简单、易于实现的优势，但是一般仅能用于攻击静止目标或低速运动目标；基于最优控制理论的 IACGL 能在某种程度上实现总控制能量的最优，但其推导是基于线性化模型的，适用范围有限，一般只能用于攻击静止或低速运动目标；基于滑模控制理论的 IACGL 可用于实现对机动目标的按指定角度的高精度打击，但在保证其相应的导引指令的连续性方面仍有一些问题需要解决；基于模型预测静态规划理论的 IACGL 能有效处理三维空间的带攻击角度约束的导引问题，能在一定程度上实现总控制能量的最优，但其理论基础还有待进一步完善，并且可达的攻击角度范围有限。

2. 有限约束条件下攻击时间控制制导律研究

实现多导弹的同时到达，达成对目标的协同攻击的有效方式是协同导引。多导弹协同攻击时间由参与攻击任务的导弹在导引过程中共同“协商”决定，导弹之间需依靠通信网络不断地交互彼此的信息。实现这种协同导引方式的制导律通常称为攻击时间协同制导律。下面对几种典型的有限约束条件下的攻击时间协同制导律(Impact Time Control Guidance Law,ITCGL)进行综述。

1）带攻击角度约束的攻击时间控制制导律

相比于无角度约束的情况,带有终端攻击角度约束的攻击时间控制制导律的设计更为复杂,尤其不易获得闭环制导律。解决带攻击角度约束的攻击时间控制导引问题,目前主要有两种方法:一种方法是“两步法”,即先设计一种IACGL,然后针对所设计的IACGL设计补偿项,以补偿攻击时间误差,通常需要运用小角度假设对非线性的导引方程进行线性化处理,以便于制导律的推导和剩余时间的估计;另一种方法是“一体化法”,即将带攻击角度约束的攻击时间控制导引问题归纳为两点边值问题,通过求解两点边值问题来得到所需的制导律,然而,两点边值问题通常不易求解。Le 等[165]通过推广文献[166]中无角度约束时的制导律设计思路,同样基于小角度线性化的弹目相对运动方程,采用极小值原理推导了一种同时控制角度与时间的二维最优制导律。Harl 等[167]假设目标位置已知且固定,以射向距离 x 为自变量,采用关于 x 的4阶多项式拟合出一条期望的视线角速率曲线,采用二阶滑模控制使实际的视线角速率跟踪期望的视线角速率,从而得到带有角度控制的攻击时间控制制导律。该方法是一种开环控制的方法,并且不能保证期望的视线角速率一定能够通过一个事先假定的关于 x 的4阶多项式以要求的精度拟合出来。

应该指出的是,现有的比较典型的带攻击角度约束的ITCGL,在设计过程中都用到了小角度假设。然而,为大范围地调整攻击角度和攻击时间,导弹需要作大范围的机动飞行,弹道非常弯曲。这种情况下,小角度假设显然不成立。因此,运用基于小角度假设设计的制导律不再适用。

2）考虑导引头视场约束的攻击时间控制制导律

在末制导段,导弹需要通过导引头来跟踪目标并测量目标的信息,为末制导制导律的实现提供所必需的信息。导弹在末制导段必须保证导引头对目标的锁定条件得以满足,即目标始终位于导引头视场(FOV)范围内。因此,在设计ITCGL时,必须仔细考虑FOV的约束。现有的处理FOV约束的方法主要有三种。第一种方法是“主动法”[160,168],即先不考虑FOV的约束,设计出ITCGL,然后通过对所设计的制导律进行分析来选择合适的制导律参数,以保证导引过程中导弹对目标的最大视角不超出FOV所允许的范围。由于所考虑的是最极端的情况,这种方法具有较大的保守性,不能使目标长时间地停留在FOV边界的附近。第二种方法是“切换逻辑法”[169-171],即分别设计用于保证导引头对目标的视角不发生变化的制导律和不考虑FOV约束的ITCGL。第三种方法是“自适应法”,此方法是针对具有偏置比例导引这种特殊结构的制导律而设计的。即将加权前置角的余弦函数作为因子嵌入到用于调整攻击时间(或攻击角度)的偏置项中,利用余弦函数的非线性特性来自适应地调整偏置项的幅值,从而达到不违背 FOV 约束的目的。在设计 ITCGL 时,处理目标机动的最有效工具是滑模控制理论。但是,现有的基于滑模控制理论的 ITCGL 却没有考虑 FOV 的约束,或是采用“切换逻辑法”来处理 FOV 约束。因此,有必要设计一种可用于攻击机动目标,并且可保持导引指令连续的、考虑 FOV 约束的 ITCGL。

3) 考虑飞控系统不确定动态特性的攻击时间控制制导律

导弹飞行控制系统所带来的滞后效应是导致制导律性能下降的重要原因之一。为了消除飞控系统滞后效应对制导律性能的不利影响,可采用一体化设计的方法,即建立包含描述飞控系统动态的一体化导引模型,在设计制导律时对飞控系统的滞后效应加以补偿。现有的相关结果采用一阶或者二阶模型来描述飞控系统的动态特性,但没有考虑导弹导引的其他约束[172-174],或仅是考虑了攻击角度的约束。事实上,要将现有的 ITCGL 的设计方法,推广到考虑飞控系统动态特性,尤其是飞控系统不确定动态特性的情形,不是一件容易的事情。一方面,不同于 IACGL 的设计,很难将包含攻击时间误差动态的导引方程写成典型的严反馈形式等标准形式。这就导致无法直接使用非线性系统的设计工具来设计制导律。另一方面,当考虑飞控系统动态特性后,导引方程变得更为复杂。要想根据这个复杂的导引方程来估算导弹飞行的剩余时间,就变得非常困难。当考虑 FOV 的约束时,由于飞控系统滞后效应的存在,采用现有的考虑 FOV 约束的制导律进行导引,导引头很可能会丢失目标。导引头丢失目标,是一种不可挽回的灾难性的后果。对于飞控系统时间常数较大的导弹来说,在设计考虑 FOV 约束的 ITCGL 时,必须考虑飞控系统的动态特性。

4) 基于协同控制的分布式攻击时间协同制导律

多导弹协同控制并不是各枚导弹控制功能的简单叠加,整个系统的能力是通过导弹之间的紧密协作完成的,各导弹通过一体化无缝通信网络实现信息共享,并通过一定的协同控制策略,综合分析、处理、分发各种战场信息数据,根据系统的共同利益承担共同的目标,从而在整个协同系统内实现共同的导航与控制。

ITCGL 可用于实现基于独立导引的多导弹同时到达,但需要为所有导弹装订一个共同的指定攻击时间。指定的攻击时间一旦装订好,在导弹飞行的过程中一般就不能再更改。然而,导弹在飞行的过程中不可避免地要受到外界的干扰。这就可能导致一枚或多枚导弹无法按所指定的共同攻击时间到达目标,达不到饱和攻击的预期效果。因此,基于独立导引的多导弹同时到达,从根本上来说属于开环控制，对外界扰动的鲁棒性较差。作为实现多导弹同时到达的另一种方式，攻击时间协同导引则可以在导引过程中根据各枚导弹的实际飞行情况，实时“协商”和调整共同的攻击时间。因而，攻击时间协同导引属于闭环控制。

虽然攻击时间协同导引对外界扰动具有鲁棒性，但它的实现需要一个可靠的通信网络来支撑，以保证导弹之间能实时进行必要的信息交互。现有的攻击时间协同制导律对通信网络连通性的需求都较为苛刻。实际上，战场环境中充满了电磁干扰，并存在各种各样的反导防御系统。在这样一个敌对的环境中飞行，导弹相互之间的通信受到严重的限制，通信只能是局部的和间断的，这就意味着通信网络拓扑是时变的，并且是不能事先指定或者预测的。因此，要使所设计的攻击时间协同制导律在实际战场环境中可用，放宽对通信网络连通性的需求极为重要。

近年来，关于多智能体和卫星编队飞行的网络协同控制理论发展较为迅速，取得了很多成果[175-177]。但导弹作为一类特殊的飞行器，有着其自身的特点，具体体现在两个方面：一是导弹在某种意义上属于一种欠驱动系统。即导弹的轴向速度不可控，而无人机之类的轴向速度可控的飞行器，则可直接通过控制轴向速度来调整其到达时间；二是攻击时间受到约束，从根本上来说，这也是因轴向速度不可控而导致的。即导弹的攻击时间不能任意调整，而是存在一个上限和下限。因此，不能直接套用现有的协同控制理论来设计多导弹的攻击时间协同制导律。

文献[178]运用文献[179]所提出的基于矩阵理论的协同控制方法，以剩余时间为协同变量，设计了局部通信条件下的攻击时间协同制导律。但是并未对弹群攻击时间偏差的收敛特性进行分析，也没有给出保证攻击时间达成一致通信网络连通性所需满足的条件。

1.4 本书的内容和安排

以无人机和导弹为代表的多无人飞行器协同作战将极大提高战场空间的感知能力、对危险目标的攻击能力和电子对抗能力，是提升空中力量在防空压制任务中作战效能的有效手段。战场环境对抗性和任务复杂性决定了无人飞行器之间必须具有高度的自主能力与协同能力。单机自主能力越高，多机分布式协同能力也越高，最终将实现集群无人飞行器的完全自主。从目前的技术水平来看，在复杂动态环境和时间敏感态势下，实现对各种信息的快速有效地获取、处理、传输以及多平台的协同，是具有挑战性的问题，极具科学意义。

本书将多无人飞行器协同作战过程分为在线任务规划、巡航编队飞行和攻击目标 3 个阶段展开研究，重点研究多无人飞行器航迹规划、时滞下多无人飞行器一致性协同编队控制以及具有攻击时间和角度约束的多无人飞行器三维协同制导问题。其中第 2 章 ~ 第 4 章为多无人飞行器航迹规划研究，研究对象主要为巡航导弹；第 5 章 ~ 第 7 章为多无人飞行器编队控制研究，研究对象主要为无人机；第 8 章为具有攻击角度和攻击时间约束的导弹制导问题研究。本书各章的具体安排如下。

第 1 章绪论，介绍研究背景与意义，分析多无人飞行器的应用现状与协同控制研究现状。在应用现状中，重点分析无人机在局部战争中的作战应用现状、无人机集群协同作战现状以及多导弹协同作战现状；在协同控制研究现状中，重点分析多无人飞行器航迹规划研究现状、编队控制研究现状以及带有攻击角度与攻击时间控制的导弹制导问题研究现状。

第 2 章基于最短切线法的多航迹规划，考虑无人飞行器本身的机动性能，采用一种沿攻击方向的反方向从目标向发射点逆推的思想，提出一种简单实用的航迹规划递推算法；在有威胁的情况，根据航迹最短且调整航迹次数最少的原则，提出一种最短切线威胁规避算法；分别就单威胁和多威胁、导航点在威胁区域内与导航点在威胁区域外等情况，介绍了算法的思想和求解过程，并通过仿真验证其正确性。

第 3 章多无人飞行器协同航迹规划，结合第 2 章的航迹规划算法，充分考虑各飞行器攻击角度和协同攻击时间的要求，通过计算各飞行器飞临目标的时间，来调整和控制各飞行器的发射时间，使所有飞行器按各自预定的方向在预定的时间同时攻击目标；通过仿真验证，该算法能够满足协同攻击战术要求，具有同传统编队齐射相同的作战效果，但又比其简单快捷，便于工程实现。

第 4 章带有时间约束的无人飞行器航迹动态规划，本章利用平面和三维空间中无人飞行器剩余时间在线预测方法，根据实际剩余时间和预测剩余时间得出了时间误差信号；提出了一种在航迹预先规划的基础上根据时间误差信号进行航迹动态规划的方法，并通过航迹动态规划，可以实现对攻击时间的控制。

第 5 章基于一致性的无人飞行器协同编队控制，研究二阶无人飞行器的编队问题，基于一致性设计了无领航者协同编队控制律和适用于大规模智能体编队的分组编队控制律，并对系统的稳定性、编队的收敛性进行了分析；针对大规模智能群体复杂编队队形任务，提出了分组编队框架和自主分组算法，设计了基于分组的编队控制律，通过编队仿真实验结果验证了理论的正确性。

第 6 章均等时滞下多无人飞行器一致性协同编队控制，在第 5 章的基础上，研究了具有均等通信时滞的一致性协同编队控制问题，并获得了系统的稳定性条件。首先，推导了具有均等通信时滞的一致性协同编队控制律，获得了群体编队系统的闭环时滞状态方程；其次，在恒定均等时滞下，应用 LMI 获得了系统的时滞依赖稳定性条件；再次，在时变均等时滞下，应用自由权矩阵的方法，获得了时滞依赖稳定性条件；最后，对仿真结果进行了深入分析。

第 7 章不同时滞下多无人飞行器一致性协同编队控制，在第 6 章的基础上，进一步研究了系统内存在多个不同通信时滞和系统不确定性的编队控制及系统的稳定性问题。推导了具有多个不同通信时滞的一致性编队控制律；分别应用 LMI 的方法和 Lyapunov 泛函的方法，获得了编队系统时滞依赖稳定性条件，仿真结果验证了结论的正确性。

第 8 章控制攻击时间与攻击角度的导弹三维制导律，为提高导弹的协同攻击能力，有必要在导弹末制导段同时控制攻击时间与攻击角度，本章采用最优控制方法分别研究了飞行器恒速运动情况下攻击角度与攻击时间控制的制导律；在三维空间导引运动模型的基础上，通过应用 Lyapunov 稳定性理论提出了带有攻击角度控制的三维制导律，提出了导弹本身连恒速或者匀加/减速运动条件下的攻击时间控制方法。仿真结果表明，对于集群攻击的多导弹，如果事先为其指定相同的攻击时间，那么，采用这种制导律就可以使多导弹同时按照指定的攻击时间攻击目标。

第 2 章　基于最短切线法的多航迹规划

2.1 引　　言

为了减小武器系统的作战反应时间，提高任务规划系统的信息处理速度，本书从便于工程实现的角度出发，在研究无人飞行器的航迹规划时，没有采用复杂的搜索算法，如 A^* 算法、遗传算法、蚁群算法等，主要是考虑到这些算法本身计算量比较大，一般需要循环几十次甚至几百次才能找出较优航迹，难以满足航迹规划的实时要求。本章考虑无人飞行器本身的机动性能，针对不存在威胁区域的较简单的情况，采用一种沿攻击方向的反方向从目标向发射点逆推的思想，提出一种简单实用的航迹规划递推算法。在有威胁的情况下，根据航迹最短且调整航迹次数最少的原则，按照调整后的航迹走切线的思想，提出一种最短切线威胁规避算法。分别就单威胁和多威胁、导航点在威胁区域内和导航点在威胁区域外等情况，介绍算法的思想和求解过程，并通过仿真验证算法的正确性。

2.2 无人飞行器航迹规划的约束条件

无人飞行器航迹规划算法的主要目的就是求出飞行器的导航点和在各导航点的转弯角度，并应用于无人飞行器自控飞行弹道的航迹决策。即通过发射前给每架无人飞行器装订航迹导航点和转弯角度，使无人飞行器按预定的参考航迹来飞行。装订了导航点的飞行器，发射后首先向第一个导航点飞行，到达第一个导航点后，按预定转弯角度转弯，飞向第二个导航点方向，如此依次转向，直到无人飞行器末制导雷达开锁点。

以无人飞行器航迹规划示意图（图 2－1）为例，说明具有航迹规划功能的无人飞行器。在末制导雷达开机前的一般飞行过程，其中航迹规划约束条件涉及参数如下：

m——无人飞行器的航迹导航点数量；

R——某型无人飞行器的末制导开机距离；

A_0——无人飞行器发射点；

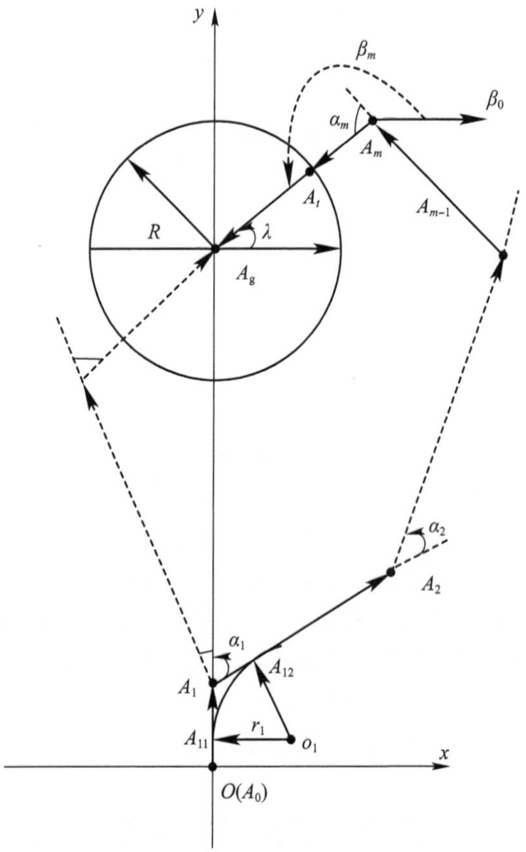

图 2-1　无人飞行器航迹规划示意图

L——发射点与目标点之间的直线距离；

$\beta_i(i=1,2,\cdots,m)$——无人飞行器在第 i 个导航点A_i转弯之后的方向角，范围为 $0\leqslant\beta_i<2\pi$；

λ——攻击角度，范围为 $-\pi\leqslant\lambda\leqslant\pi$；

r——无人飞行器最小可用转弯半径；

$r_i(i=1,2,\cdots,m)$——无人飞行器在各航迹点的转弯半径；

$A_i(i=1,2,\cdots,m)$——选定的无人飞行器第 i 个导航点；

A_t——无人飞行器末制导雷达开锁点，令$A_t=A_{m+1}$；

A_{i1}——无人飞行器的第 i 个导航点A_i的起始转向关键点；

A_{i2}——无人飞行器的第 i 个导航点A_i的结束转向关键点；

$\alpha_i(i=1,2,\cdots,m)$——无人飞行器在第 i 个导航点A_i的转向角，逆时针旋转为正；

α_{max}——无人飞行器最大可用转向角度，即$|\alpha_i| \leqslant \alpha_{max}(i=1,2,\cdots,m)$；

l_0——无人飞行器每次转向结束后为稳定航向所需要走的最短距离；

$l_i(i=1,2,\cdots,m-1)$——无人飞行器从A_i转弯结束并稳定航向后到下一次开始转弯时（即$A_{(i+1)1}$）所走的直线距离；

$S_{A_{i1}A_{i2}}$——无人飞行器第i个航迹点A_i的起始转向关键点A_{i1}至结束转向关键点A_{i2}的弧线距离；

$D_{A_iA_{i+1}}(i=0,1,\cdots,m)$——无人飞行器由发射点至无人飞行器末制导雷达开锁点之间，每两个相邻导航点间的直线距离；

$D_{A_{i1}A_i}$——无人飞行器第i个导航点A_i的起始转向关键点A_{i1}至第i个航迹点A_i的直线距离；

$D_{A_iA_{i2}}$——无人飞行器第i个导航点A_i至结束转向关键点A_{i2}的直线距离；

$D_{A_{i2}A_{(i+1)1}}$——无人飞行器第i个导航点A_i的结束转向关键点A_{i2}至第$i+1$个导航点A_{i+1}的起始转向关键点$A_{(i+1)1}$之间的直线距离；

$D_{A_iA_{(i+1)1}}$——无人飞行器第i个导航点A_i至第$i+1$个导航点A_{i+1}的起始转向关键点$A_{(i+1)1}$之间的直线距离；

$D_{A_{i2}A_{i+1}}$——无人飞行器第i个导航点A_i的结束转向关键点A_{i2}至第$i+1$个导航点A_{i+1}之间的直线距离；

S_p——无人飞行器由发射点A_0至转入平飞时的飞行距离；

S_z——无人飞行器总航迹距离。

2.2.1 第一个导航点的约束条件

为确保无人飞行器能够由发射点准确地转入下一个航迹导航点飞行，第一个导航点至发射点的距离应确保无人飞行器能够转入巡航高度上平飞。若在此时无人飞行器末制导雷达开机搜索目标，则还应确保无人飞行器距目标的距离为无人飞行器末制导雷达自导作用距离。由图2-1可知，第一个导航点与无人飞行器发射点的大地距离应满足

$$D_{A_0A_1} \geqslant [S_P + r_1\tan(|\alpha_1|/2) + l_0] \tag{2-1}$$

2.2.2 最后一个导航点的约束条件

无人飞行器到达预定的末制导雷达开锁点之后即进入搜索阶段，为了确保无人飞行器能够准确地进入确定的搜捕航向，可靠捕捉和选择预定目标，无人飞行器到达开锁点前必须保持一定的航向，即最后一个导航点的设定必须满足两

个条件。

(1)导航点至末制导雷达开锁点的航向应与预定的无人飞行器搜捕方向一致。

(2)导航点与无人飞行器末制导雷达开锁点的大地距离应根据无人飞行器的转弯性能(无人飞行器最大可用过载、转弯半径、转向角、转向结束后稳定航迹需要的最短距离等)来确定,满足

$$D_{A_mA_t} \geqslant [r_m \tan(|\alpha_m|/2) + l_0] \tag{2-2}$$

2.2.3 每个导航点的约束条件

由于受到无人飞行器的转弯性能的限制,进行无人飞行器航迹规划时,每个导航点的转弯半径必须满足无人飞行器在最大可用过载条件下的最小转弯半径的要求,否则,设置的导航点无效。即每个导航点的转弯半径满足

$$r_i \geqslant r \tag{2-3}$$

2.2.4 相临导航点之间的约束条件

由于受到无人飞行器的转弯性能限制,两个相邻导航点之间的距离不能太近,否则,无人飞行器将不能按预定方案准确转入下一个导航点,而且无人飞行器转弯结束后还需要一段时间稳定航向。因此,由图 2-1 所示,可以得到两相邻导航点间的约束条件:

$$D_{A_iA_{i+1}} \geqslant \{r_i \tan(|\alpha_i|/2) + r_{i+1}\tan(|\alpha_{i+1}|/2) + l_0\}, \qquad i=1,2,\cdots,m-1 \tag{2-4}$$

2.2.5 无人飞行器总航迹距离的约束条件

无人飞行器总航迹距离是指无人飞行器由发射点经各导航点至无人飞行器末制导雷达开锁点之间的飞行距离。由于无人飞行器自控飞行距离受无人飞行器动力航程的限制,很显然无人飞行器总航迹距离应不大于无人飞行器最大自控飞行距离。由图 2-1 可知

$$S_{A_{i1}A_{i2}} = |\alpha_i| r_i, \qquad i=1,2,\cdots,m \tag{2-5}$$

$$D_{A_{i1}A_i} = D_{A_iA_{i2}} = r_i \tan(|\alpha_i|/2), \qquad i=1,2,\cdots,m \tag{2-6}$$

$$S_z = \sum_{i=0}^{m} D_{A_iA_{i+1}} + r_i \sum_{i=1}^{m} |\alpha_i| - 2r_i \sum_{i=1}^{m} \tan(|\alpha_i|/2) \tag{2-7}$$

即无人飞行器总航迹距离的约束条件如下：

$$S_z \leqslant \text{无人飞行器最大自控飞行距离} \tag{2-8}$$

2.3 基于递推的无威胁规避航迹规划

未考虑威胁规避的航迹规划算法，指的是在作战区域内，除了目标的火力区之外，没有其他需要规避的威胁，也没有其他的敌方火力区和探测区，仅是按预定的攻击方向、攻击时间来对目标实施打击。

2.3.1 递推算法的思想

递推算法的主要思想，就是根据无人飞行器的搜捕方向、无人飞行器末制导雷达开锁点的位置、无人飞行器最后一个导航点的约束条件，沿无人飞行器搜捕方向的反方向，推出无人飞行器的最后一个导航点位置。再根据最后一个导航点的位置、无人飞行器航迹转向角、相邻导航点间的航迹距离、第一个航迹导航点的位置以及无人飞行器导航点的数量等约束条件，由后向前，依次逆推出无人飞行器各航迹导航点的位置。

2.3.2 递推算法的递推过程

结合无人飞行器的航迹规划特点，我们选用下列平面坐标系作为参考坐标系：原点 O 位于无人飞行器发射点上，x 轴指向当地东，y 轴指向当地北。为了便于仿真，假设目标位于发射点的正北方，并且无人飞行器是朝北发射的，如图 2－1所示，以其中的一条航迹为例进行说明。

O 是发射点，$A_i(i=1,2,\cdots,m)$ 是导航点，A_{i1}、A_{i2} 分别为导航点A_i的起始转向关键点和结束转向关键点；无人飞行器发射后延直线 OA_1 飞行，到达A_{11}时以转弯半径 r_1 开始转弯，转弯至A_{12}时转弯结束，无人飞行器沿着直线A_1A_2飞向下一导航点A_2。依此类推，飞过 m 个导航点之后，最后无人飞行器按预定的攻击方向飞至末制导雷达开机点A_t，开始搜索目标。弧线段$A_{i1}A_{i2}(i=1,2,\cdots,m)$和直线段$A_{i2}A_{(i+1)1}(i=1,2,\cdots,m-1)$，依次连接，外加发射点$A_0$和末制导开机点$A_{m+1}$所构成的曲线就是要规划的无人飞行器参考航路。发射点与目标点位置、末制导雷达开机点的位置和搜索方向是已知的，当无人飞行器各转弯角度$\alpha_i(i=1,2,\cdots,m)$确定时，即可解算得到最少导航点的个数 m，然后再根据各约束条件确定各导航点$A_i(i=1,2,\cdots,m)$的位置和转弯角度，以此控制无人飞行器飞行。当无人飞行器的攻击角度 λ、末制导开机距离 R、发射点与目标点之间

的直线距离 L、最大可用转向角度 $\alpha_{\max}$、转向结束后为稳定航向所需要走的最短距离 l_0、无人飞行器由发射点转入平飞时的飞行距离 S_p 已知时，可以推出下列关系。

2.3.3 参考航迹各导航点之间的关系

1. 雷达开机点 A_t 的坐标

设无人飞行器飞过末制导开机点 A_t 时的方向角为 β_{m+1}，由前面的假设可以看出，无人飞行器飞过最后一个导航点 A_m 之后的方向角 β_m 和 β_{m+1} 与攻击角度 λ 之间存在以下关系：

$$\beta_{m+1} = \beta_m = \lambda + \pi \tag{2-9}$$

由末制导开机距离 R 可以得到开机点 A_t（即 A_{m+1}）的坐标：

$$x_{m+1} = R\cos\lambda \tag{2-10a}$$

$$y_{m+1} = L + R\sin\lambda \tag{2-10b}$$

2. 最后导航点 A_m 的坐标

根据直线 O_gA_m 的方程 $y = x\tan\lambda + L$ 和最后一个导航点的约束条件，再联系 $\alpha_{\max}$ 的定义，令最后一个导航点 A_m 的坐标 (x_m, y_m) 为

$$x_m = x_{m+1} + [r_m \tan(|\alpha_{\max}|/2) + l_0]\cos\lambda$$

$$y_m = y_{m+1} + [r_m \tan(|\alpha_{\max}|/2) + l_0]\sin\lambda$$

将式(2-9)代入整理得

$$x_m = x_{m+1} + [r_m \tan(|\alpha_{\max}|/2) + l_0]\cos(\beta_m - \pi) \tag{2-11a}$$

$$y_m = y_{m+1} + [r_m \tan(|\alpha_{\max}|/2) + l_0]\sin(\beta_m - \pi) \tag{2-11b}$$

3. 第一个导航点 A_1 的关系

根据第一个导航点的约束条件，以及 $\alpha_{\max}$ 的定义，令第一个导航点 A_1 的坐标 (x_1, y_1) 为

$$x_1 = 0 \tag{2-12a}$$

$$y_1 = S_p + r_1 \tan(|\alpha_{\max}|/2) + l_0 \tag{2-12b}$$

4. 相临导航点间的直线距离

设相邻导航点之间的直线距离为 $d_i(i = 0, 1, \cdots, m)$，即无人飞行器由发射点飞至目标点的过程中每两个相邻导航点 A_i 与 A_{i+1} 之间的直线距离。根据相邻导航点之间航迹距离的约束条件见式(2-4)，以及 A_m 的坐标见式(2-11)和 A_1 的坐标见式(2-12)，可以得到

$$d_0 = S_p + r_1\tan(|\alpha_{max}|/2) + l_0 \tag{2-13}$$

$$d_i = r_i\tan(|\alpha_i|/2) + r_{i+1}\tan(|\alpha_{i+1}|/2) + l_0 + l_i, \quad i = 1, 2, \cdots, m-1 \tag{2-14}$$

$$d_m = r_m\tan(|\alpha_{max}|/2) + l_0 \tag{2-15}$$

5. 各导航点坐标之间的关系

接下来,根据前面的假设及已知条件来寻找各导航点的坐标之间存在的关系。根据式(2-11)和式(2-15)可以将A_m的坐标写为下列形式:

$$x_m = x_{m+1} + d_m\cos(\beta_m - \pi) \tag{2-16a}$$

$$y_m = y_{m+1} + d_m\sin(\beta_m - \pi) \tag{2-16b}$$

根据式(2-12)~式(2-16)及图2-1可以看出,无人飞行器发射点A_0的坐标(x_0, y_0)与末制导雷达开机点A_{m+1}的坐标(x_{m+1}, y_{m+1}),通过$d_i(i=0,1,\cdots,m-1)$,将其与各导航点$A_i(i=1,2,\cdots,m)$的坐标$(x_i, y_i)(i=1,2,\cdots,m)$联系起来。

A_{m-1}坐标:

$$x_{m-1} = x_m + d_{m-1}\cos(\beta_{m-1} - \pi) \tag{2-17a}$$

$$y_{m-1} = y_m + d_{m-1}\sin(\beta_{m-1} - \pi) \tag{2-17b}$$

A_{m-2}坐标:

$$x_{m-2} = x_{m-1} + d_{m-2}\cos(\beta_{m-2} - \pi) \tag{2-18a}$$

$$y_{m-2} = y_{m-1} + d_{m-2}\sin(\beta_{m-2} - \pi) \tag{2-18b}$$

A_2坐标:

$$x_2 = x_3 + d_2\cos(\beta_2 - \pi) \tag{2-19a}$$

$$y_2 = y_3 + d_2\sin(\beta_2 - \pi) \tag{2-19b}$$

A_1坐标:

$$x_1 = x_2 + d_1\cos(\beta_1 - \pi) \tag{2-20a}$$

$$y_1 = y_2 + d_1\sin(\beta_1 - \pi) \tag{2-20b}$$

A_0坐标:

$$x_0 = x_1 + d_0\cos(\beta_0 - \pi) \tag{2-21a}$$

$$y_0 = y_1 + d_0\sin(\beta_0 - \pi) \tag{2-21b}$$

将式(2-16)~式(2-21)写成一般形式,得到$A_i(i=0,1,\cdots,m)$坐标如下:

$$x_i = x_{i+1} + d_i\cos(\beta_i - \pi) \tag{2-22a}$$

$$y_i = y_{i+1} + d_i\sin(\beta_i - \pi) \tag{2-22b}$$

根据式(2-16),将式(2-22)写成递推形式,即$A_i(i=0,1,\cdots,m)$坐标变为

$$x_i = x_{m+1} + \sum_{k=i}^{m} d_k\cos(\beta_k - \pi) \tag{2-23a}$$

$$y_i = y_{m+1} + \sum_{k=i}^{m} d_k\sin(\beta_k - \pi) \tag{2-23b}$$

由图2-1及$\beta_i(i=0,1,2,\cdots,m,m+1)$的定义可以得出$\beta_0=\pi/2$,并且$\beta_{i-1}=\beta_i-\alpha_i(i=1,2,\cdots,m,m+1)$,故$\beta_i$可以用$\beta_{m+1}$来表示,表示如下:

$$\beta_i = \beta_{m+1} - \sum_{j=i+1}^{m+1}\alpha_j, \qquad i=0,1,\cdots,m \tag{2-24}$$

将式(2-24)代入式(2-23)得$A_i(i=0,1,\cdots,m)$坐标:

$$x_i = x_{m+1} + \sum_{k=i}^{m}\left\{d_k\cos\left(\beta_{m+1} - \pi - \sum_{j=k+1}^{m+1}\alpha_j\right)\right\} \tag{2-25a}$$

$$y_i = y_{m+1} + \sum_{k=i}^{m}\left\{d_k\sin\left(\beta_{m+1} - \pi - \sum_{j=k+1}^{m+1}\alpha_j\right)\right\} \tag{2-25b}$$

由式(2-25)可以看出,只要m、$\alpha_i(i=1,2,\cdots,m,m+1)$和$d_i(i=0,1,\cdots,m)$已知,无人飞行器各导航点的坐标就已知,而$d_i(i=0,1,\cdots,m)$又跟$r_i(i=1,2,\cdots,m)$、$l_i(i=1,2,\cdots,m-1)$有关(见式(2-14)和式(2-15)),因此,如果m、$r_i(i=1,2,\cdots,m)$、$l_i(i=1,2,\cdots,m-1)$和$\alpha_i(i=1,2,\cdots,m,m+1)$可以确定,那么,每个导航点的坐标可以确定,无人飞行器的参考航迹也就可以确定。

2.3.4 递推算法的求解过程

为了计算简单,我们进行如下假设。

假设一:无人飞行器的速度恒定,在每个导航点转弯时,都是用最大过载转弯,因此,无人飞行器在每个导航点的转弯半径相等,即$r_i=r(i=1,2,\cdots,m)$。

假设二:无人飞行器在各导航点的转向角除α_1、α_2和$\alpha_{m+1}(\alpha_{m+1}=0)$之外,其他的值都相等,即$|\alpha_i|=\alpha(i=3,4,\cdots,m)$,且$\alpha\leqslant\alpha_{\max}$。

由式(2-24)可以推出

$$\beta_{m+1}=\beta_0+\alpha_1+\alpha_2+\cdots+\alpha_{m-1}+\alpha_m+\alpha_{m+1} \tag{2-26}$$

由图2-1可以看出,$\alpha_1\sim\alpha_m$至少有一个转向角α_1是和其他转向角符号不同的,基于假设二,由式(2-26)可以推出

$$\beta_{m+1}=\beta_0+(\alpha_1+\alpha_2)\pm(m-2)\alpha \tag{2-27}$$

式中:正、负号的选择跟$\alpha_1,\alpha_2,\cdots,\alpha_m$的符号一致。

假设三：在无人飞行器的飞行过程中，前3个导航点主要是使无人飞行器飞临目标点，而其他的导航点则主要是使无人飞行器调整方向，达到预定的攻击角度，即$l_i=0(i=3,4,\cdots,m-1)$。

根据假设一$r_i=r(i=1,2,\cdots,m)$和假设二$|\alpha_i|=\alpha(i=3,4,\cdots,m)$，可以求出$m$；$\beta_{m+1}$与$A_{m+1}$的坐标$(x_{m+1},y_{m+1})$已知；根据假设三$l_i=0(i=3,4,\cdots,m-1)$已知，由式(2-14)可求出$d_i(i=3,4,\cdots,m-1)$。所以，根据式(2-25)和式(2-24)可以求出无人飞行器经过的导航点$A_m,A_{m-1},\cdots,A_3$的坐标(x_m,y_m)，$(x_{m-1},y_{m-1}),\cdots,(x_3,y_3)$和飞过各导航点之前的航向角度$\beta_{m-1},\beta_{m-2},\cdots,\beta_2$。现在我们由以上的已知条件来求取导航点$A_2$的坐标$(x_2,y_2)$。

根据式(2-25)可以推出

$$x_2 = x_{m+1} + \sum_{k=2}^{m}\left\{d_k\cos\left(\beta_{m+1} - \pi - \sum_{j=k+1}^{m+1}\alpha_j\right)\right\} \tag{2-28a}$$

$$y_2 = y_{m+1} + \sum_{k=2}^{m}\left\{d_k\sin\left(\beta_{m+1} - \pi - \sum_{j=k+1}^{m+1}\alpha_j\right)\right\} \tag{2-28b}$$

由式(2-28)可以看出，要想求出A_2的坐标(x_2,y_2)，只差一个未知条件d_2，由式(2-14)可以求得d_2如下：

$$d_2 = r_2\tan(|\alpha_2|/2) + r_3\tan(|\alpha_3|/2) + l_0 + l_2 \tag{2-29}$$

根据相邻导航点之间的约束条件见式(2-4)，d_2需满足以下不等式：

$$d_2 \geqslant r_2\tan(|\alpha_2|/2) + r_3\tan(|\alpha_3|/2) + l_0 \tag{2-30}$$

为了使d_2满足式(2-30)，取

$$d_2 = r_2\tan\left(\frac{\alpha_{\max}}{2}\right) + r_3\tan(|\alpha_3|/2) + l_0 \tag{2-31}$$

因为$|\alpha_i|\leqslant\alpha_{\max}(i=1,2,\cdots,m)$，所以，式(2-31)满足不等式(2-30)，将式(2-31)代入式(2-28)，即可求得导航点A_2的坐标(x_2,y_2)。

联系A_1坐标(x_1,y_1)，可求出无人飞行器飞过导航点A_1之后的航向角度β_1及转向角度α_1、α_2，即

$$\beta_1 = \arctan((y_2-y_1)/(x_2-x_1)) \tag{2-32}$$

$$\alpha_1 = \beta_1 - \beta_0 \tag{2-33}$$

$$\alpha_2 = \beta_2 - \beta_1 \tag{2-34}$$

比较式(2-29)和式(2-31)，再联系式(2-34)，即可求得

$$l_2 = r_2\tan(\alpha_{\max}/2) - r_2\tan(|\alpha_2|/2) \tag{2-35}$$

因为$d_1=\sqrt{(y_2-y_1)^2+(x_2-x_1)^2}$，代入式(2-14)，即可求得

$$l_1 = \sqrt{(y_2 - y_1)^2 + (x_2 - x_1)^2} - r_1 \tan(|\alpha_1|/2) - r_2 \tan(|\alpha_2|/2) - l_0 \tag{2-36}$$

到此为止，递推算法已将所有导航点个数 m、各导航点A_i（$i = 0,1,2,\cdots,m$）的坐标（x_i, y_i）、各导航点的转弯角度α_i（$i = 1,2,\cdots,m$）、航向角度β_i（$i = 1,2,\cdots,m$）以及相邻导航点之间的直线距离 d_i（$i = 0,1,\cdots,m$）、稳定航向所走的直线距离l_i（$i = 1,2,\cdots,m-1$）全部求出。

2.4 最短切线威胁规避算法基本思想

假设某无人飞行器在一定的攻击角度 λ 下，通过递推算法计算出了各导航点A_i（$i = 1,2,\cdots,m$）的位置和在各导航点的转弯角度α_i（$i = 1,2,\cdots,m$），求得一条不考虑威胁规避时的合理航迹。先判断这条航迹是否与威胁圆相交，如果航迹与威胁圆不相交，则说明航迹不需要调整；如果航迹与威胁圆相交，则需要对原先航迹进行调整，使航迹规避威胁，而航迹与威胁圆相交又分为两种情况：导航点在威胁区域外与导航点在威胁区域内，分别如图 2-2 和图 2-3 所示。

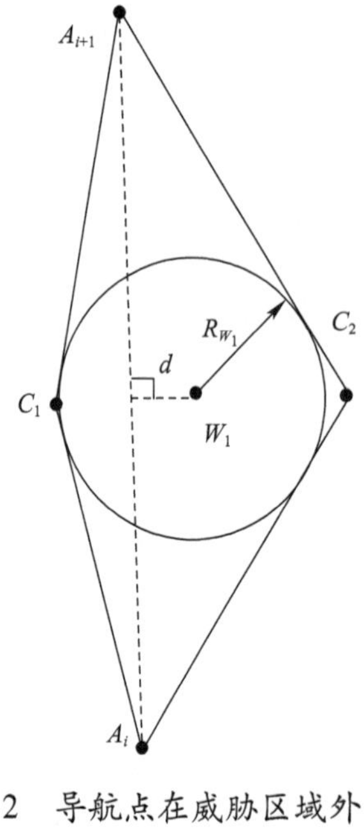

图 2-2　导航点在威胁区域外的情况

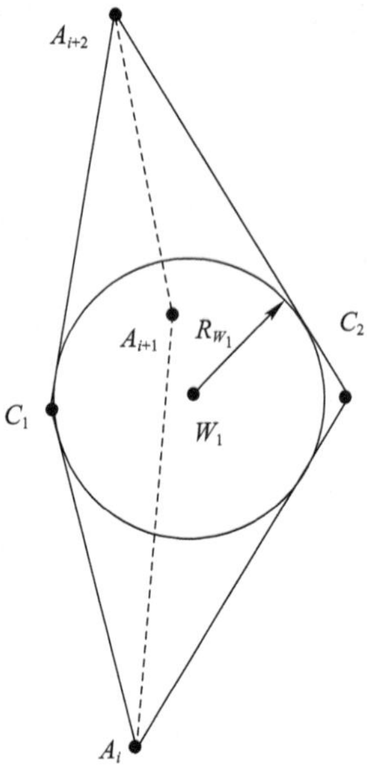

图 2-3　导航点在威胁区域内的情况

2.4.1 导航点在威胁区域外

所谓导航点在威胁区域外,指的是某条参考航迹的所有导航点都处在威胁区域外面,这条航迹之所以不安全,是因为当无人飞行器从某导航点直线飞向下一导航点时,正好经过敌方威胁区域。当导航点处在威胁区域外时,假设无人飞行器的导航点A_i与导航点A_{i+1}之间存在威胁圆 W_1,为了规避威胁,就需要在导航点A_i与A_{i+1}之间添加导航点 C_1,在 C_1 满足航路规划各项约束条件的前提下,使路径A_iC_1和路径$A_{i+1}C_1$都与威胁圆相切,并且线段$A_iC_1+A_{i+1}C_1$最短。当无人飞行器飞临A_i之后,转弯某一角度飞向导航点C_1,然后再从导航点C_1转弯某一角度飞至导航点A_{i+1},这样就规避了威胁。

2.4.2 导航点在威胁区域内

所谓导航点在威胁区域内,指的是某条参考航迹的某一个导航点或者某几个导航点处在威胁区域里面,这就使得无人飞行器从前一导航点直线飞向这个导航点的部分航迹,处在敌方威胁内。同时,从这个导航点出发直线飞行至下一个导航点的部分航迹也处在威胁内。

当导航点处在威胁区域内时,假设无人飞行器的导航点A_{i+1}存在于威胁圆 W_1 内,为了规避威胁,就需要调整导航点A_{i+1},使导航点A_{i+1}的位置处在C_1点,其中C_1点在满足航迹规划各项约束条件的前提下,路径A_iC_1和路径$A_{i+1}C_1$都与威胁圆相切,并且线段$A_iC_1+A_{i+1}C_1$最短。当无人飞行器飞临A_i之后,转弯某一角度飞向调整后的导航点A_{i+1},即C_1点,然后再从导航点C_1转弯某一角度飞至导航点A_{i+2},这样就规避了威胁。

2.5 导航点在威胁区域外的最短切线航迹

2.5.1 判断导航点之间是否存在威胁航点

如图 2-2 所示,威胁圆W_1位于(x_{W_1},y_{W_1}),半径为 R_{W_1}。无人飞行器第 i 个导航点A_i的位置为(x_i,y_i),无人飞行器在A_i的转弯角度为α_i,转弯之前的航向为β_{i-1},转弯之后的航向为β_i;无人飞行器第 $i+1$ 个导航点A_{i+1}的位置为(x_{i+1},y_{i+1}),无人飞行器在A_{i+1}的转弯角度为α_{i+1},转弯之前的航向为β_i,转弯之后的航向为β_{i+1}。由已知条件可以确定两导航点A_iA_{i+1}的直线方程为

$$\frac{y-y_i}{y_{i+1}-y_i}=\frac{x-x_i}{x_{i+1}-x_i} \tag{2-37}$$

写成 $ax+by+c=0$ 的标准形式如下：

$$(y_{i+1}-y_i)x+(x_i-x_{i+1})y+(x_{i+1}y_i-x_iy_{i+1})=0 \tag{2-38}$$

式中

$$a=y_{i+1}-y_i,\quad b=x_i-x_{i+1},\quad c=x_{i+1}y_i-x_iy_{i+1}$$

设威胁圆W_1的圆心距离直线A_iA_{i+1}的距离为 d，d 可由下式求得，即

$$d=\frac{|ax_{W_1}+by_{W_1}+c|}{\sqrt{a^2+b^2}} \tag{2-39}$$

若$d>R_{W_1}$，则无人飞行器航迹与威胁圆无交点，无人飞行器可以从A_i飞直线到达A_{i+1}；若 $d=R_{W_1}$，则无人飞行器航迹与威胁圆相切，无人飞行器也可以直接从A_i飞直线到达A_{i+1}；若 $d<R_{W_1}$，则无人飞行器航迹与威胁圆相交，无人飞行器需要在导航点A_i与A_{i+1}之间添加导航点C_1，使直线A_iC_1和直线$A_{i+1}C_1$都与威胁圆相切，并且线段$A_1C_1+A_{i+1}C_1$最短。

2.5.2 求最短切线导航点

威胁圆 W_1 的方程为

$$(x-x_{W_1})^2+(y-y_{W_1})^2=R_{W_1}^2 \tag{2-40}$$

设经过导航点A_i并与威胁圆W_1相切的直线方程为

$$y-y_i=k_1(x-x_i) \tag{2-41}$$

设经过导航点A_{i+1}并与威胁圆W_1相切的直线方程为

$$y-y_{i+1}=k_2(x-x_{i+1}) \tag{2-42}$$

式中：k_1、k_2为待求斜率，联立方程组

$$\begin{cases} y-y_i=k_1(x-x_i) \\ (x-x_{W_1})^2+(y-y_{W_1})^2=R_{W_1}^2 \end{cases} \tag{2-43}$$

$$\begin{cases} y-y_{i+1}=k_2(x-x_{i+1}) \\ (x-x_{W_1})^2+(y-y_{W_1})^2=R_{W_1}^2 \end{cases} \tag{2-44}$$

可分别求得两切线的斜率 k_1、k_2，k_1 的两个值为 k_{11}、k_{12}，k_2 的两个值为 k_{21}、k_{22}，即

$$\begin{cases} k_{11}=\dfrac{-b_1+\sqrt{b_1^2-4a_1c_1}}{2a_1} \\ k_{12}=\dfrac{-b_1-\sqrt{b_1^2-4a_1c_1}}{2a_1} \end{cases} \tag{2-45}$$

$$
\begin{cases}
k_{21}=\dfrac{-b_2+\sqrt{b_2^2-4a_2c_2}}{2a_2}\\
k_{22}=\dfrac{-b_2-\sqrt{b_2^2-4a_2c_2}}{2a_2}
\end{cases}
\tag{2-46}
$$

式中：$a_1=R_{W_1^2}-(x_{W_1}-x_i)^2$；$b_1=-2(x_{W_1}-x_i)(y_i-y_{W_1})$；$c_1=R_{W_1^2}-(y_{W_1}-y_i)^2$；$a_2=R_{W_1^2}-(x_{W_1}-x_{i+1})$；$b_2=-2(x_{W_1}-x_{i+1})(y_{i+1}-y_{W_1})$；$c_2=R_{W_1^2}-(y_{W_1}-y_{i+1})^2$

k_{11}、k_{12}、k_{21}、k_{22}分别对应4条切线，2组切线两两相交，由方程组

$$
\begin{cases}
y-y_i=k_{12}(x-x_i)\\
y-y_{i+1}=k_{21}(x-x_{i+1})
\end{cases}
\tag{2-47}
$$

求得两切线的交点C_1，设C_1坐标为(x_{c_1},y_{c_1})：

$$
\begin{cases}
x_{c_1}=\dfrac{k_{12}x_i-y_i-k_{21}x_{i+1}+y_{i+1}}{k_{12}-k_{21}}\\
y_{c_1}=k_{12}x_{c_1}-k_{12}x_i+y_i
\end{cases}
\tag{2-48}
$$

由方程组

$$
\begin{cases}
y-y_i=k_{11}(x-x_i)\\
y-y_{i+1}=k_{22}(x-x_{i+1})
\end{cases}
\tag{2-49}
$$

求得两切线的另一交点C_2，设C_2坐标为(x_{c_2},y_{c_2})：

$$
\begin{cases}
x_{c_2}=\dfrac{k_{11}x_i-y_i-k_{22}x_{i+1}+y_{i+1}}{k_{11}-k_{22}}\\
y_{c_2}=k_{11}x_{c_2}-k_{11}x_i+y_i
\end{cases}
\tag{2-50}
$$

由方程组

$$
\begin{cases}
y-y_i=k_{12}(x-x_i)\\
y-y_{i+1}=k_{22}(x-x_{i+1})
\end{cases}
\tag{2-51}
$$

求得两切线的另一交点C_3，设C_3坐标为(x_{c_3},y_{c_3})：

$$
\begin{cases}
x_{c_3}=\dfrac{k_{12}x_i-y_i-k_{22}x_{i+1}+y_{i+1}}{k_{12}-k_{22}}\\
y_{c_3}=k_{12}x_{c_3}-k_{12}x_i+y_i
\end{cases}
\tag{2-52}
$$

由方程组

$$\begin{cases} y - y_i = k_{11}(x - x_i) \\ y - y_{i+1} = k_{21}(x - x_{i+1}) \end{cases} \tag{2-53}$$

求得两切线的另一交点C_4，设C_4坐标为(x_{c_4}, y_{c_4})：

$$\begin{cases} x_{c_4} = \dfrac{k_{11}x_i - y_i - k_{21}x_{i+1} + y_{i+1}}{k_{11} - k_{21}} \\ y_{c_4} = k_{11}x_{c_4} - k_{11}x_i + y_i \end{cases} \tag{2-54}$$

由此可以得到绕过威胁圆W_1，由导航点A_i到达导航点A_{i+1}的 4 条切线航迹。航迹 1：$A_i \longrightarrow C_1 \longrightarrow A_{i+1}$；航迹 2：$A_i \longrightarrow C_2 \longrightarrow A_{i+1}$；航迹 3：$A_i \longrightarrow C_3 \longrightarrow A_{i+1}$；航迹 4：$A_i \longrightarrow C_4 \longrightarrow A_{i+1}$。比较 4 条航迹的长度：

$$|A_iC_1| = \sqrt{(x_{c_1} - x_i)^2 + (y_{c_1} - y_i)^2} \tag{2-55a}$$

$$|C_1A_{i+1}| = \sqrt{(x_{c_1} - x_{i+1})^2 + (y_{c_1} - y_{i+1})^2} \tag{2-55b}$$

$$|A_iC_2| = \sqrt{(x_{c_2} - x_i)^2 + (y_{c_2} - y_i)^2} \tag{2-56a}$$

$$|C_2A_{i+1}| = \sqrt{(x_{c_2} - x_{i+1})^2 + (y_{c_2} - y_{i+1})^2} \tag{2-56b}$$

$$|A_iC_3| = \sqrt{(x_{c_3} - x_i)^2 + (y_{c_3} - y_i)^2} \tag{2-57a}$$

$$|C_3A_{i+1}| = \sqrt{(x_{c_3} - x_{i+1})^2 + (y_{c_3} - y_{i+1})^2} \tag{2-57b}$$

$$|A_iC_4| = \sqrt{(x_{c_4} - x_i)^2 + (y_{c_4} - y_i)^2} \tag{2-58a}$$

$$|C_4A_{i+1}| = \sqrt{(x_{c_4} - x_{i+1})^2 + (y_{c_4} - y_{i+1})^2} \tag{2-58b}$$

根据最短切线威胁规避算法，取最短航迹上的切线交点作为航迹新添加的导航点，由于$|A_iC_3| + |C_3A_{i+1}|$和$|A_iC_4| + |C_4A_{i+1}|$的长度远远大于$|A_iC_1| + |C_1A_{i+1}|$和$|A_iC_2| + |C_2A_{i+1}|$的长度，这是因为用来求取航迹 3 和航迹 4 的两组切线的斜率差太小，即两条切线几乎平行，使得两切线的交点距离威胁圆太远，从而使航迹太远，故不考虑航迹 3 和航迹 4 与航迹 1 和航迹 2 的比较，仅仅比较两条长度较短且长度差距较小的两条航迹，即航迹 1 和航迹 2 的比较。当导航点在威胁区域外的情况，如图 2-1 所示，由于$|A_iC_1| + |C_1A_{i+1}| < |A_iC_2| + |C_2A_{i+1}|$，故选择航迹 1，即$C_1$为最短切线导航点。

在导航点A_i与A_{i+1}之间，未加导航点C_1前，无人飞行器按β_{i-1}航向飞至A_i的转向关键点A_{i1}后，开始转弯α_i角度，转弯结束后变成按β_i航向飞向导航点A_{i+1}，飞至A_{i+1}的转向关键点$A_{(i+1)1}$后，开始转弯α_{i+1}角度，转弯结束后变成按β_{i+1}航向飞向下一个导航点A_{i+2}；加上导航点C_1之后，无人飞行器要多飞一个导航点，而且飞过导航点A_i和A_{i+1}的转弯角度与航向方向都有所变化，无人飞行器仍然按β_{i-1}方向飞至A_i的转向关键点A_{i1}后，开始转弯 α_i' 角度，转弯结束后变成按 β_i'航向飞向导航点C_1，飞至C_1的转向关键点C_{11}后，开始转弯α_{c_1}角度，转向结束后变成按β_{c_1}航向飞向导航点A_{i+1}，飞至A_{i+1}的转向关键点$A_{(i+1)1}$后，开始转弯 α_{i+1}'角度，转弯结束后变成按β_{i+1}航向飞向下一个导航点A_{i+2}。这样，无人飞行器就同样以β_{i+1}航向飞向导航点A_{i+2}，不影响其他任何导航点的位置和航向及转弯角度，其中

$$\beta_i' = \arctan(k_{12}) \tag{2-59}$$

$$\beta_{c_1} = \arctan(k_{21}) \tag{2-60}$$

$$\alpha_i' = \beta_i' - \beta_{i-1} \tag{2-61}$$

$$\alpha_{c_1} = \beta_{c_1} - \beta_i' \tag{2-62}$$

$$\alpha_{i+1}' = \beta_{i+1} - \beta_{c_1} \tag{2-63}$$

至此，在导航点处于威胁区域外的情况下，最短切线威胁规避算法已经将不合理航迹调整为合理航迹。

2.6 导航点在威胁区域内的最短切线路径求法

2.6.1 已知条件总结

如图 2-2 所示，威胁圆W_1位于(x_{W_1}, y_{W_1})，半径为 R_{W_1}；无人飞行器第 i 个导航点A_i的位置为(x_i, y_i)，无人飞行器在A_i的转弯角度为α_i，转弯之前的航向为β_{i-1}，转弯之后的航向为β_i；无人飞行器第 $i+1$ 个导航点A_{i+1}的位置为(x_{i+1}, y_{i+1})，处在威胁圆W_1之内，无人飞行器在A_{i+1}的转弯角度为α_{i+1}，转弯之前的航向为β_i，转弯之后的航向为β_{i+1}；无人飞行器第 $i+2$ 个导航点A_{i+2}的位置为(x_{i+2}, y_{i+2})，无人飞行器在A_{i+2}的转弯角度为α_{i+2}，转弯之前的航向为β_{i+1}，转弯之后的航向为β_{i+2}。

2.6.2 判断导航点之间是否存在威胁

设威胁圆W_1的圆心距离导航点A_{i+1}的距离为 D，D 可由下式求得，即

$$D = \sqrt{(x_{i+1} - x_{W_1})^2 + (y_{i+1} - y_{W_1})^2} \tag{2-64}$$

若 $D > R_{W_1}$，则无人飞行器的导航点A_{i+1}处在威胁圆之外，导航点有效；若 $D = R_{W_1}$，则导航点A_{i+1}处在威胁圆上，无人飞行器也可以直接从A_i飞直线到达A_{i+1}；若 $D < R_{W_1}$，则导航点A_{i+1}处在威胁圆内，需要调整导航点A_{i+1}至点C_1，使直

线A_iC_1和直线$A_{i+1}C_1$都与威胁圆相切，并且线段$A_iC_1+A_{i+1}C_1$最短。

2.6.3 求最短切线导航点

设经过导航点A_{i+2}并与威胁圆W_1相切的直线方程为

$$y-y_{i+2}=k_3(x-x_{i+2}) \tag{2-65}$$

式中：k_3为待求斜率，显然k_3有两个值，联立威胁圆W_1的方程（见式(2-4)）得

$$\begin{cases} y-y_{i+2}=k_3(x-x_{i+2}) \\ (x-x_{W_1})^2+(y-y_{W_1})^2=R_{W_1}^2 \end{cases} \tag{2-66}$$

可求得k_3的两个值为

$$\begin{cases} k_{31}=\dfrac{-b_3+\sqrt{b_3^2-4a_3c_3}}{2a_1} \\ k_{32}=\dfrac{-b_3-\sqrt{b_3^2-4a_3c_3}}{2a_3} \end{cases} \tag{2-67}$$

式中

$a_3=R_{W_1}^2-(x_{W_1}-x_{i+2})^2$；$b_3=-2(x_{W_1}-x_{i+2})(y_{i+2}-y_{W_1})$；$c_3=R_{W_1}^2-(y_{W_1}-y_{i+2})^2$

k_{11}、k_{12}、k_{31}、k_{32}分别对应4条切线，2组切线两两相交，由方程组

$$\begin{cases} y-y_i=k_{12}(x-x_i) \\ y-y_{i+2}=k_{31}(x-x_{i+2}) \end{cases} \tag{2-68}$$

求得两切线的交点C_1，设C_1坐标为(x_{c_1},y_{c_1})：

$$\begin{cases} x_{c_1}=\dfrac{k_{12}x_i-y_i-k_{31}x_{i+2}+y_{i+2}}{k_{12}-k_{31}} \\ y_{c_1}=k_{12}x_{c_1}-k_{12}x_i+y_i \end{cases} \tag{2-69}$$

由方程组

$$\begin{cases} y-y_i=k_{11}(x-x_i) \\ y-y_{i+2}=k_{32}(x-x_{i+2}) \end{cases} \tag{2-70}$$

求得两切线的另一交点C_2，设C_2坐标为(x_{c_2},y_{c_2})：

$$\begin{cases} x_{c_2}=\dfrac{k_{11}x_i-y_i-k_{32}x_{i+2}+y_{i+2}}{k_{11}-k_{32}} \\ y_{c_2}=k_{11}x_{c_2}-k_{11}x_i+y_i \end{cases} \tag{2-71}$$

由方程组

$$\begin{cases} y - y_i = k_{12}(x - x_i) \\ y - y_{i+1} = k_{32}(x - x_{i+1}) \end{cases} \tag{2-72}$$

求得两切线的另一交点C_3，设C_3坐标为(x_{c_3}, y_{c_3})：

$$\begin{cases} x_{c_3} = \dfrac{k_{12}x_i - y_i - k_{32}x_{i+1} + y_{i+1}}{k_{12} - k_{32}} \\ y_{c_3} = k_{12}x_{c_3} - k_{12}x_i + y_i \end{cases} \tag{2-73}$$

由方程组

$$\begin{cases} y - y_i = k_{11}(x - x_i) \\ y - y_{i+1} = k_{31}(x - x_{i+1}) \end{cases} \tag{2-74}$$

求得两切线的另一交点C_4，设C_4坐标为(x_{c_4}, y_{c_4})：

$$\begin{cases} x_{c_4} = \dfrac{k_{11}x_i - y_i - k_{31}x_{i+1} + y_{i+1}}{k_{11} - k_{31}} \\ y_{c_4} = k_{11}x_{c_4} - k_{11}x_i + y_i \end{cases} \tag{2-75}$$

由此可以得到绕过威胁圆W_1，由导航点A_i到达导航点A_{i+1}的 4 条切线航迹。航迹 1：$A_i \longrightarrow C_1 \longrightarrow A_{i+1}$；航迹 2：$A_i \longrightarrow C_2 \longrightarrow A_{i+1}$；航迹 3：$A_i \longrightarrow C_3 \longrightarrow A_{i+1}$；航迹 4：$A_i \longrightarrow C_4 \longrightarrow A_{i+1}$。比较 4 条航迹的长度：

$$|A_iC_1| = \sqrt{(x_{c_1} - x_i)^2 + (y_{c_1} - y_i)^2} \tag{2-76a}$$

$$|C_1A_{i+2}| = \sqrt{(x_{c_1} - x_{i+2})^2 + (y_{c_1} - y_{i+2})^2} \tag{2-76b}$$

$$|A_iC_2| = \sqrt{(x_{c_2} - x_i)^2 + (y_{c_2} - y_i)^2} \tag{2-77a}$$

$$|C_2A_{i+2}| = \sqrt{(x_{c_2} - x_{i+2})^2 + (y_{c_2} - y_{i+2})^2} \tag{2-77b}$$

$$|A_iC_3| = \sqrt{(x_{c_3} - x_i)^2 + (y_{c_3} - y_i)^2} \tag{2-78a}$$

$$|C_3A_{i+1}| = \sqrt{(x_{c_3} - x_{i+1})^2 + (y_{c_3} - y_{i+1})^2} \tag{2-78b}$$

$$|A_iC_4| = \sqrt{(x_{c_4} - x_i)^2 + (y_{c_4} - y_i)^2} \tag{2-79a}$$

$$|C_4A_{i+1}| = \sqrt{(x_{c_4} - x_{i+1})^2 + (y_{c_4} - y_{i+1})^2} \tag{2-79b}$$

根据最短切线威胁规避算法，取最短航迹上的切线交点作为航迹新添加的导航点，由于$|A_iC_3| + |C_3A_{i+1}|$和$|A_iC_4| + |C_4A_{i+1}|$的长度远远大于$|A_iC_1| +$

$|C_1A_{i+1}|$和$|A_iC_2|+|C_2A_{i+1}|$的长度，这是因为用来求取航迹3和航迹4的两组切线的斜率差太小，即两条切线几乎平行，使得两切线的交点距离威胁圆太远，从而使航迹太远，故不考虑航迹3、航迹4与航迹1、航迹2的比较，仅仅比较两条长度较短且长度差距较小的两条航迹，即航迹1和航迹2的比较。当导航点在威胁区域外的情况，如图2-3所示，由于$|A_iC_1|+|C_1A_{i+1}|<|A_iC_2|+|C_2A_{i+1}|$，故选择航迹1，即$C_1$为最短切线导航点。

在导航点A_i与A_{i+2}之间，未调整导航点A_{i+1}前，无人飞行器按β_{i-1}方向飞至A_i的转向关键点A_{i1}后，开始转弯α_i角度，转弯结束后变成按β_i航向飞向导航点A_{i+1}，飞至A_{i+1}的转向关键点$A_{(i+1)1}$后，开始转弯α_{i+1}角度，转弯结束后变成按β_{i+1}航向飞向导航点A_{i+2}，飞至A_{i+2}的转向关键点$A_{(i+2)1}$后，开始转弯α_{i+2}角度，转弯结束后变成按β_{i+2}航向飞向下一导航点A_{i+3}；调整导航点A_{i+1}至点C_1之后，无人飞行器飞过导航点A_i、A_{i+1}及A_{i+2}的转弯角度和航向方向都有所变化，无人飞行器仍然按β_{i-1}方向飞至A_i后，开始转弯α_i'角度，转弯结束后变成按β_i'航向飞至调整后的导航点A_{i+1}，即导航点C_1，转弯α_{i+1}'角度之后，变成按β_{i+1}'航向飞至导航点A_{i+2}，然后再转弯α_{i+2}'角度，转弯结束后无人飞行器按β_{i+2}航向飞向下一导航点A_{i+3}。这样，无人飞行器就同样以β_{i+2}航向飞向导航点A_{i+3}，不影响其他任何导航点的位置和航向及转弯角度，其中

$$\beta_i' = \arctan(k_{12}) \tag{2-80}$$

$$\beta_{i+1}' = \arctan(k_{31}) \tag{2-81}$$

$$\alpha_i' = \beta_i' - \beta_{i-1} \tag{2-82}$$

$$\alpha_{i+1}' = \beta_{i+1}' - \beta_i' \tag{2-83}$$

$$\alpha_{i+2}' = \beta_{i+2} - \beta_{i+1}' \tag{2-84}$$

2.6.4 连续多个导航点在同一威胁区域内的最短切线路径求法

前面介绍的最短切线路径的求法适应于单个导航点处于威胁区域内的情况，当有多个连续导航点处于威胁区域内时，如图2-4所示，其计算原理与单个导航点处于威胁区域内的情况相同。只要找出距离威胁圆最近且不在危险圆内的那两个导航点，即图2-4中所示的导航点A_i和A_{i+3}，就可以求出导航点A_i和A_{i+3}分别与威胁圆W_1相切的4条切线，然后两两相交求出交点C_1和C_2，比较2条航迹的长度，其中航迹1为$A_i \longrightarrow C_1 \longrightarrow A_{i+3}$；航迹2为$A_i \longrightarrow C_2 \longrightarrow A_{i+3}$。选择处于较短航迹上的交点为导航点，即图2-4中的C_1。将处于威胁圆内的所有导航点都调整到C_1，这就意味着处于威胁区域内的所有导航点都重合在C_1。

在导航点A_i与A_{i+3}之间，未调整导航点A_{i+1}与A_{i+2}前，无人飞行器按β_{i-1}方向

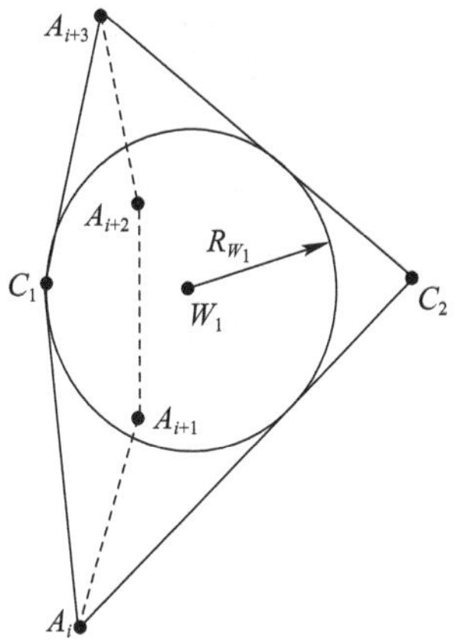

图 2-4　威胁规避示意图

飞至A_i的转向关键点A_{i1}后，开始转弯α_i角度，转弯结束后变成按β_i航向飞向导航点A_{i+1}，飞至A_{i+1}的转向关键点$A_{(i+1)1}$后，开始转弯α_{i+1}角度，转弯结束后变成按β_{i+1}航向飞向导航点A_{i+2}，飞至A_{i+2}的转向关键点$A_{(i+2)1}$后，开始转弯α_{i+2}角度，转弯结束后变成按β_{i+2}航向飞至导航点A_{i+3}，开始转弯α_{i+3}角度，转弯结束后变成按β_{i+3}航向飞向下一导航点A_{i+4}；调整导航点A_{i+1}与A_{i+2}至点C_1之后，无人飞行器飞过导航点A_i、A_{i+1}、A_{i+2}及A_{i+3}的转弯角度和航向方向都有所变化，无人飞行器仍然按β_{i-1}方向飞至A_i后，开始转弯α_i'角度，转弯结束后变成按β_i'航向飞至导航点A_{i+1}，即点C_1，转弯$\alpha_{i+1}'=0$角度之后，变成按$\beta_{i+1}'=\beta_i'$航向飞至导航点$A_{i+2}=A_{i+1}$，然后再转弯α_{i+2}'角度，转弯结束后无人飞行器按β_{i+2}'航向飞至导航点A_{i+3}，然后再转弯α_{i+3}'角度，转弯结束后无人飞行器按β_{i+3}航向飞向下一导航点A_{i+4}。这样，无人飞行器就同样以β_{i+3}航向飞向导航点A_{i+4}，不影响其他任何导航点的位置和航向及转弯角度，其中

$$\beta_{i+1}'=\beta_i'=\arctan(k_{12}) \tag{2-85}$$

假设k_{41}、k_{42}分别是切线C_1A_{i+3}与C_2A_{i+3}的斜率：

$$\alpha_i'=\beta_i'-\beta_{i-1} \tag{2-86}$$

$$\beta_{i+2}'=\arctan(k_{41}) \tag{2-87}$$

$$\alpha_{i+2}'=\beta_{i+2}'-\beta_{i+1}' \tag{2-88}$$

$$\alpha_{i+3}'=\beta_{i+3}-\beta_{i+2}' \tag{2-89}$$

到此为止，在导航点处于威胁区域内的情况下，最短切线威胁规避算法已经将不合理航迹调整为合理航迹。

2.7 多威胁区域的最短切线路径求法

当作战海域存在多个威胁区域时，该算法先计算处于参考航迹上威胁区域的个数，然后判断最靠近目标点的威胁区域之内是否存在导航点，通过添加导航点或者调整导航点到威胁切线交点上，运用单威胁规避方法来规避第一个威胁。切线交点的选取，秉承新航迹与剩余威胁相交的数量最少的原则，并且在此基础上考虑航迹较短。在规避第一个威胁区域之后得到的参考航迹基础上，再通过重复上述步骤，多次运用单威胁规避方法就可以将不安全航迹调整为安全航迹。

从算法的主要思想可以看出，即使在多威胁的情况下，该算法的计算量也不很大，算法循环的次数，也就是调整航迹的次数，最多不超过参考航迹上存在的威胁区域的个数，这也就为本算法的工程应用提供了理论基础。

2.7.1 导航点在威胁区域外的最短切线路径求法

假设导航点A_i与导航点A_{i+1}之间航迹存在两个威胁圆W_1与W_2，分别位于(x_{W_1},y_{W_1})与(x_{W_2},y_{W_2})，半径分别为R_{W_1}与R_{W_2}，如图2-5所示。利用单威胁规避方法，先规避靠近导航点A_{i+1}的威胁W_1，求得两切线交点C_1与C_2及两条切线航迹。航迹1为$A_i \longrightarrow C_1 \longrightarrow A_{i+1}$；航迹2为$A_i \longrightarrow C_2 \longrightarrow A_{i+1}$。其中航迹1为最短切线路径。判断最短切线路径1是否跟威胁W_2相交，如果不相交，则说明这条航迹可以同时规避两个威胁，满足航迹规划要求；如果相交，则判断较长切线路径2是否也跟威胁W_2相交，如果不相交，则选择航迹2作为选用航迹，如图2-5所示的情况；如果相交，则重新运用单威胁规避方法对导航点A_i与导航点C_1之间航迹进行威胁规避，如图2-6所示的情况，求出最短切线导航点C_1'来规避威胁W_2。

同理，当导航点A_i与导航点A_{i+1}之间航迹存在n个威胁圆W_i，$i=1,2,\cdots,n$时，先求出最靠近导航点A_{i+1}的威胁W_f（假设$W_f=W_1$），应用单威胁规避切线路径的求法，求出两条切线交点C_1与C_2，得到两条航迹。航迹1为$A_i \longrightarrow C_1 \longrightarrow A_{i+1}$；航迹2为$A_i \longrightarrow C_2 \longrightarrow A_{i+1}$。其中航迹1为最短切线路径，分别求取新航迹$A_iC_1$和$A_iC_2$分别与剩余威胁圆相交的个数，假设$A_iC_1$与威胁$W_1$，$i=2,3,\cdots,n$中的$n_1$个圆相交，$A_iC_2$与威胁$W_i$，$i=2,3,\cdots,n$中的$n_2$个圆相交，如果$n_1 \leqslant n_2$，则取最短切线路径航迹1为选用航迹，即选择交点$C_1$为新添加的导航点；如果$n_1 > n_2$，则取航迹2为选用航迹，即选择交点$C_2$为新添加的导航点。然后，将选定的新导航点看作导航点A_{i+1}，反复重复上述步骤，直到$n_1=0$或$n_2=0$，算法结束。

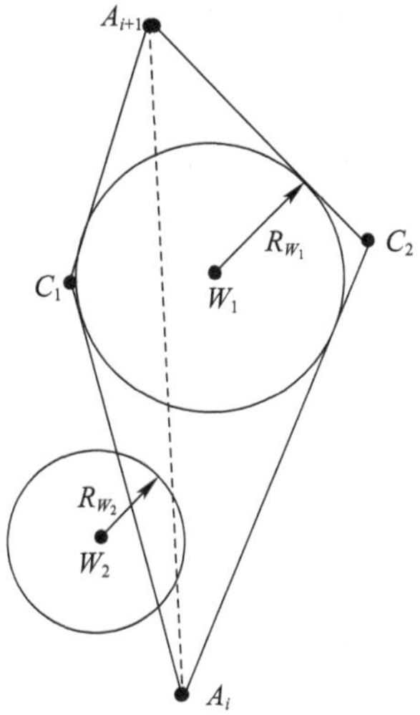

图 2－5　一条航迹有威胁的情况

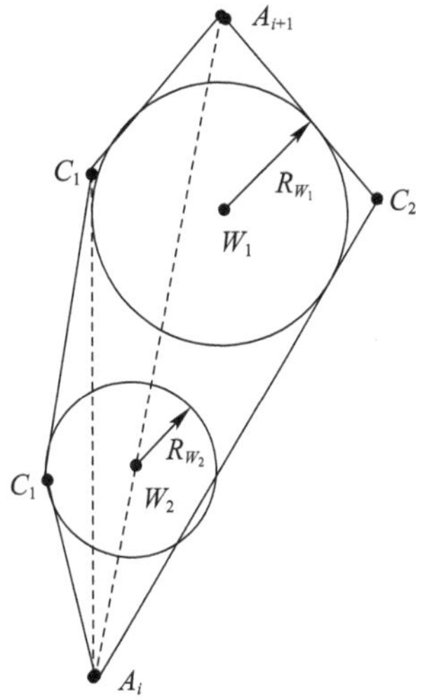

图 2－6　两条航迹都有威胁的情况

2.7.2　导航点在威胁区域内的最短切线路径求法

假设导航点A_i与导航点A_{i+3}之间航迹存在两个威胁圆W_1与W_2，导航点A_{i+1}与导航点A_{i+2}分别处在两个威胁圆内，威胁圆分别位于(x_{W_1},y_{W_1})与(x_{W_2},y_{W_2})，半径分别为R_{W_1}与R_{W_2}，如图 2－7 所示。利用单威胁规避方法，先规避靠近导航点A_{i+3}的威胁W_1，求得两切线交点C_1与C_2及两条切线航迹。航迹 1 为$A_i \longrightarrow C_1 \longrightarrow A_{i+1}$；航迹 2 为$A_i \longrightarrow C_2 \longrightarrow A_{i+1}$。其中航迹 1 为最短切线路径。判断最短切线路径 1 是否跟威胁W_2相交，如果不相交，则说明这条航迹可以同时规避两个威胁，如图 2－7所示的情况，满足航迹规划要求；如果相交，则判断较长切线路径 2 是否也跟威胁W_2相交，如果不相交，则选择航迹 2 作为选用航迹，如果相交，则重新运用单威胁规避方法对导航点A_i与导航点C_1之间航迹进行威胁规避，如图 2－8 所示的情况，求出最短切线导航点 C_1'来规避威胁W_2。

同理，当导航点A_i与导航点A_{i+n+1}之间航迹存在 n 个威胁圆W_1，$i=1,2,\cdots,n$ 时，先求出最靠近导航点A_{i+n+1}的威胁W_f（假设$W_f=W_1$），应用单威胁规避切线路径的求法，求出两条切线交点C_1与C_2，得到两条航迹。航迹 1 为 $A_i \longrightarrow C_1 \longrightarrow A_{i+1}$；航迹 2 为 $A_i \longrightarrow C_2 \longrightarrow A_{i+1}$。其中航迹 1 为最短切线路径，求取新航迹$A_iC_1$和$A_iC_2$分别与剩余威胁圆相交的个数，假设$A_iC_1$与威胁$W_1$，$i=2,3,\cdots,n$ 中的n_1个圆相交，A_iC_2与威胁W_i，$i=2,3,\cdots,n$ 中的n_2个圆相交。如果$n_1 \leqslant n_2$，则取最短切线路径航迹 1 为选用航迹，即选择交点C_1为调整后的导航点；如果$n_1>n_2$，则

取航迹 2 为选用航迹,即选择交点C_2为调整后的导航点。然后,将选定的新导航点看作导航点A_{i+n+1},重复上述步骤,直到$n_1=0$或$n_2=0$,算法结束。

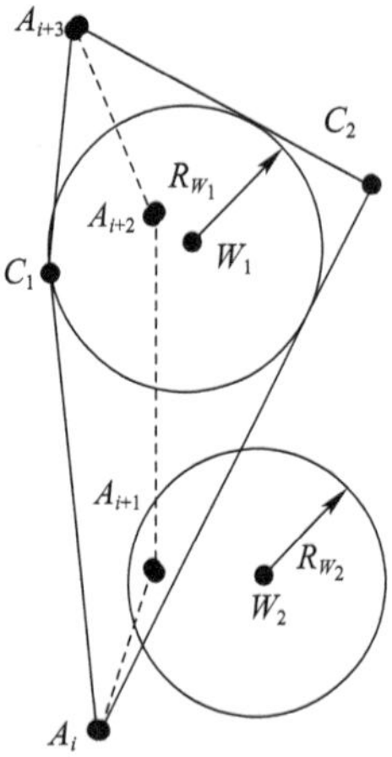

图 2-7　一条航迹有威胁的情况

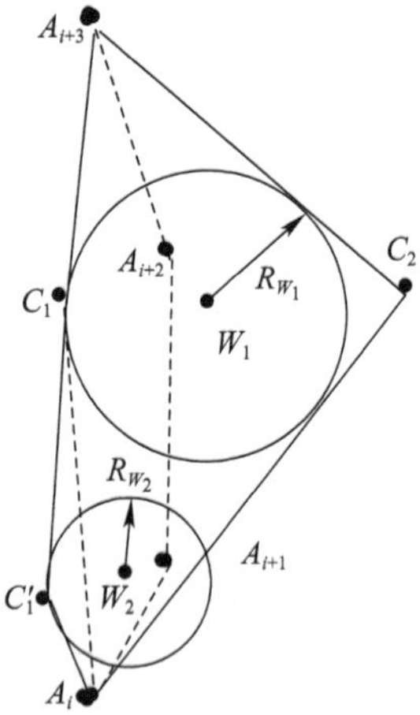

图 2-8　两条航迹都有威胁的情况

2.8 仿真研究

2.8.1 仿真条件设定

以 300km×400km 的作战区域为例,做如下设定。

(1) 目标点坐标为(0,250km)。

(2) 某型号无人飞行器速度即 340m/s,最大机动过载能力$n_{max}\leqslant 2g$,最大滚动角限制$|\phi_{cm}|\leqslant 45°$,末制导雷达开机距离$R=30$km。

(3) 无人飞行器由发射点转入平飞时的飞行距离$S_p=10$km,平飞阶段,转向结束后稳定航向所需要走的最短距离$l_0=4$km,飞行器最小可用转向半径$r=1.2\,v^2/(g\tan\phi_{cm})=14.14$km。

(4) 无人飞行器最大可用转向角度$\alpha_{max}<\pi/2$。

2.8.2 单威胁规避仿真结果

情况 1:单威胁情况下,导航点在威胁区域外的情况,攻击角度$\lambda=-2.5/8\pi$,转弯角度$\alpha=1/4\pi$,威胁位于(x_{W_1},y_{W_1}),其中$x_{W_1}=8.9$km,$y_{W_1}=150$km,半径为$R_{W_1}=20$km,仿真结果如图 2-9 所示,仿真详细数据如

表 2－1所列，其中航迹 1 表示未规避威胁的参考航迹，航迹 2 表示规避威胁后的航迹。

情况 2：单威胁情况下，导航点在威胁区域内的情况，攻击角度 $\lambda = -\pi$，转弯角度 $\alpha = 3.5/8\pi$，威胁位于(x_{W_1}, y_{W_1})，其中$x_{W_1} = -40\text{km}$，$y_{W_1} = 223\text{km}$，半径 $R_{W_1} = 16\text{km}$，仿真结果如图 2－10 所示，仿真详细数据如表 2－1 所列，其中航迹 1表示未规避威胁的参考航迹，航迹 2 表示规避威胁后的航迹。

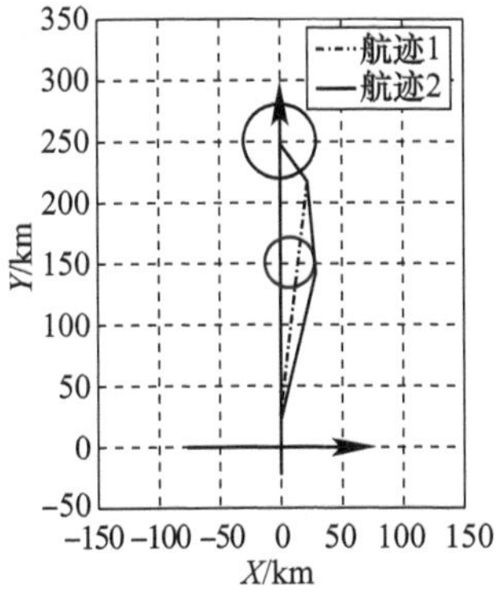

图 2－9　导航点在威胁外仿真结果图

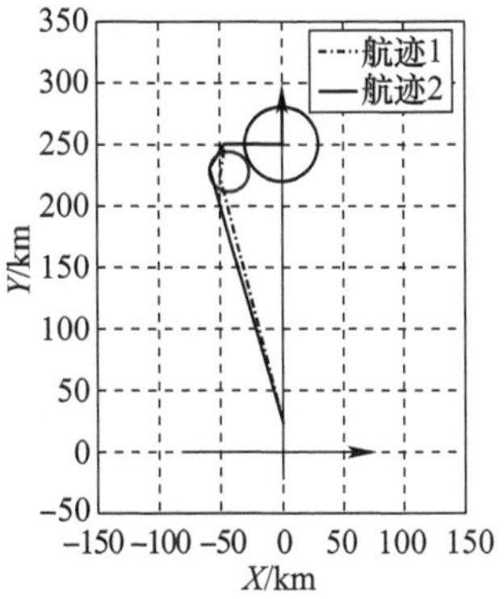

图 2－10　导航点在威胁内仿真结果

表 2－1　单威胁规避仿真数据

导航点	i	$i=1$	$i=2$	$i=3$	$i=4$	$i=5$
情况 1	x_i/km	0	0	29.13	22.143	0
	y_i/km	0	19.857	148.79	216.86	250
	α_i/rad	−0.222	0.324	0.486		
情况 2	x_i/km	0	0	−56.975	−45.604	0
	y_i/km	0	25.604	224.15	250	250
	α_i/rad	0.279	−0.693	−1.156		

2.8.3　两威胁规避仿真结果

情况 3：两威胁情况下，导航点在威胁区域外的情况，$\lambda = -2.5/8\pi$，$\alpha = 1/4\pi$，(x_{W_1}, y_{W_1})，其中$x_{W_1} = -8.9\text{km}$，$y_{W_1} = 150\text{km}$，半径为 $R_{W_1} = 20\text{km}$；威胁W_2位于(x_{W_2}, y_{W_2})，其中$x_{W_2} = 12\text{km}$，$y_{W_2} = 100\text{km}$，半径为 $R_{W_2} = 16\text{km}$；仿真结果如图 2－11 所示，仿真详细数据如表 2－2 所列，其中航迹 1 表示未规避威胁的参考航迹，航迹 2 表示规避威胁后的航迹。

情况 4：两威胁情况下，导航点在威胁区域内的情况，$\lambda = -\pi$，$\alpha = 3.5/8\pi$，

威胁W_1位于(x_{W_1},y_{W_1}),其中$x_{W_1} = -40$km,$y_{W_1} = 223$km,半径为$R_{W_1} = 16$km;威胁W_2位于(x_{W_2},y_{W_2}),其中$x_{W_2} = -35$km,$y_{W_2} = 150$km,半径为$R_{W_2} = 24$km;仿真结果如图2-12所示,仿真详细数据如表2-2所列,其中航迹1表示未规避威胁的参考航迹,航迹2表示规避威胁后的航迹。

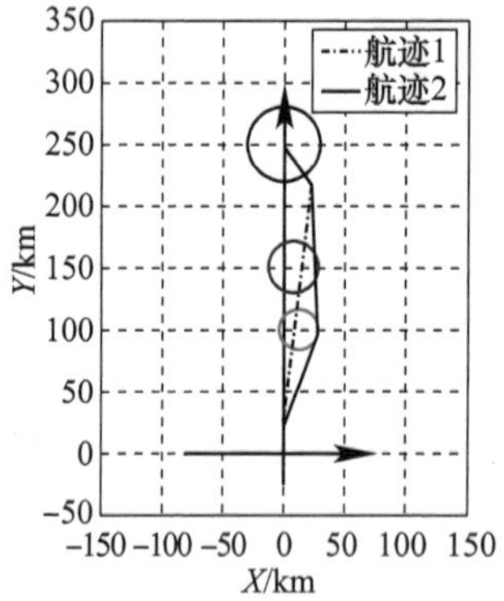

图2-11　导航点在威胁外仿真结果

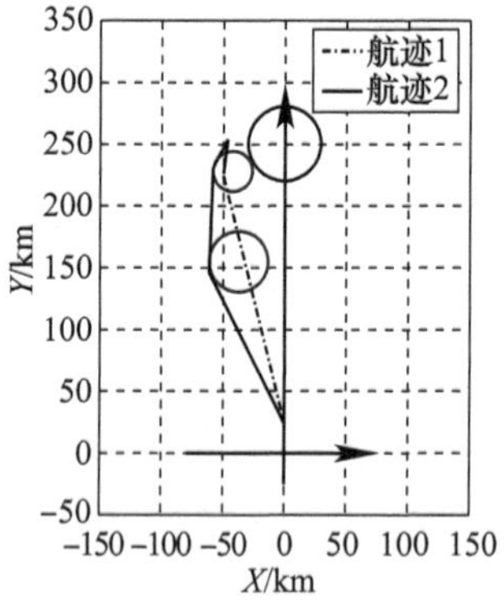

图2-12　导航点在威胁内仿真结果

表2-2　两个威胁规避的仿真数据

导航点	i	$i=1$	$i=2$	$i=3$	$i=4$	$i=5$	$i=6$
情况3	x_i/km	0	0	27.636	29.13	22.143	0
	y_i/km	0	19.857	96.188	148.79	216.86	250
	α_i/rad	-0.347	0.318	0.130	0.486		
情况4	x_i/km	0	0	-59.155	-56.975	-45.604	0
	y_i/km	0	25.604	144.68	224.15	250	250
	α_i/rad	0.461	-0.488	-0.386	-1.156		

2.8.4　多威胁规避仿真结果

情况5:多威胁($n=5$)情况下,攻击角度1为$\lambda_1 = -7.5/8\pi$,攻击角度2为$\lambda_2 = -2.5/8\pi$,转弯角度$\alpha = 1/4\pi$;威胁W_1位于(x_{W_1},y_{W_1}),其中$x_{W_1} = 8.9$km,$y_{W_1} = 120$km,半径为$R_{W_1} = 21$km;威胁W_2位于(x_{W_2},y_{W_2}),其中$x_{W_2} = 38$km,$y_{W_2} = 205$km,半径为$R_{W_2} = 14$km;威胁W_3位于(x_{W_3},y_{W_3}),其中$x_{W_3} = -50$km,$y_{W_3} = 235$km,半径为$R_{W_3} = 18$km;威胁W_4位于(x_{W_4},y_{W_4}),其中$x_{W_4} = -35$km,$y_{W_4} = 100$km,半径为$R_{W_4} = 20$km;威胁W_5位于(x_{W_5},y_{W_5}),其中$x_{W_5} = -32$km,$y_{W_5} = 190$km,半径为$R_{W_5} = 15$km。仿真结果如图2-13所示,仿真详细数据如表2-3

所列，其中航迹 1 对应着攻击角为λ_1的参考航迹，航迹 2 对应着攻击角为λ_2的参考航迹。

表 2－3 $\lambda<0$ 时两条航迹仿真数据

导航点	i	$i=1$	$i=2$	$i=3$	$i=4$	$i=5$	$i=6$	$i=7$
情况 5（航迹 1）	x_i/km	0	0	−15.472	−19.692	−46.013	−44.756	0
	y_i/km	0	19.857	104.39	115.95	184.65	213.75	250
	α_i/rad	0.181	0.169	0.0158	−0.409	−0.847		
情况 5（航迹 2）	x_i/km	0	0	30.157	22.143	0		
	y_i/km	0	19.857	117.67	216.86	250		
	α_i/rad	−0.299	0.379	0.508				

情况 6：多威胁（$n=5$）情况下（威胁位置同情况 5 的相同），攻击角度 1 为$\lambda_1=6.5/8\pi$，攻击角度 2 为$\lambda_2=2.5/8\pi$，转弯角度 $\alpha=1/4\pi$ 时的威胁规避参考航迹，仿真结果如图 2－14 所示，仿真详细数据如表 2－4 所列，其中航迹 1 对应着攻击角为λ_1的参考航迹，航迹 2 对应着攻击角为λ_2的参考航迹。

表 2－4 $\lambda>0$ 时两条航迹仿真数据

导航点	i	$i=1$	$i=2$	$i=3$	$i=4$	$i=5$	$i=6$	$i=7$
情况 6（航迹 1）	x_i/km	0	0	−15.702	−66.62	−69.861	−57.282	−48.55
	y_i/km	0	19.857	105.65	228.09	238	256.01	269.08
	α_i/rad	0.181	0.213	−0.078	−0.926	0.021	−0.785	2.356
情况 6（航迹 2）	x_i/km	0	0	29.387	51.81	53.687	50.621	37.555
	y_i/km	0	19.857	115.17	202.49	262.06	277.48	286.21
	α_i/rad	−0.30	0.048	0.220	0.228	0.785	−2.356	0.785

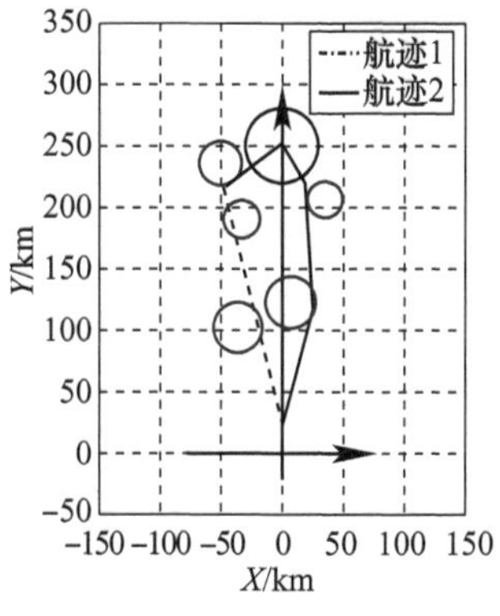

图 2－13 $\lambda<0$ 时两条航迹的仿真结果

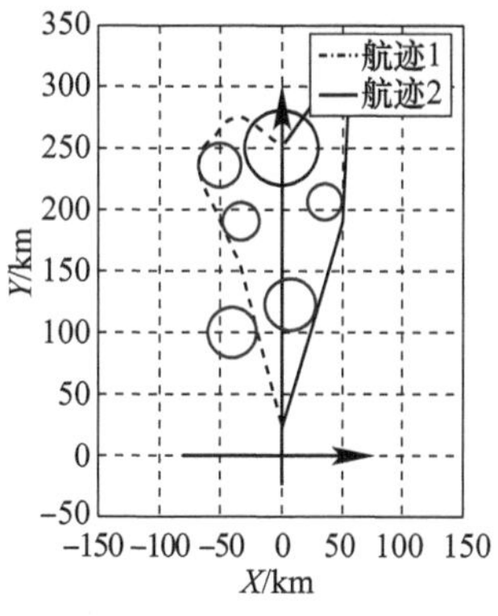

图 2－14 $\lambda>0$ 时两条航迹的仿真结果

2.8.5 仿真结果分析

由仿真数据可知,在递推算法的前提下,在威胁个数不定、威胁位置不定、大小不定的条件下,按最短切线威胁规避算法求得的参考航迹是符合无人飞行器转弯要求的。本算法不仅原理简单,而且计算速度快,在航迹只有一个威胁的情况下,算法仅需要执行一次,在航迹有多个威胁的情况,算法最多循环的次数不超过威胁的个数,因此,该算法能够快速实时地规避威胁。

第3章　多无人飞行器协同航迹规划

3.1 引　言

递推航迹规划算法与最短切线威胁规避算法在无人飞行器速度变化、质量变化、气动参数变化等情况下，以及考虑地球曲率影响的情况下仍然是可行的。将上述简单实用的算法应用到多无人飞行器协同航迹规划中，尽可能提高飞行器的杀伤率，最大限度地发挥我方飞行器的威力。先根据飞行器攻击角度的要求，采用航迹规划算法分别规划各自的航迹，再根据协同攻击时间的要求，通过计算各飞行器飞临目标的时间，调整和控制各飞行器的发射时间，使所有无人飞行器按各自预定的方向在预定的时间同时攻击目标。通过仿真验证，该算法能够满足协同攻击战术要求。

3.2 准备知识

3.2.1 将导航点坐标转换为经纬度坐标

航迹点 $A(i)(i=1,2,\cdots,m)$ 坐标用平面坐标 (x_i,y_i) 表示，就是在设计算法时，并没有考虑地球曲率的影响，为了利用现有算法进行六自由度仿真，需要将平面坐标与实际的经纬度坐标进行转换。平面坐标转换为经度、纬度 (L_i,B_i) 的转换过程如下。

假设等高飞行高度 H_i 已知，无人飞行器发射点 $A(1)$ 的位置 (L_1,B_1) 已知，则

$$B_{i+1}=B_i+\frac{y_{i+1}-y_i}{R_{Mi}+H_i} \tag{3-1}$$

$$L_{i+1}=L_i+\frac{x_{i+1}-x_i}{(R_{Ni}+H_i)\cdot\cos(B_i)} \tag{3-2}$$

式中：R_{Mi} 为导航点 $A(i)$ 所处的子午圈平面内的曲率半径，$R_{Mi}=\dfrac{a(1-e^2)}{\sqrt{(1-e^2\sin^2(B_i))^3}}$；$R_{Ni}$ 为导航点 $A(i)$ 所处的卯酉圈平面内的曲率半

径，$R_{Ni}=\dfrac{a}{\sqrt{1-e^2\sin^2(B_i)}}$。

根据式(3-1)和式(3-2)就可将所有导航点的坐标转换为经纬度坐标，各导航点 $A(i)\ (i=1,2,\cdots,m)$ 的位置就可用大地经度、纬度和高度 (L_i, B_i, H_i) 来表示。

3.2.2 OENV 系中非引力的求取

作用在无人飞行器上的非引力有气动力（阻力 X、升力 Y、侧力 Z）及推力 P，它们在弹道坐标系 $OX_2Y_2Z_2$ 中的投影为

$$F_{x_2}=P\cos\alpha\cos\beta-X \tag{3-3a}$$

$$F_{y_2}=P(\sin\alpha\cos\gamma_c+\cos\alpha\sin\beta\sin\gamma_c)-Z\sin\gamma_c+Y\cos\gamma_c \tag{3-3b}$$

$$F_{z_2}=P(\sin\alpha\sin\gamma_c-\cos\alpha\sin\beta\cos\gamma_c)+Y\sin\gamma_c+Z\cos\gamma_c \tag{3-3c}$$

式中：α、β 和 γ_c 分别为无人飞行器的攻角、侧滑角及速度倾斜角。

将上述 3 个分力变换到 OENV 系，得无人飞行器所受到的非引力在 OENV 系的投影 F_E、F_N、F_V 分别为

$$F_E=-F_{x_2}\sin\psi_c\cos\theta+F_{y_2}\sin\psi_c\sin\theta+F_{z_2}\cos\psi_c \tag{3-4a}$$

$$F_N=F_{x_2}\cos\psi_c\cos\theta-F_{y_2}\cos\psi_c\sin\theta+F_{z_2}\sin\psi_c \tag{3-4b}$$

$$F_V=F_{x_2}\sin\theta+F_{y_2}\cos\theta \tag{3-4c}$$

3.3 多架无人飞行器协同攻击航迹规划算法

在压制敌方火力时，攻击时间对敌方的突袭性、命中概率和致命性非常重要，为了做到出其不意，攻击时间的选择是很严格的。定时攻击可能需要几架无人飞行器在某预定时刻到达预定目标，但由于目标和威胁的不确定性，使得采用协同攻击战术时，无人飞行器的协同飞行满足同时到达目标这个要求变得困难。例如，突然出现的威胁，为了同时到达目标点，就要求对无人飞行器之间协同重规划，要求航迹规划要具有很好的实时性和协同性。

3.3.1 初始条件与要求

假设 $k(k=6)$ 架具有航迹规划功能的无人飞行器，对敌实现 360°范围内的协同攻击，并且每两条相邻航迹的攻击角度差相等，各参考航迹的攻击角度 $\lambda_i(i=1,2,\cdots,k)$ 如图 3-1 所示。图中 R 为对目标的协同攻击半径，将其规定为无人飞行器的末制导雷达开机距离。在无人飞行器本身性能参数已知的前提

下，如无人飞行器最小可用转弯半径 r、无人飞行器转弯结束后为稳定航向所需走的最短距离 l_0、无人飞行器由发射点 A_0 至转入平飞时的飞行距离S_p、无人飞行器的转弯角度 α 等，确定敌方目标的准确位置。为了减小武器系统的作战反映时间，对敌实施有效的打击，需要在无人飞行器发射之前，将导航点设定在各架无人飞行器的航迹规划程序，使航迹自动定位，也就是实现无人飞行器的"傻瓜式"发射；同时，还要计算出各架无人飞行器发射间隔时间，以便达到多架无人飞行器同时攻击目标的目的。

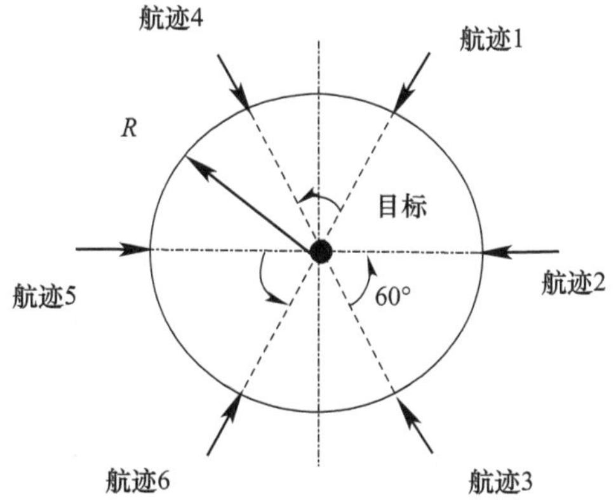

图 3－1　六架无人飞行器在360°内的协同攻击

3.3.2　总航迹飞行时间计算

假设某无人飞行器的速度 v 和最小转弯半径 r 已知，某攻击角度 λ 下的安全航迹已经求出，则导航点数量 m、导航点坐标(x_i, y_i) $(i = 1,2,\cdots,m)$ 和相应的转弯角度 α_i 就可知道，再加上末制导雷达开机点A_{m+1}和目标点位置，就可以求出无人飞行器从发射点飞至目标点的总的飞行时间 T。

由式(2－7)可求得无人飞行器自控飞行总距离S_z：

$$S_z = \sum_{i=0}^{m} D_{A_iA_{i+1}} + r_i \sum_{i=1}^{m} |\alpha_i| - 2 r_i \sum_{i=1}^{m} \tan(|\alpha_i|/2) \tag{3-5}$$

则总航迹飞行时间 T 为

$$T = (S_z + R)/v \tag{3-6}$$

式中：R 为末制导雷达开机距离。

3.3.3　协同攻击算法流程

协同攻击航迹规划算法的主要思想是在无人飞行器本身性能参数和威胁区

域已知的前提下，根据要实现协同攻击的无人飞行器的数量和各无人飞行器的攻击方向确定各无人飞行器的航迹。首先，不考虑威胁区域的存在，运用递推算法求得各无人飞行器的参考航迹。其次，再运用最短切线威胁规避算法判断航迹是否安全，如果航迹安全，则保持原参考航迹不变；如果航迹不安全，则将其调整为安全的新参考航迹。最后，根据各无人飞行器的飞行时间确定各无人飞行器的发射时间，以达到从不同方向同时攻击目标的目的。

算法的主要流程图如图 3－2 所示，其中，初始条件设定部分包括威胁区域的个数 n 及每个威胁区域的位置和半径。无人飞行器编号 k_i 的设定，是指将参加协同攻击的无人飞行器进行编号，即$k_i=1,2,\cdots,k$；$\lambda_i(i=1,2,\cdots,k)$是编号为 k_i 的无人飞行器对应的攻击角度；N_o代表第 i 架无人飞行器的编号；λ 代表第 i 架无人飞行器的攻击角度；T_i 表示第 i 架无人飞行器从发射点到目标点总的飞行时间；ΔT_i 表示第 i 架无人飞行器相对于飞行时间最长的无人飞行器的发射时间间隔。

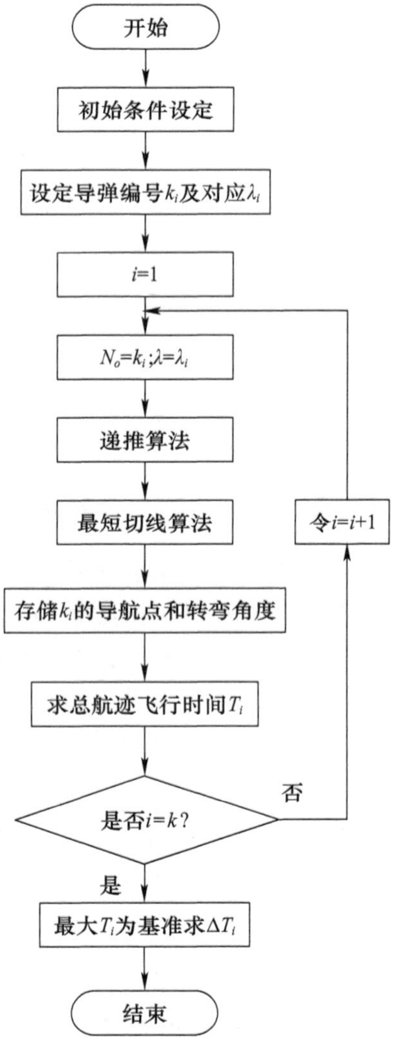

图 3－2　算法流程图

由于参加协同攻击的各无人飞行器的攻击角度不同，规避威胁区域的个数和大小不同，这就使得各无人飞行器的飞行总航迹不同，也就意味着总航迹飞行时间不同。为了使参加协同攻击的各无人飞行器能够同时攻击目标，以达到最大的作战效能，一般采用“延时时间法”来组织无人飞行器连射，也就是以距离最远的一架为准，计算各架的发射延迟时间。协同攻击航迹规划算法将各无人飞行器总航迹飞行时间进行了排序，这样就可以知道时间最长的无人飞行器对应的攻击角度，也就可以先发射飞行时间长的无人飞行器，然后根据不同时间间隔依次发射无人飞行器，使所有无人飞行器按预定攻击角度，同时攻击目标，完成作战任务。

3.4 协同攻击航迹规划算法的仿真

3.4.1 无威胁规避时算法的仿真

1. 仿真条件设定

(1) 末制导开机距离 $R=5\text{km}$，无人飞行器转弯结束后稳定航向所需要走的最短距离 $l_0=0$，从发射点至转入平飞时的飞行距离 $S_{\text{p}}=10\text{km}$，发射点与目标点间距离 $L=80\text{km}$。

(2) 发射点的经度、纬度坐标 (L,B) 为 $(0,0)$，单位为°(以下同此)，发射高度为 5m，平飞高度为 100m；目标点的经度、纬度坐标为(0,0.72348)。

(3) 某型号 BTT 无人飞行器初始速度 $v=270\text{m/s}$，最大法向(合成)过载为 $n_{\max}\leqslant 2g$，最大滚动角限制 $|\phi_{cm}|\leqslant 45°$。

(4) 无人飞行器转弯半径取 $R_t = 1.08v^2/(g\tan\phi_{cm}) = 8\text{km}$，转弯角度 $\alpha=\pi/4$，无人飞行器最大转弯角度 $\alpha_{\max}=\pi/2$。

(5) 参加协同攻击的无人飞行器数量 $k=6$，无人飞行器编号 $k_1=1$ 对应的攻击角度为 $\lambda_1=\pi/3$；无人飞行器编号 $k_2=2$ 对应的攻击角度为 $\lambda_2=0$；无人飞行器编号 $k_3=3$ 对应的攻击角度为 $\lambda_3=-\pi/3$；无人飞行器编号 $k_4=4$ 对应的攻击角度为 $\lambda_4=2\pi/3$；无人飞行器编号 $k_5=5$ 对应的攻击角度为 $\lambda_5=-\pi$；无人飞行器编号 $k_6=6$ 对应的攻击角度为 $\lambda_6=-2\pi/3$。

2. 仿真结果

(1) 由协同攻击航迹规划算法可求得 $k=6$ 条参考航迹、每条航迹的所有导航点坐标 (x_i,y_i) 及各导航点处的转弯角度 α_i，相应地，可以求出总航迹飞行时间 T。每条航迹的数据如表 3-1 所列，由于参考航迹 4、5、6 分别与参考航迹 1、2、3对称，总航迹飞行时间相等，故只给出参考航迹 1、2、3 的详细仿真数据；6 架无人飞行器的协同攻击仿真图如图 3-3 所示。

表 3-1 各架理想航迹的仿真数据

导航点	A_i	A_0	A_1	A_2	A_3	A_4	A_5	A_6
航迹 1	x_i/km	0	0	18.013	16.298	10.558	4.1569	0
	y_i/km	0	13.314	79.2	85.601	88.915	87.2	80
	α_i/rad		0.26688	-0.5287	-0.7854	-0.7854	-0.7854	
航迹 2	x_i/km	0	0	13	13	8.3137	0	
	y_i/km	0	13.314	68.686	75.314	80	80	
	α_i/rad		0.2306	-0.2306	-0.7854	-0.7854		

续表

导航点	A_i	A_0	A_1	A_2	A_3	A_4	A_5	A_6
航迹 3	x_i/km	0	0	4.1569	0			
	y_i/km	0	13.314	72.8	80			
	α_i/rad		0.06977	-0.5934				

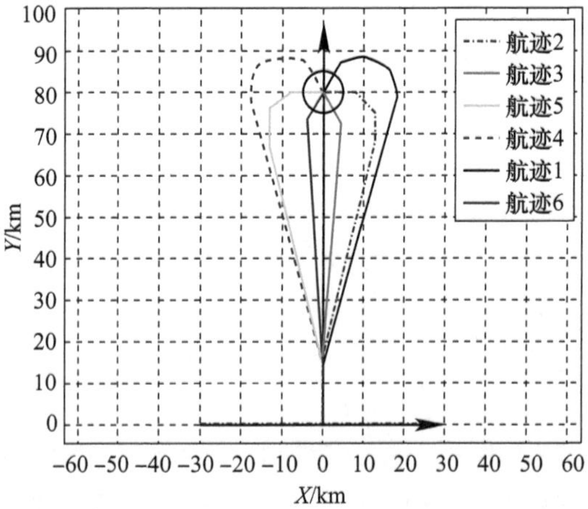

图 3-3　6 架无人飞行器协同攻击仿真图(见彩插)

(2) 由 3.2.1 节将各条参考航迹的导航点坐标转换为经度、纬度坐标,对某型无人飞行器进行六自由度仿真,求出飞行器在六自由度飞行时各航迹的飞行时间,以确定以预定的时间间隔进行发射时,各架无人飞行器同时攻击目标的误差。各无人飞行器的经度、纬度导航点坐标如表 3-2 所列。各无人飞行器理想总航迹飞行时间和 6DOF 总航迹飞行时间,以及 6 架无人飞行器同时攻击目标的误差等数据如表 3-3 所列。各架无人飞行器的 6DOF 飞行轨迹如图 3-4 ~ 图 3-6所示。

表 3-2　各架无人飞行器 6DOF 仿真数据

导航点	A_i	A_0	A_1	A_2	A_3	A_4	A_5	A_6
航迹 1	x_i/km	0	0	0.16181	0.1464	0.09484	0.03733	0
	y_i/km	0	0.1204	0.71625	0.77414	0.80411	0.7886	0.72348
航迹 2	x_i/km	0	0	0.11678	0.11678	0.07467	0	
	y_i/km		0.1204	0.62117	0.6811	0.72348	0.72348	
航迹 3	x_i/km	0	0	0.03734	0			
	y_i/km	0	0.1204	0.65837	0.72348			

表 3-3　各架无人飞行器总航迹飞行时间比较　　单位：s

飞行器编号	飞行器 1	飞行器 2	飞行器 3	飞行器 4	飞行器 5	飞行器 6
理想飞行时间	402.4707	337.2426	300.4233	402.4707	337.2426	300.4233
6DOF飞行时间	454.99	381.19	339.07	454.99	381.19	339.07
飞行时间误差	52.5193	43.9474	38.6467	52.5193	43.9474	38.6467
理想时间间隔	0	65.2281	102.0474	0	65.2281	102.0474
6DOF时间间隔	0	73.8	115.92	0	73.8	115.92
同时攻击时间误差	0	8.5719	13.8726	0	8.5719	13.8726

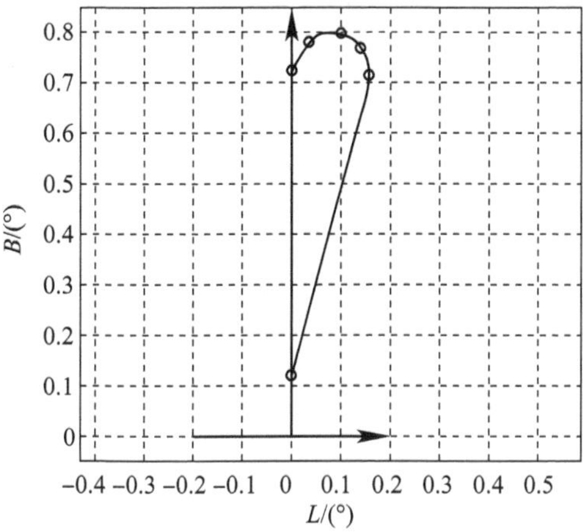

图 3-4　第一架无人飞行器 6DOF 飞行航迹

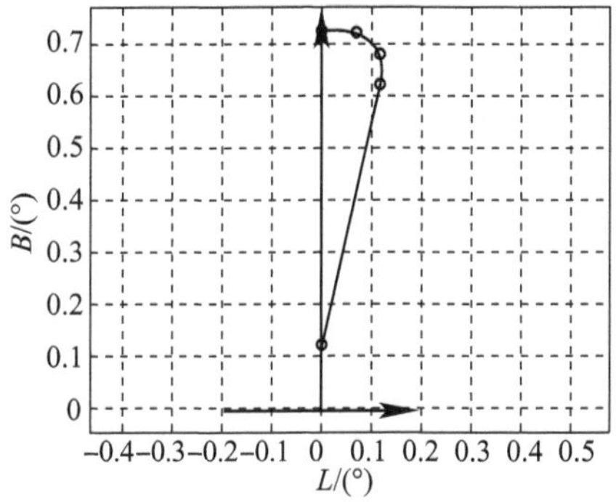

图 3-5　第二架无人飞行器 6DOF 飞行航迹

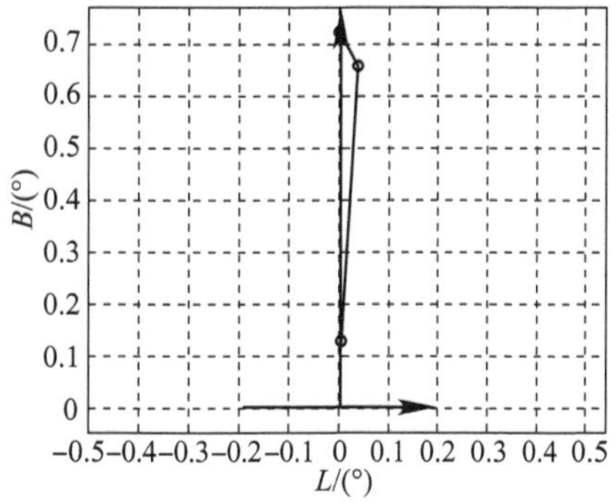

图 3-6　第三架无人飞行器 6DOF 飞行航迹

3.4.2 有威胁规避时算法的仿真

1. 仿真条件设定

（1）仿真条件与3.4.1节的（1）~（4）相同。

（2）参加协同攻击的无人飞行器数量 $k=4$。无人飞行器编号 $k_1=1$ 对应的攻击角度为 $\lambda_1=\pi/8$；无人飞行器编号 $k_2=2$ 对应的攻击角度为 $\lambda_2=7.5\pi/8$；无人飞行器编号 $k_3=3$ 对应的攻击角度为 $\lambda_3=-3\pi/4$；无人飞行器编号 $k_4=4$ 对应的攻击角度为 $\lambda_4=-2.5\pi/8$。

（3）作战海域存在两个威胁区域，威胁区域 W_1 位于（-10,53），半径为5km；威胁区域 W_2 位于（5,52），半径为7km。

2. 仿真结果

（1）由协同攻击航迹规划算法可求得 $k=4$ 条参考航迹、每条航迹的所有导航点坐标 (x_i,y_i) 及各导航点处的转弯角度 α_i，相应地，可以求出总航迹飞行时间 T。每条航迹的数据如表3-4所列；4架无人飞行器的协同攻击仿真图如图3-7所示。

表3-4 各架无人飞行器理想航迹的仿真数据

导航点	A_i	A_0	A_1	A_2	A_3	A_4	A_5	A_6
航迹1	x_i/km	0	0	11.8	16.34	13.804	7.681	0
	y_i/km	0	13.314	50.285	74.522	80.645	83.182	80
	α_i/rad		-0.3089	0.12378	0.57784	0.78532	-2.356	
航迹2	x_i/km	0	0	-14.857	-14.957	-13.664	-8.154	0
	y_i/km	0	13.314	51.697	71.44	77.94	81.622	80
	α_i/rad		0.36931	-0.3642	-0.2014	-0.7853	2.3561	
航迹3	x_i/km	0	0	-5.879	-5.879	0		
	y_i/km	0	13.314	67.494	74.121	80		
	α_i/rad		0.10809	-0.1081	-0.7854			
航迹4	x_i/km	0	0	-2.059	4.619	0		
	y_i/km	0	13.314	52.953	73.087	80		
	α_i/rad		0.05189	-0.3722	0.9093			

（2）由3.2.1节将各条参考航迹的导航点坐标转换为经度、纬度坐标，对某型无人飞行器进行六自由度仿真，求出无人飞行器在六自由度飞行时各航迹的飞行时间，以确定按预定的理想时间间隔进行发射时，各架无人飞行器同时攻击目标的误差。各架无人飞行器的经度、纬度导航点坐标如表3-5所列，各架无

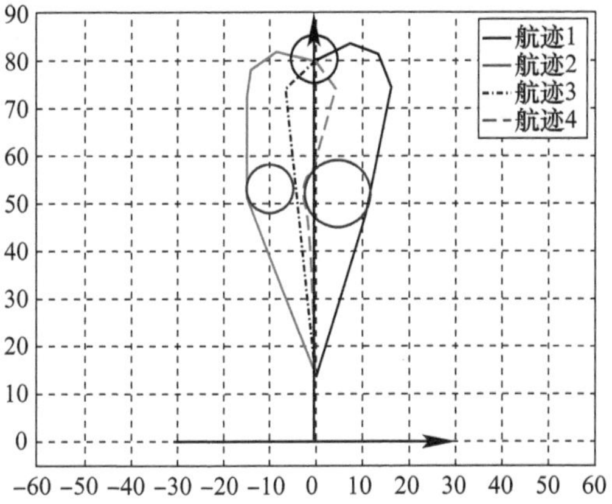

图 3-7 4 架无人飞行器协同攻击仿真图

人飞行器理想总航迹飞行时间和 6DOF 飞行时间，以及四架无人飞行器实际同时攻击目标的误差等数据如表 3-6 所列，各无人飞行器的六自由度飞行轨迹如图 3-8～图 3-11 所示。

表 3-5 各架无人飞行器 6DOF 度仿真数据

导航点	A_i	A_0	A_1	A_2	A_3	A_4	A_5	A_6
航迹 1	x_i	0	0	0.106	0.14678	0.124	0.06899	0
	y_i	0	0.1204	0.4548	0.6739	0.7293	0.7523	0.7235
航迹 2	x_i	0	0	-0.1335	-0.1344	-0.1227	-0.0732	0
	y_i	0	0.1204	0.4675	0.6461	0.7049	0.7382	0.7235
航迹 3	x_i	0	0	-0.0528	-0.0528	0		
	y_i	0	0.1204	0.6104	0.6703	0.7235		
航迹 4	x_i	0	0	-0.0185	0.0415	0		
	y_i	0	0.1204	0.4789	0.6610	0.7235		

表 3-6 各架无人飞行器总航迹飞行时间比较 单位：s

飞行器编号	飞行器 1	飞行器 2	飞行器 3	飞行器 4
理想飞行时间	360.9458	351.9370	304.9133	305.2121
6DOF 飞行时间	408.35	398.04	344.62	342.98
飞行时间误差	47.4042	46.103	39.7067	37.7679
理想时间间隔	0	9.0088	56.0325	55.7337
6DOF 时间间隔	0	10.31	63.73	65.37
同时攻击时间误差	0	1.3012	7.6975	9.6363

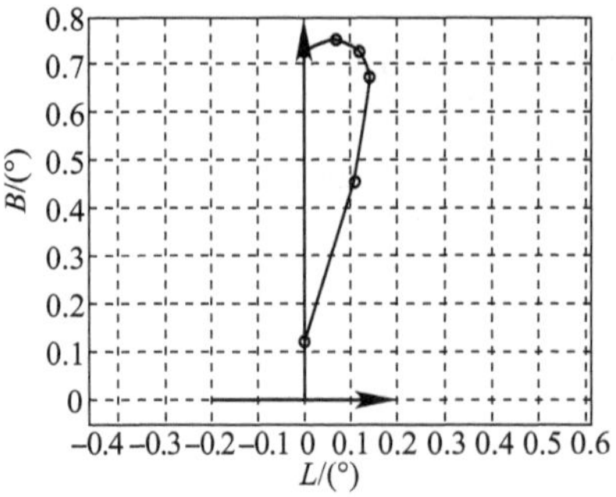

图 3－8　第一架无人飞行器 6DOF 飞行航迹

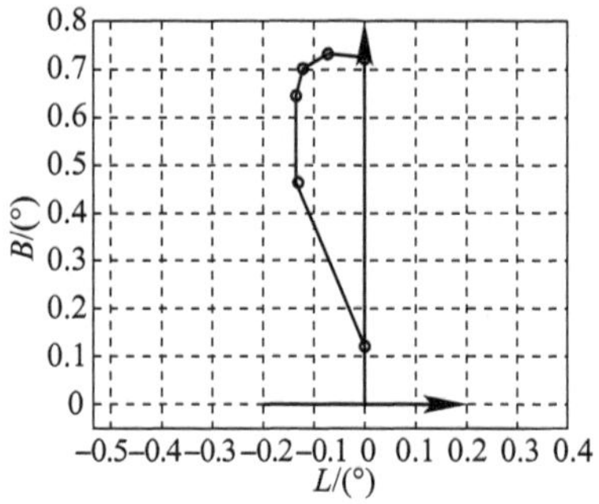

图 3－9　第二架无人飞行器 6DOF 飞行航迹

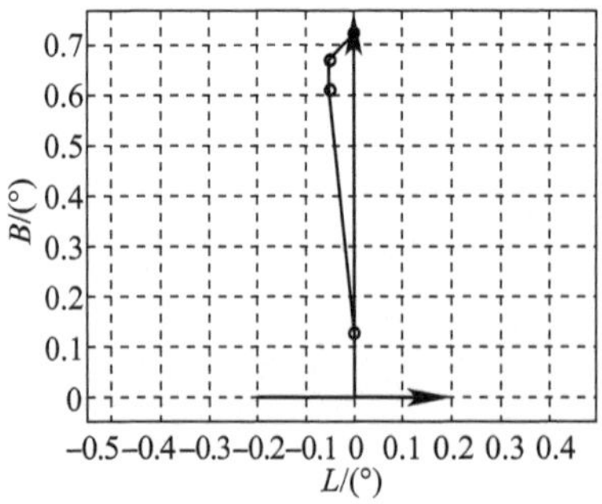

图 3－10　第三架无人飞行器 6DOF 飞行航迹

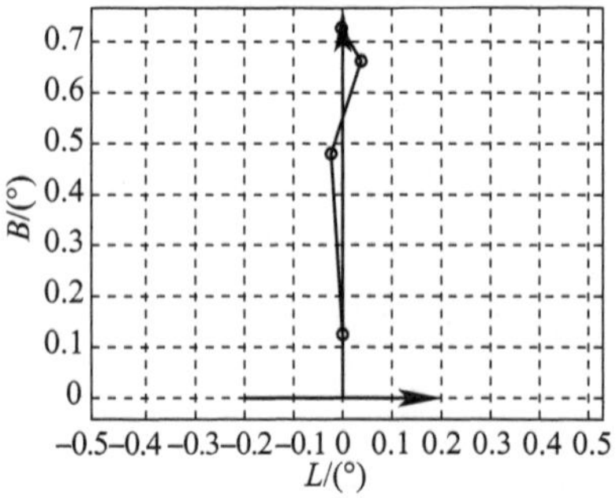

图 3－11　第四架无人飞行器 6DOF 飞行航迹

3.4.3　仿真结果分析

由以上的仿真结果和仿真数据可以看出，协同攻击航迹规划算法能够按预定的不同攻击方向对多架无人飞行器同时进行航迹规划，而且能够有效地规避威胁区域。根据该算法求得的各架无人飞行器的总航迹飞行时间，设定各架无人飞行器的发射时间间隔，以达到所有无人飞行器同时攻击目标的目的。由仿真结果可以看出，虽然按理想的发射时间间隔进行无人飞行器发射，并不能使各无人飞行器在六自由度仿真时能够同时攻击目标，但是第一架攻击目标的无人飞行器与最后一架攻击目标的无人飞行器，两者前后攻击目标的时间差并不大。在 6 架无人飞行器协同攻击的仿真中，从第一架无人飞行器开始攻击目标，到最后一架开始攻击目标，前后时间总共差 13.8726s，如表 3－3 所列；在 4 架无人飞行器协同攻击的仿真中，从第一架无人飞行器开始攻击目标，到最后一架开始攻击目标，前后时间总共差 9.6363s，如表 3－6 所列。如此短的时间内，敌方目标难以同时对所有无人飞行器进行防御，这就意味着一定数量的无人飞行器能够对敌方目标实施打击，从而实现了协同攻击的目的。

第4章 带有时间约束的无人飞行器航迹动态规划

4.1 引　　言

第3章研究多无人飞行器协同航迹规划算法，通过仿真发现多飞行器从不同地点、不同方向对多个目标发动协同攻击，到达目标的时间并不完全相同，有时甚至差距很大，这主要是由飞行器和目标分布比较分散，并且在飞行过程需要绕过大量不同的威胁区和禁飞区造成的。由于飞行时间的差异，我方飞行器无法对敌方目标有效实施饱和攻击，可能使敌方的反导抗击能力在短时间内部分或完全恢复，从而极大地影响我方飞行器的突防概率和整体作战效能。本章将针对无人飞行器射程远的特点，考虑无人飞行器从发射到击中目标的时间约束要求，利用平面和三维空间中无人飞行器剩余时间在线预测方法，根据实际剩余时间和预测剩余时间得出时间误差信号，提出一种在航迹预先规划的基础上根据时间误差信号进行航迹动态规划的方法。当无人飞行器在直线段上平飞时，根据时间误差信号生成制导指令，从而确定是否进行侧向转弯机动以及转弯的角度大小；当无人飞行器不处于直线段上时不进行时间误差信号的提取，以减少动态规划的复杂程度，这样通过航迹动态规划，可以实现对攻击时间的控制。

4.2 预先规划

4.2.1 航迹点的动态调整

对于无人飞行器来说，在发射之前，应该根据无人飞行器和目标位置，考虑各种威胁以及各种约束条件合理地选取航迹点进行航迹的预先规划。采用基于最短切线法的威胁规避算法进行预先规划，最短切线威胁规避算法，是指根据路线最短和调整次数最少原则，将处于威胁区域内的航迹点调整为安全航迹，进行二维航迹的预先规划，如图4-1所示。图中：

O——坐标原点；

A_i——第 i 个航迹点，其中A_0为发射点，A_N为自控终点；

T——目标点；

ψ_i——第 i 个航迹段与 X 轴形成的水平方位角；

V_0——初始速度；

λ_0——发射扇面角；

λ——攻击角度。

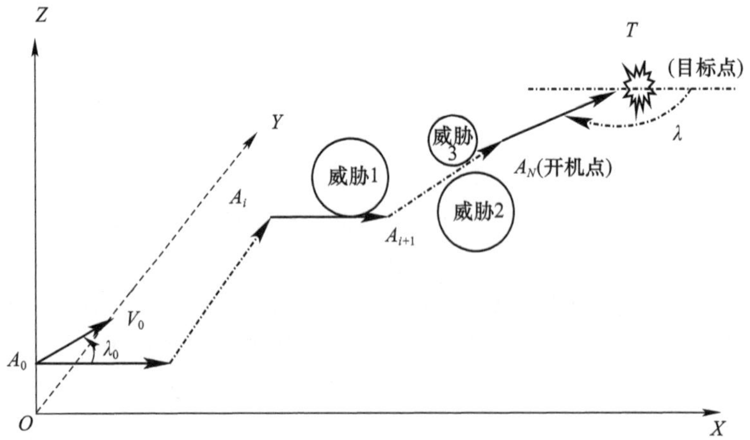

图 4－1　航迹预先规划图

进行航迹预先规划时，尽量让最后一个航迹段的方向指向目标点，以使得无人飞行器在自控终点对目标具有最大搜索概率；同时，航迹动态规划具有多种约束条件，如最大过载、地形回避、防空威胁回避等。

4.2.2　多威胁回避仿真结果

以 300km × 400km 的作战区域为例，做如下设定。

（1）目标点坐标为（0,250）。

（2）某型号无人飞行器速度 $v = 340\text{m/s}$，最大机动过载能力$n_{max} \leqslant 3g$，最大滚动角限制≤45°，末制导雷达开机距离 $R = 30\text{km}$。

（3）无人飞行器最大可用转向角度$\alpha_{max} < \pi/2$。

分别以攻击角度 $\lambda < 0$ 和 $\lambda > 0$ 进行仿真，结果如下。

（1）多威胁情况 $\lambda < 0$ 时。假设攻击角度 1 为$\lambda_1 = -7.5\pi/8$；攻击角度 2 为$\lambda_2 = -2.5\pi/8$；威胁W_1位于(x_{W_1}, y_{W_1})，其中$x_{W_1} = 8.9\text{km}$，$y_{W_1} = 120\text{km}$，半径为$R_{W_1} = 21\text{km}$；威胁W_2位于(x_{W_2}, y_{W_2})，其中$x_{W_2} = 38\text{km}$，$y_{W_2} = 205\text{km}$，半径为 $R_{W_2} =$

14km；威胁 W_3 位于 (x_{W_3}, y_{W_3})，其中 $x_{W_3} = -50$km，$y_{W_3} = 235$km，半径为 $R_{W_3} = 18$km；威胁 W_4 位于 (x_{W_4}, y_{W_4})，其中 $x_{W_4} = -35$km，$y_{W_4} = 100$km，半径为 $R_{W_4} = 20$km；威胁 W_5 位于 (x_{W_5}, y_{W_5})，其中 $x_{W_5} = -32$km，$y_{W_5} = 190$km，半径为 $R_{W_5} = 15$km；仿真结果如图 4-2 所示，其中航迹 1 对应着攻击角为 λ_1 的预定航迹，航迹 2 对应着攻击角为 λ_2 的预定航迹。

(2) 多威胁情况 $\lambda > 0$ 时。假设威胁位置同上，攻击角度 1 为 $\lambda_1 = 6.5\pi/8$；攻击角度 2 为 $\lambda_2 = 2.5\pi/8$。仿真结果如图 4-3 所示，其中航迹 1 对应着攻击角为 λ_1 的预定航迹，航迹 2 对应着攻击角为 λ_2 的预定航迹。

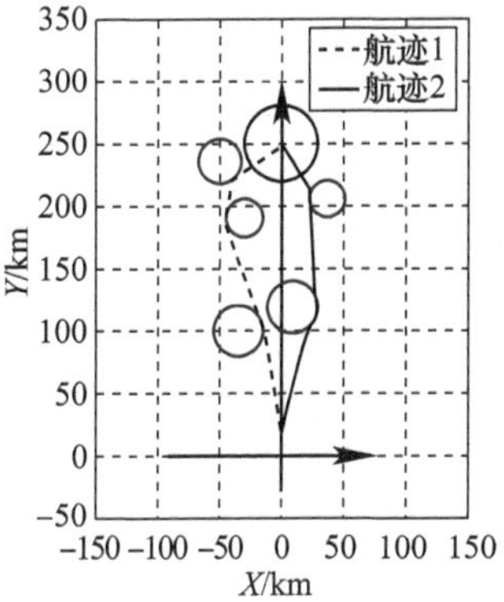

图 4-2 $\lambda < 0$ 时仿真结果

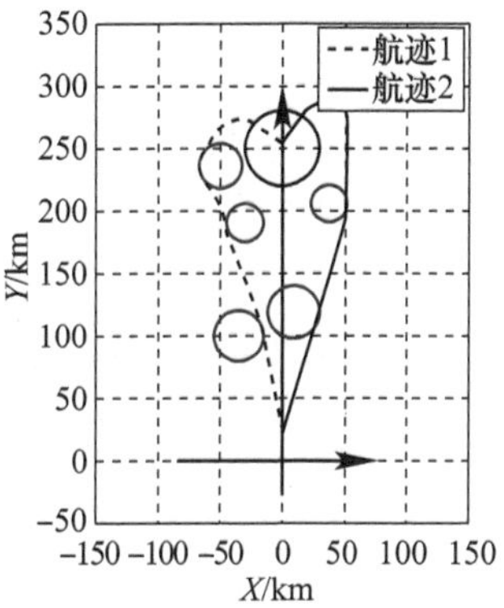

图 4-3 $\lambda > 0$ 时仿真结果

在采用递推算法的前提下，在威胁个数不定、威胁位置不定、大小不定的条件下，按最短切线威胁规避算法求得的预定航迹是符合无人飞行器转弯要求的。这种算法原理简单，计算速度快，在航迹只有一个威胁的情况下，算法仅需要执行一次，在航迹有多个威胁的情况下，算法最多循环的次数不超过威胁的个数。这样，就可以根据航迹点的调整确定无人飞行器的预定航迹。下面在预定航迹的基础上，按照时间约束的要求进行航迹动态规划。

4.3 二维航迹的动态规划

为了简化，在航迹动态规划时假设：

(1) 不考虑各种威胁因素，只考虑最大过载约束条件；

(2) 第一个航迹段发射段为高度下滑段，在这一航迹段不进行动态规划，同时假设初始速度水平；

(3) 将无人飞行器考虑为一个质心，不考虑重力影响，不考虑地球曲率影响。

根据无人飞行器的状态，方案中将航迹分为发射下滑段、转弯段和机动飞行段。

注意：在航迹规划时，尽量让最后一个航迹段的方向指向目标点，以使得无人飞行器在自控终点对目标具有最大搜索概率。

根据预定航迹的特点，可以将整个航迹分为发射段、航迹切换段以及机动飞行段3种，发射段用于高度下滑以及发射扇面角纠偏，而航迹动态规划主要在机动飞行段进行。

4.3.1 发射段

航迹第一段为发射段，因此需下滑到平飞高度。同时，当无人飞行器的扇面角比较大时，还需要进行侧偏控制，将无人飞行器的水平速度方向调整到预定航迹上。由于发射段侧向和纵向采用同样的规律，因此在发射段侧向只进行了方法描述，没有进行仿真。

建立水平坐标系，如图4－4所示，X 轴为预定航迹段A_0A_1的方向，Y 轴垂直于 X 轴。假设无人飞行器纠偏时水平速度V_0不变，发射扇面角为λ_0，发射后姿态稳定需要的水平飞行距离为L_0，则侧偏曲线可以表示为

$$y = L_0 \sin\lambda_0 \times e^{\left[\tau\left(\frac{\tan\lambda_0}{2L_0\lambda_0}\right)^2 - \frac{1}{\tau}\left(x - \frac{\tan\lambda_0}{2L_0\lambda_0}\tau\right)^2\right]} \tag{4-1}$$

将 y 对 x 进行微分，有

$$\dot{y} = \frac{\mathrm{d}y}{\mathrm{d}x} = -\frac{2L_0\sin\lambda_0}{\tau} \times e^{\left[\tau\left(\frac{1}{2L_0\cos\lambda_0}\right)^2 - \frac{1}{\tau}\left(x - \frac{\tau}{2L_0\cos\lambda_0}\right)^2\right]} \times \left(x - \frac{\tau}{2L_0\cos\lambda_0}\right) \tag{4-2}$$

$$\ddot{y} = \frac{\mathrm{d}\dot{y}}{\mathrm{d}x} = \frac{-2L_0\sin\lambda_0}{\tau} \times e^{\left[\tau\left(\frac{1}{2L_0\cos\lambda_0}\right)^2 - \frac{1}{\tau}\left(x - \frac{\tau}{2L_0\cos\lambda_0}\right)^2\right]} \times \left[1 - \frac{2}{\tau}\left(x - \frac{\tau}{2L_0\cos\lambda_0}\right)^2\right] \tag{4-3}$$

曲线各点处沿 x 轴的曲率半径为

$$r = \frac{(1 + \dot{y}^2)^{3/2}}{|\ddot{y}|} \tag{4-4}$$

故按照指数规律进行侧向纠偏时各点处的水平过载为

$$n = \frac{V_0^2}{r} \tag{4-5}$$

根据无人飞行器技术指标可以求取不同的 τ，从而得到不同的纠偏曲线，当然，取值时必须考虑侧向最大过载约束。

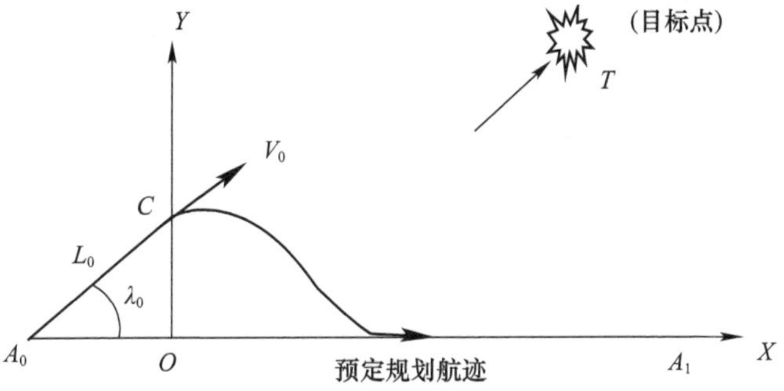

图 4-4　指数平方规律转弯示意图

4.3.2　航迹切换段

对于任意给定的 3 个导航点A_{i-1}、A_i、A_{i+1}(不在一条直线上),根据预定航迹段$\overline{A_{i-1}A_i}$、$\overline{A_iA_{i+1}}$的方向角ψ_{i-1}、ψ_i,可以求出从$\overline{A_{i-1}A_i}$切换到$\overline{A_iA_{i+1}}$时无人飞行器理想飞行航迹将要转过的角度 $\Delta\psi_i$。根据无人飞行器的允许侧向机动能力等条件,可选定无人飞行器理想飞行航迹的转弯半径。根据转弯半径 r 和将要转过的角度 $\Delta\psi_i$,可以设定转弯提前量s_{d}。当无人飞行器直飞到距前面一个导航点的待飞距离 s 等于s_{d}的点B_i时,无人飞行器开始转弯,结束为C_i点。转弯飞行的理想轨迹设计为半径是 r、圆心坐标是(O_x,O_y)的一段圆弧。当无人飞行器经过点C_i时,转弯结束。(O_x,O_y)与B_i、C_i的定义和计算如图 4-5 所示。

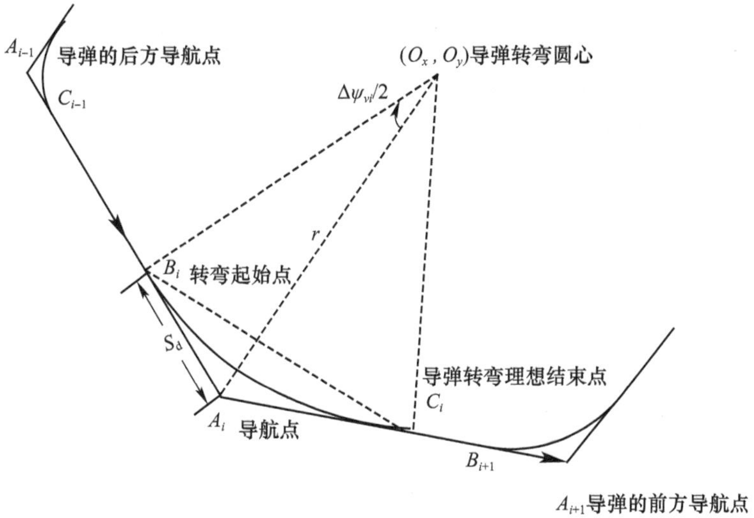

图 4-5　无人飞行器转弯段示意图

设第 i 个导航点$A_i(A_{i,x},A_{i,y})$无人飞行器转弯开始点为$B_i(B_{i,x},B_{i,y})$，转弯结束点为$C_i(C_{i,x},C_{i,y})$，则转弯提前量为

$$\overline{B_iA_i} = s_{\mathrm{d}} = r/\left|\tan\left(\frac{|\Delta\psi_i|}{2}\right)\right| \tag{4-6}$$

式(4-6)及图4-5中：$\Delta\psi_i = \psi_{i+1} - \psi_i$；$B_i$和$C_i$分别为$\overline{A_{i-1}A_i}$和$\overline{A_iA_{i+1}}$两航迹之间的转弯起始点和结束点。若 $\Delta\psi_i > \pi$，则 $\Delta\psi_i = \Delta\psi_i - 2\pi$；若 $\Delta\psi_i < -\pi$，则 $\Delta\psi_i = \Delta\psi_i + 2\pi$。

B_i的坐标为

$$B_{i,x} = A_{i,x} + s_{\mathrm{d}} \cdot \cos(\psi_i - 180°) \tag{4-7}$$

$$B_{i,y} = A_{i,y} + s_{\mathrm{d}} \cdot \sin(\psi_i - 180°) \tag{4-8}$$

C_i的坐标为

$$C_{i,x} = A_{i,x} + s_{\mathrm{d}} \cdot \cos(\psi_{i+1}) \tag{4-9}$$

$$C_{i,y} = A_{i,y} + s_{\mathrm{d}} \cdot \sin(\psi_{i+1}) \tag{4-10}$$

假设此时无人飞行器的水平速度为V_{sp}，则侧向过载指令为

$$n = \frac{V_{\mathrm{sp}}^2}{r}$$

4.3.3 机动飞行段

1. 时间误差信号的提取

无人飞行器按照标称速度飞完预定航迹所需要的时间称为标称时间。对第 i 个预定航迹，设无人飞行器处于预定航迹段上某一点时，根据当前航迹的装订时间，减去本航迹已经消耗的实际时间，可以得出实际剩余时间。由实际剩余时间与预测到达下一目标航迹点的时间两者之差即得到时间误差。下面就根据时间误差来动态地调整无人飞行器的航迹。在航迹动态规划中，第 i 段航迹是指一个转弯段B_iC_i加上一个直线段$\overline{C_iB_{i+1}}$，如图4-5所示。设转弯半径为 R，则航迹转换段的圆弧长度为$B_iC_i = R \times \Delta\psi_i$。

设无人飞行器处于直线段上某一点时，到B_{i+1}的待飞距离为

$$S = \sqrt{(x - B_{i+1,x})^2 + (y - B_{i+1,y})^2} \tag{4-11}$$

假设装订时间为t_{f}，已经消耗的时间为 t，如果要准时到达，则剩下时间为$t_{\mathrm{go}} = t_{\mathrm{f}} - t$。

根据目前的速度和加速度预测，当加速度 $a=0$ 时，则按照当前速度预测飞完待飞距离还需要的时间为

$$t'_{\mathrm{go}} = \frac{S}{V}$$

当加速度 $a \neq 0$ 时，预测时间为

$$t'_{go} = \frac{(\sqrt{V^2 + 2aS} - V)}{a} \tag{4-12}$$

令第 $i-1$ 航迹段结束时的时间误差为δt，则在第 i 个航迹段进行第一次飞行机动时，时间误差信号为

$$\delta t_i = t_{go} - t'_{go} + \delta t \tag{4-13}$$

式(4-13)中，加上δt可以避免时间误差的积累。

在第一次机动飞行完成之后，在直线段上其余时刻的时间误差信号为

$$\delta t_i = t_{go} - t'_{go} \tag{4-14}$$

注意：在仿真计算中，t_f的大小并非完全任意设定，而是根据标称速度来确定的。

2. 动态规划

1）时间误差信号为正

当我们在对每个航迹段进行动态规划时，实际上始末两个转弯段不在规划之列，所需要规划的是两个圆弧段之间的直线段$\overline{C_iB_{i+1}}$段，如图 4-6 所示。由于无人飞行器装订时间固定，因此时间误差为正时，无人飞行器必须在航迹段进行某种机动，以空间来换取时间，使得无人飞行器能按照要求准时到达航迹直线末端B_{i+1}点。

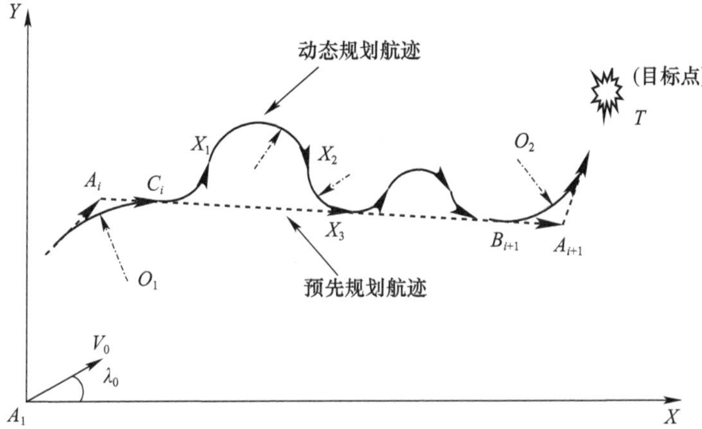

图 4-6　$\delta t_i > \dfrac{(2\pi - 4)r_{min}}{V_{sp}}$时的航迹动态规划图

图中，当无人飞行器到达C_i开始进行航迹动态规划，由于实际速度为V_{sp}，故

以此速度估计到达末端需要的时间为$t'_{go}=\frac{\overline{C_iB_{i+1}}}{V_{sp}}$，则根据式(4－13)，此时的时间误差信号$\delta t_i=t_{go}-\frac{\overline{C_iB_{i+1}}}{V_{sp}}+\delta t_{i-1}$，$\delta t_{i-1}$为无人飞行器到达$C_i$时前一个航迹段造成的时间误差，加上$\delta t_{i-1}$可以避免时间误差的累积。

在C_i点，通过分析可知，无人飞行器航向机动时所飞行的航程与预定航程之差为

$$\delta L=\delta t_i\cdot V_{sp} \tag{4-15}$$

为简化起见，假设机动转弯过程中转弯半径均为 r。当 $\delta L>(2\pi-4)r$，即 $\delta t_i>\frac{(2\pi-4)r}{V_{sp}}$时，$\overset{\frown}{C_iX_1}$和$\overset{\frown}{X_2X_3}$为 1/4 圆弧，$\overset{\frown}{X_1X_2}$为半圆弧，如果一次机动不能完全满足无人飞行器准时到达下一航迹点的要求，则还要进行第二次机动规划。

当 $\delta L<(2\pi-1)r$，即 $0<\delta t_i<\frac{(2\pi-4)r}{V_{sp}}$时，并且机动飞行所转过的角度也随 δL 的值而变化(图 4－7)中$\overset{\frown}{C_iX_1}$、$\overset{\frown}{X_1X_2}$、$\overset{\frown}{X_2X_3}$3 个圆弧的半径相同，都为 r，且两两相切，则 3 段圆弧的弧度分别为 α、2α、α，α 满足 $\alpha-\sin\alpha=\frac{\delta L}{4r}$。此时，无人飞行器的侧向过载指令仍然为

$$n=\frac{V_{sp}^2}{r} \tag{4-16}$$

无人飞行器的航向角变化率为

$$\mathrm{d}\psi=\mathrm{sign}\cdot(n/V_{sp}) \tag{4-17}$$

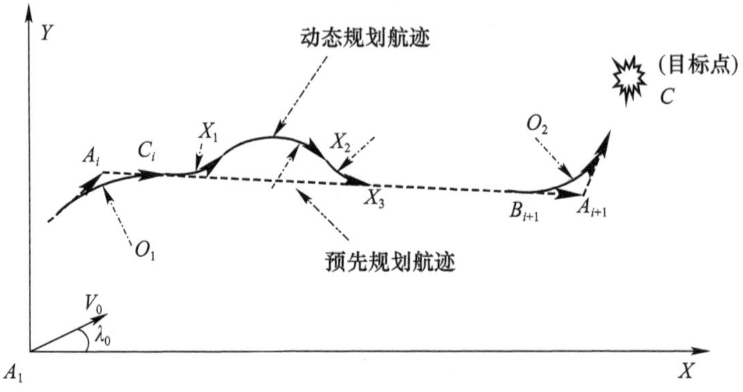

图 4－7　$0<\delta t_i<\frac{(2\pi-4)r}{V_{sp}}$时航迹动态规划图

当无人飞行器顺时针机动时，sign = −1；当无人飞行器逆时针机动时，sign = 1。

α 的求解可以取一些点制成插值表，计算时进行插值即可，即

alfa0 = [0 5 10 15 20 25 30 35 40 45 50 55 60 65 7075 80 85 90]

chazhi = [0 1.1070e − 004 8.8455e − 004 0.0030 0.0070 0.0137 0.0236 0.0373 0.0553 0.0783 0.1066 0.1407 0.1811 0.2281 0.2820 0.3430 0.4114 0.4872 0.5707]

式中：(alfa0，chazhi)为基准数据向量。

在本方案中，当无人飞行器处于机动过程中时，不进行实时的时间误差计算，而是当无人飞行器机动完成回到预定航迹上后，再进行下一次的时间误差计算，以进行下一次机动飞行，即分段进行控制。在图 4 − 6 和图 4 − 7 中，在C_i点进行一次动态规划，当无人飞行器按照此种机动到达X_3点时，无人飞行器的时间误差如果仍然为正，则再按照前面的方式进行第二次规划，以补偿时间误差。如果时间误差为负，则按图 4 − 8 的方式进行规划。假设规定通过航迹点的误差不能超过 5s，则当$|\delta t_i| \leq 5$s 时，不进行机动飞行，按预定航迹飞行即可。

2）时间误差信号为负

当无人飞行器当前速度较小时，根据原来的预定航迹到达下一个航迹点的时间将比实际剩余时间大，因此，在实际飞行中，在所规定的到达时间的时刻无人飞行器未能到达下一航迹点，而是处于航迹段上某个位置。此时，无人飞行器就需要从减短实际航迹上来进行考虑，以期达到准时到达自控终点的目的。这时，可以不必完全按照原来的预定航迹飞完整个航迹段，而是在此时即可转弯，也即转弯半径增加，经过一定时间转到下一航迹，如图 4 − 8 中实线所示。

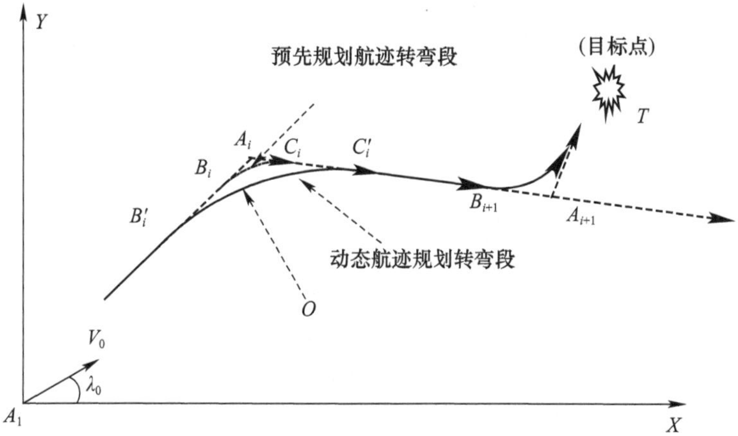

图 4 − 8　$\delta t_i < 0$ 时航迹动态规划图

设无人飞行器动态航迹转弯开始点为$B_i'(B_{i,x}', B_{i,y}')$，转弯结束点为C_i'，则此时无人飞行器转弯提前量为

$$\overline{B_i' A_i} = s_d = \sqrt{(B_{i,x}' - A_{i,x})^2 + (B_{i,y}' - A_{i,y})^2} \tag{4-18}$$

转弯半径可以求得为

$$r' = s_d \cdot \left| \tan\left(\frac{|\Delta \psi_{vi}|}{2} \right) \right| \tag{4-19}$$

同样地，侧向过载指令为

$$n = \frac{V_{sp}^2}{r'} \tag{4-20}$$

3. 装订时间的分配

对于具有多个导航点的无人飞行器来说，不可能给每一个航迹段都独立地装订时间，而是给无人飞行器一个总的装订时间，然后，导航计算机按照航迹段的具体信息对每个航迹段的装订时间进行具体的分配。

设总的装订时间为T_f，单个第 i 航迹段的装订时间为$t_{f,i}$，无人飞行器经过第 i 个导航点（$i<N$，N 为总的航迹点个数）并刚好转弯进入第 i 航迹段时所用的实际飞行时间为t_i。又根据航迹点的具体信息可以计算出每个航迹段的直线距离L_i为$L_i = \sqrt{(A_{i,x} - A_{i+1,x})^2 + (A_{i,y} - A_{i+1,y})^2}$。

第 i 航迹段的装订时间为

$$t_{f,i} = \begin{cases} \dfrac{L_i}{\sum\limits_{k=i}^{N} L_k}(T_f - t_i), & i < N \\ T_f - t_i, & i = N \end{cases} \tag{4-21}$$

式(4-21)中，当 $i<N$ 时，无人飞行器在第 i 航迹的装订时间是根据此航迹段长度在剩余航迹长度中所占的比例进行分配的；当 $i=N$ 时，无人飞行器在此航迹段的装订时间的确定是直接根据总的装订时间与实际飞行时间确定的，这样可以避免前面航迹段造成的时间误差积累。

4.3.4 仿真结果分析

假设预定速度为$V_0=250\text{m/s}$，加速度 $\alpha=0$，实际初速度为 V，航迹点坐标分别为(0,0)，(100,0)km，(200,100)km，(300,100)km，(400,200)km，(500,200)km。α 的求解采用近似展开法，仿真步长取 simstep = 0.01s。

初始条件 1：$V=280\text{m/s}$，仿真结果如图 4-9 所示。

初始条件 2：$V=220\text{m/s}$，仿真结果如图 4-10 所示。

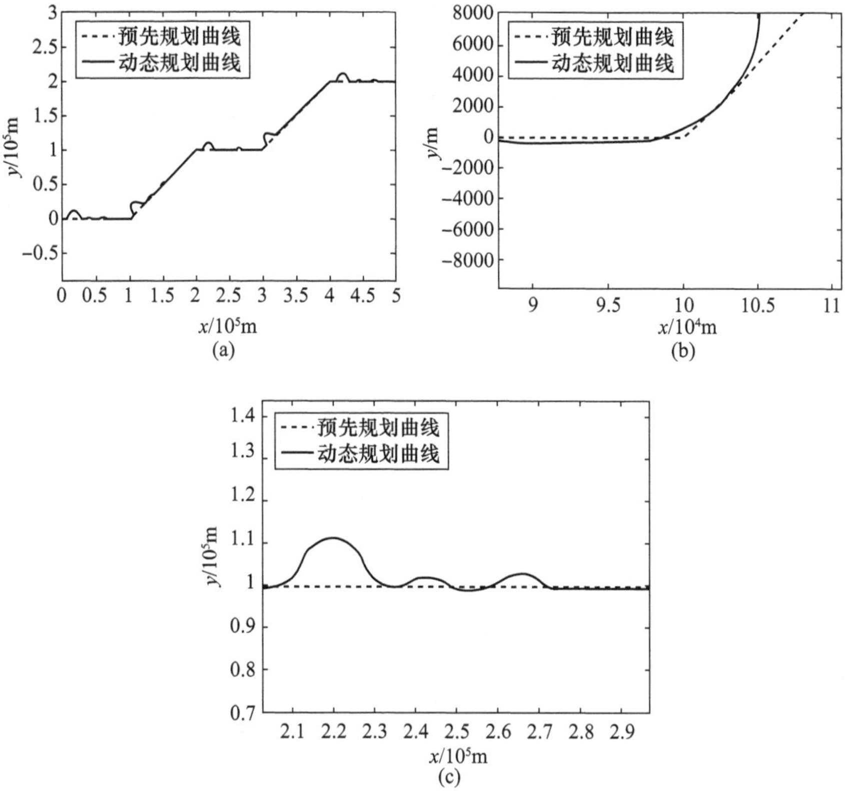

图 4-9　初始条件 1 时的仿真结果

(a)二维动态规划图；(b)转弯段局部图；(c)机动飞行段动态规划局部图。

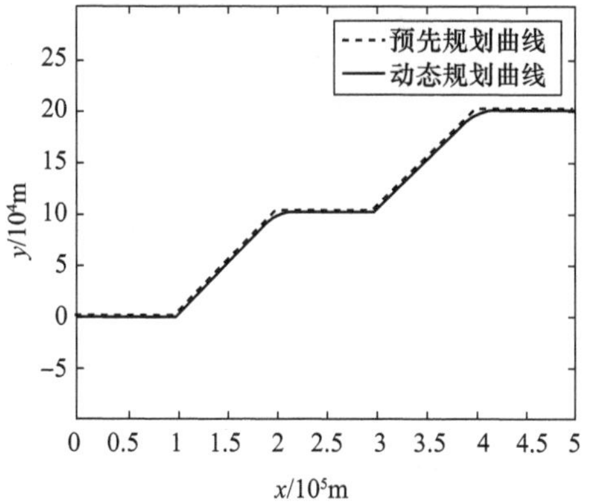

图 4-10　初始条件 2 时的仿真结果

初始条件3：$\begin{cases} V=220\text{m/s}, t<1000\text{s} \\ V=280\text{m/s}, t\geqslant 1000\text{s} \end{cases}$。仿真结果如图4-11所示。

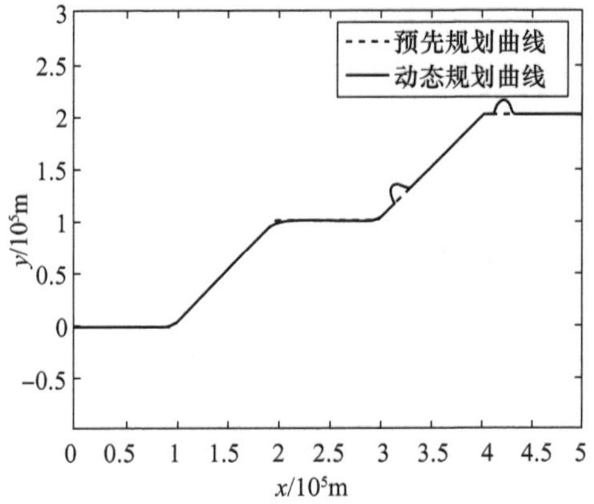

图4-11 初始条件3时的仿真结果

初始条件4：$\begin{cases} V=280\text{m/s}, t<1000\text{s} \\ V=220\text{m/s}, t\geqslant 1000\text{s} \end{cases}$。仿真结果如图4-12所示。

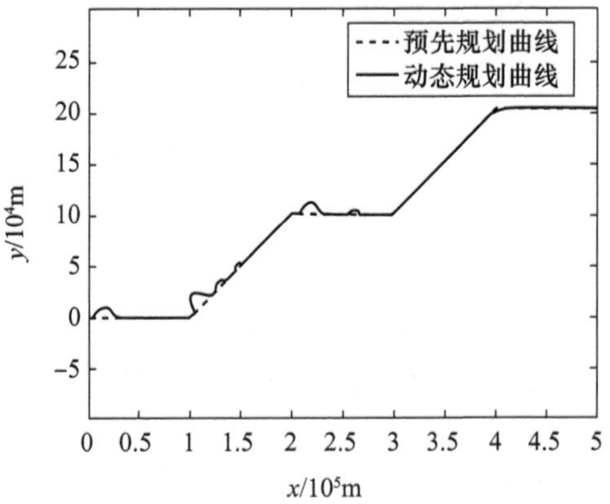

图4-12 初始条件4时的仿真结果

4.4 三维航迹的动态规划

同样，为了简化，方案中假设：

(1) 发射时，初速度为V_0且为水平方向；

(2) 将无人飞行器考虑为一个质心，不考虑重力影响。

4.4.1 时间信号的求取

三维动态规划中的时间信号提取与二维类似，不同点在于待飞距离的求解是在三维空间中进行的，此处不再赘述。

4.4.2 空间航迹切换段

一般来说，由于无人飞行器自身性能的限制，目前无人飞行器的转弯都是在平面内进行的，而很难进行三维转弯机动。这里对无人飞行器在空间斜平面进行转弯的方法进行研究。

1. 过载法

在任意给定的不在一条直线上3个空间导航点A_{i-1}、A_i、A_{i+1}组成的一个空间平面内，可以在三导航点形成的三角形内求出无人飞行器理想飞行航迹从航迹$\overline{A_{i-1}A_i}$转换到$\overline{A_iA_{i+1}}$需要转过的角度$\Delta\psi_i$（图4－13）。根据预设的转弯半径R和将要转过的角度$\Delta\psi_i$，可以设定转弯提前量s_{d}。当无人飞行器待飞距离$s=s_{\mathrm{d}}$时（图中B_i），无人飞行器开始转弯，结束为C_i点，即

$$s_{\mathrm{d}}=\overline{B_iA_i}=\frac{R}{\left|\tan\left(\frac{|\Delta\psi_i|}{2}\right)\right|} \tag{4-22}$$

无人飞行器转弯示意图如图4－13所示。

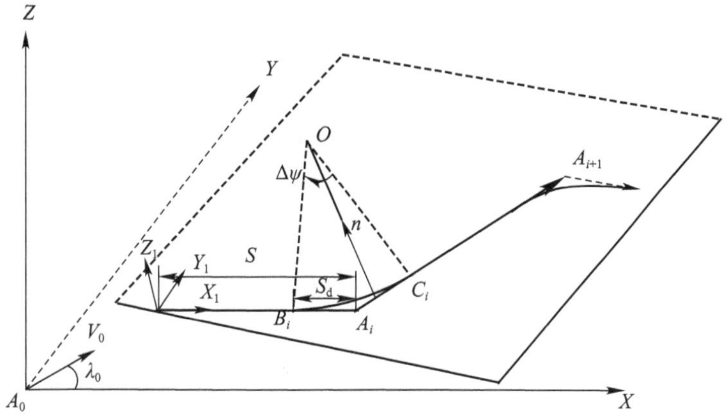

图4－13 转弯段示意图

O——空间转弯圆弧的圆心位置；

B_i——第$i-1$条航迹$A_{i-1}A_i$和第i条航迹A_iA_{i+1}之间转弯段转弯起始点；

C_i——第$i-1$条航迹$A_{i-1}A_i$和第i条航迹A_iA_{i+1}之间转弯段转弯结束点；

S——待飞距离；

s_d——转弯提前量。

设所述的斜平面内有一新坐标$X_1Y_1Z_1$，X_1轴指向$\overline{A_{i-1}A_i}$的方向，Z_1轴为X_1与$\overline{A_iA_{i+1}}$的叉乘方向，Y_1轴根据右手定则垂直于X_1轴和Z_1轴，如图4-13所示。根据$A_{i-1}(x_{i-1},y_{i-1})$、$A_i(x_i,y_i)$、$A_{i+1}(x_{i+1},y_{i+1})$3个点可以求出$X_1Y_1Z_1$的3个坐标轴在XYZ中的单位向量表示，则X_1的单位向量为

$$(m_{11},m_{12},m_{13})=\frac{(x_i-x_{i-1},y_i-y_{i-1},z_i-z_{i-1})}{\sqrt{(x_i-x_{i-1})^2+(y_i-y_{i-1})^2+(z_i-z_{i-1})^2}}$$

A_iA_{i+1}的单位向量为

$$(m_{21},m_{22},m_{23})=\frac{(x_{i+1}-x_i,y_{i+1}-y_i,z_{i+1}-z_i)}{\sqrt{(x_{i+1}-x_i)^2+(y_{i+1}-y_i)^2+(z_{i+1}-z_i)^2}}$$

Z_1的单位向量为

$$(m_{31},m_{32},m_{33})=\begin{pmatrix}m_{12}m_{23}-m_{13}m_{22}\\m_{13}m_{21}-m_{11}m_{23}\\m_{11}m_{22}-m_{21}m_{12}\end{pmatrix}'$$

B_i的坐标为

$$B_{i,x}=x_i-s_dm_{11}$$

$$B_{i,y}=y_i-s_dm_{12}$$

$$B_{i,z}=z_i-s_dm_{13}$$

C_i的坐标为

$$C_{i,x}=x_i+s_dm_{21}$$

$$C_{i,y}=y_i+s_dm_{22}$$

$$C_{i,z}=z_i+s_dm_{23}$$

经过分析可知，转弯圆心为3个平面的交点，即

X_1Y_1斜平面

$$m_{31}x+m_{32}y+m_{33}z=m_{31}x_i+m_{32}y_i+m_{33}z_i$$

过B_i点垂直于直线$A_{i-1}A_i$（也即垂直于X_1轴）的平面为

$$m_{11}x+m_{12}y+m_{13}z=m_{11}B_{i,x}+m_{12}B_{i,y}+m_{13}B_{i,z}$$

过C_i点垂直于直线A_iA_{i+1}的平面为

$$m_{21}x+m_{22}y+m_{23}z=m_{21}C_{i,x}+m_{22}C_{i,y}+m_{23}C_{i,z}$$

设斜平面转弯圆心O点坐标为(x_o,y_o,z_o)，则根据3个平面方程，转弯圆心

的坐标可根据以下方程组求得

$$\begin{cases} m_{11}x_o + m_{12}y_o + m_{13}z_o = m_{11}B_{i,x} + m_{12}B_{i,y} + m_{13}B_{i,z} \\ m_{21}x_o + m_{22}y_o + m_{23}z_o = m_{21}C_{i,x} + m_{22}C_{i,y} + m_{23}C_{i,z} \\ m_{31}x_o + m_{32}y_o + m_{33}z_o = m_{31}x_i + m_{32}y_i + m_{33}z_i \end{cases}$$

转化为矩阵形式为

$$\begin{bmatrix} m_{11} & m_{12} & m_{13} \\ m_{21} & m_{22} & m_{23} \\ m_{31} & m_{32} & m_{33} \end{bmatrix}\begin{bmatrix} x_o \\ y_o \\ z_o \end{bmatrix} = \begin{bmatrix} m_{11}B_{i,x} + m_{12}B_{i,y} + m_{13}B_{i,z} \\ m_{21}C_{i,x} + m_{22}C_{i,y} + m_{23}C_{i,z} \\ m_{31}x_i + m_{32}y_i + m_{33}z_i \end{bmatrix}$$

则

$$\begin{bmatrix} x_o \\ y_o \\ z_o \end{bmatrix} = \begin{bmatrix} m_{11} & m_{12} & m_{13} \\ m_{21} & m_{22} & m_{23} \\ m_{31} & m_{32} & m_{33} \end{bmatrix}^{-1}\begin{bmatrix} m_{11}B_{i,x} + m_{12}B_{i,y} + m_{13}B_{i,z} \\ m_{21}C_{i,x} + m_{22}C_{i,y} + m_{23}C_{i,z} \\ m_{31}x_i + m_{32}y_i + m_{33}z_i \end{bmatrix}$$

在转弯中如果飞行速度变化，为保持转弯半径不变，则过载应该相应地变化，即

$$n = \frac{V^2}{r} \tag{4-23}$$

设无人飞行器当前的位置点 M 的坐标为 (x,y,z)，则过载指令的方向向量为 $(\overrightarrow{x_o - x}, \overrightarrow{y_o - y}, \overrightarrow{z_o - z})$。设总的过载的单位向量为

$$(\boldsymbol{a},\boldsymbol{b},\boldsymbol{c}) = \frac{(\overrightarrow{x_0 - x}, \overrightarrow{y_0 - y}, \overrightarrow{z_0 - z})}{\sqrt{(x_0 - x)^2 + (y_0 - y)^2 + (z_0 - z)^2}}$$

则其在 XYZ 坐标系中各个方向向量分量为

$$\begin{aligned} n_x &= a \cdot n \\ n_y &= b \cdot n \\ n_z &= c \cdot n \end{aligned} \tag{4-24}$$

2. 投影法

在前面二维平面转弯的基础上，我们采用另一种方法求得三维空间斜平面转弯的方法。设无人飞行器位置的坐标为 $M(x,y,z)$ 点，将 $C_{i-1}B_i$ 段投影到水平面上为线段 $C'_{i-1}B'_i$，设无人飞行器的水平速度为 V_{sp}。

分析可知，由于无人飞行器在水平位置到达 M' 时，高度上也必须同时到达 M 的相同高度，这样，无人飞行器才能最终准确到达 B_i 点。如图 4－14 所示，无

人飞行器的直线飞行段为$\overline{C_{i-1}B_i}$，在水平面过C_{i-1}做垂直于$\overline{C_{i-1}B_i}$的直线，这条直线$\overline{C_{i-1}X_2}$与$\overline{C_{i-1}B_i}$线段组成一个斜平面（注意：这里的斜平面并非前面转弯段两个航迹段组成的斜平面）。设$\overline{C_{i-1}X_2}$为X_2轴，$\overline{C_{i-1}B_i}$为Y_2轴，Y_2在水平面投影为Y_2'轴。根据无人飞行器的平面转弯方式，我们知道，无人飞行器在水平面作机动时是以等半径进行水平转弯，因此，无人飞行器在水平面的机动段是一段圆弧。这个水平面圆弧在斜平面上的投影为一椭圆弧。在水平面内过M'点作圆弧切线，当切线与Y_2'不平行或者不垂直时，分别交X_2、Y_2'为 P 点和N'点，$\overline{PN'}$斜平面内的线段为$\overline{PN}$，分析可知，$\overline{PN}$也与斜平面的椭圆相切，$\overline{PN}$即为无人飞行器在作机动时的速度方向，图中的$\angle NPN'=\vartheta$ 也就是无人飞行器轨迹的倾角。当无人飞行器处于 M 点时，设其此刻的方位角为 ψ、变化率为 $\mathrm{d}\psi$。$\overline{C_{i-1}B_i}$的方位角为ψ_i、相对水平面倾角为θ_i。

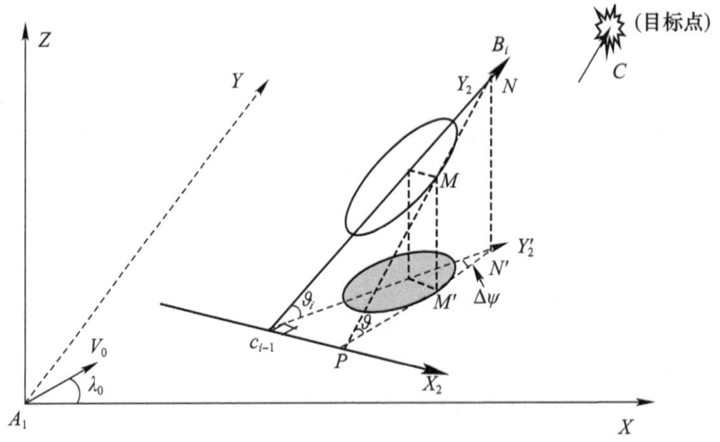

图 4-14　无人飞行器斜平面转弯几何图

设

$$C_{i-1}N'=a$$

则

$$NN'=a\cdot\tan\theta_i,\quad PN'=a/\cos(\psi-\psi_i)$$

故

$$\tan\vartheta=\frac{NN'}{PN'}=\frac{a\cdot\tan\theta}{a/\cos(\psi-\psi_i)}=\tan\theta\cdot\cos(\psi-\psi_i) \tag{4-25}$$

对式(4-25)求导，则无人飞行器在进行斜平面转弯时的倾角变化率为

$$\mathrm{d}\theta=\frac{-\tan\theta_i\cdot\sin(\psi-\psi_i)}{1+\tan^2\theta_i\cdot\cos^2(\psi-\psi_i)}\mathrm{d}\psi \tag{4-26}$$

当无人飞行器速度方向与Y_2'平行或者垂直，即 $\psi - \psi_i = 0$ 或者 $\psi - \psi_i = 90$ 时，式(4－26)仍然适用。

当无人飞行器处于直线段上直飞时，有

$$d\theta = 0 \tag{4-27}$$

这种方法的动态航迹方向角与二维情况一样，式(4－26)及式(4－27)确定的是航迹倾角(弹道倾角)，据此可以动态规划出一条三维航迹。

4.4.3 机动飞行段

如4.2节所述，直线段上的动态规划表现为根据剩余时间误差信号决定是否进行侧向转弯机动以及侧向转弯机动的角度大小。空间航迹上也同样如此，只不过直线段上的机动方式是在某一斜平面上进行。三维航迹动态规划图如图4－15所示。

O_i——无人飞行器侧向机动转弯圆弧的圆心位置，$i = 1, 2, 3$；

R_1——机动转弯半径；

$\widehat{M_1M_2}$——第一段圆弧，其中M_1为机动转弯起始点，位于直线段上；

$\widehat{M_2M_3}$——第二段圆弧；

$\widehat{M_3M_4}$——第三段圆弧，其中M_4为机动转弯结束点，位于直线段上。

其他参数定义与前面相同。

图4－15中$\overline{A_iA_{i+1}}$为预定规划航迹段，相邻两个航迹段组成一个斜平面。当

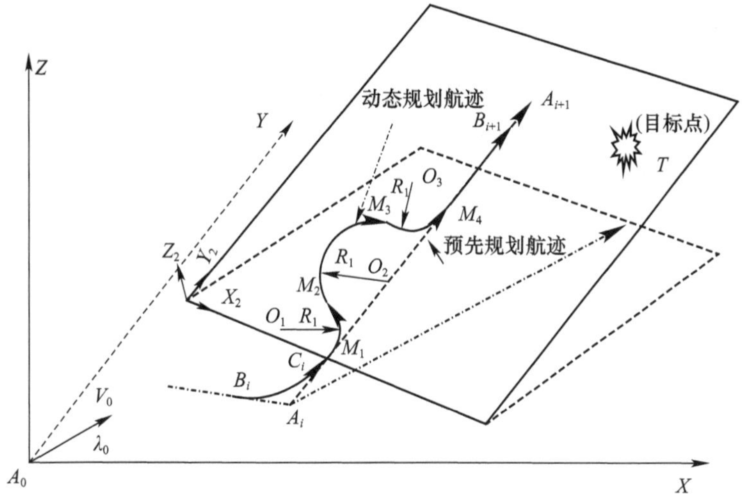

图4－15　三维航迹动态规划图

无人飞行器到达B_i时，无人飞行器进行斜平面里的转弯。当转过一定角度后到达C_i且速度方向为航迹段的方$\overline{A_iA_{i+1}}$时，无人飞行器的转弯段完成。在无人飞行器的姿态稳定后，此时，无人飞行器根据时间误差信号判断无人飞行器是否侧向机动。当时间误差为正时，侧向机动以消耗时间，此时，无人飞行器如4.3.2节所述的斜平面内机动飞行。当时间误差为负时，无人飞行器沿着预定航迹段$\overline{A_iA_{i+1}}$朝A_{i+1}飞行。如图中$\overset{\frown}{B_iC_iM_1M_2M_3}$段所示。

4.4.4 仿真结果分析

1. 过载法仿真

假设标称速度为$V_0 = 250\text{m/s}$，实际初速度为V，航迹点坐标分别为(0,0,5)km、(100,0,5)km、(200,100,20)km、(400,100,20)km、(500,200,18)km、(700,200,15)km。仿真步长取0.01s。

条件1：$V=280\text{m/s}$。仿真结果如图4-16所示。

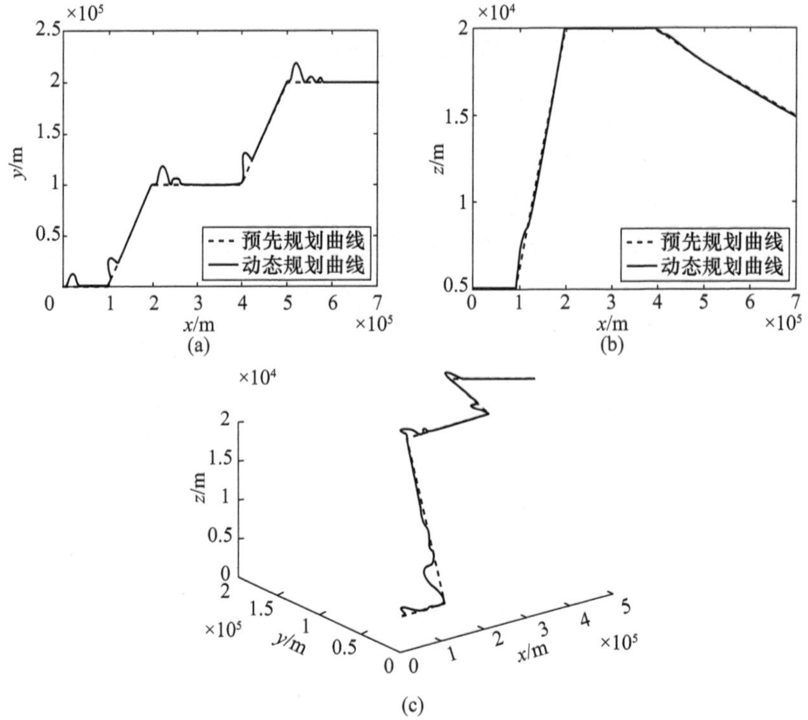

图4-16 采用过载法条件1的仿真结果

(a)水平投影图；(b)高度比较图；(c)三维动态规划图。

当速度 $V=280\text{m/s}$ 时，相对标称速度具有向上摄动速度 $\Delta V=30\text{m/s}$。由于速度增大，根据分析，无人飞行器在直线段开始时具有正的时间误差信号，此信号控制无人飞行器侧向机动，并转过一定角度后回到原来的直线段上。分析图4-16(a)，可以看出三维动态规划的水平投影图与二维动态规划类似；图4-16(b)为动态规划高度与预先规划高度比较图；图4-16(c)为三维动态规划图，图中虚线为预定规划曲线，实线为动态规划曲线，可以看出，在具有向上速度摄动情况下，无人飞行器动态规划轨迹效果良好。

条件2：$V=280\text{m/s}$，当航迹段高度增加时加速度 $a=-0.05\text{m/s}$，当航迹段高度降低时加速度 $a=0.05\text{m/s}$，当航迹段高度不变时加速度 $a=0$。仿真结果如图4-17所示。

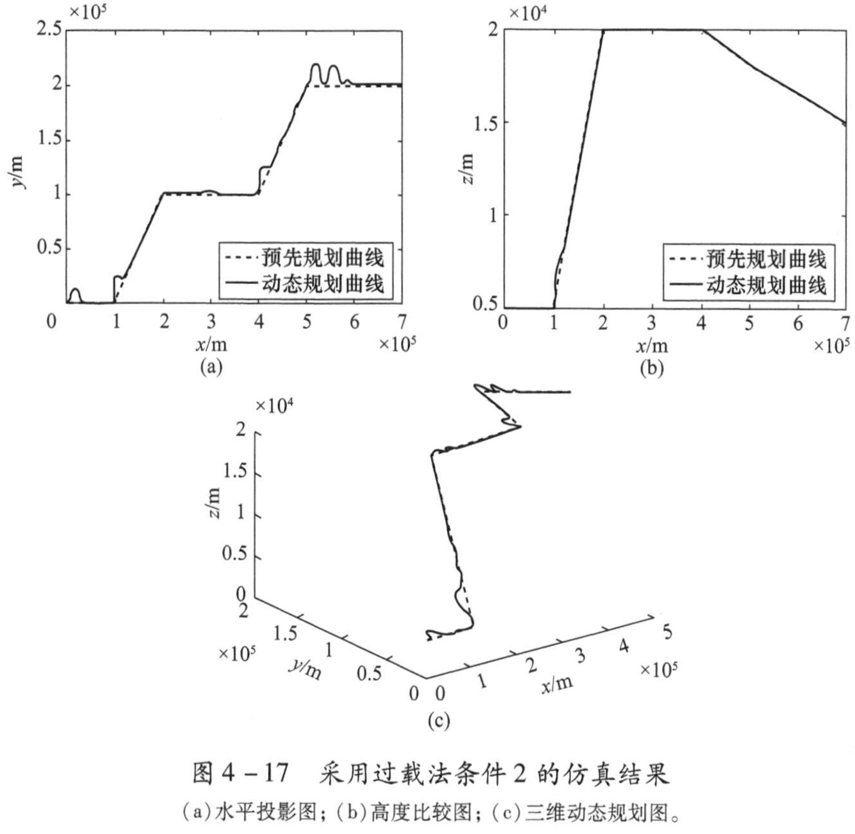

图4-17 采用过载法条件2的仿真结果

(a)水平投影图；(b)高度比较图；(c)三维动态规划图。

当速度 $V=280\text{m/s}$ 时，同时具有一定匀加速度的情况下，无人飞行器动态规划轨迹效果仍然良好。图4-17(c)为三维动态规划图，图中虚线为预定规划曲线，实线为动态规划曲线，可以看出，这种状态下，当无人飞行器不进行机动飞行时,两条曲线基本重合。

条件3:$V=220\mathrm{m/s}$。仿真结果如图4-18所示。

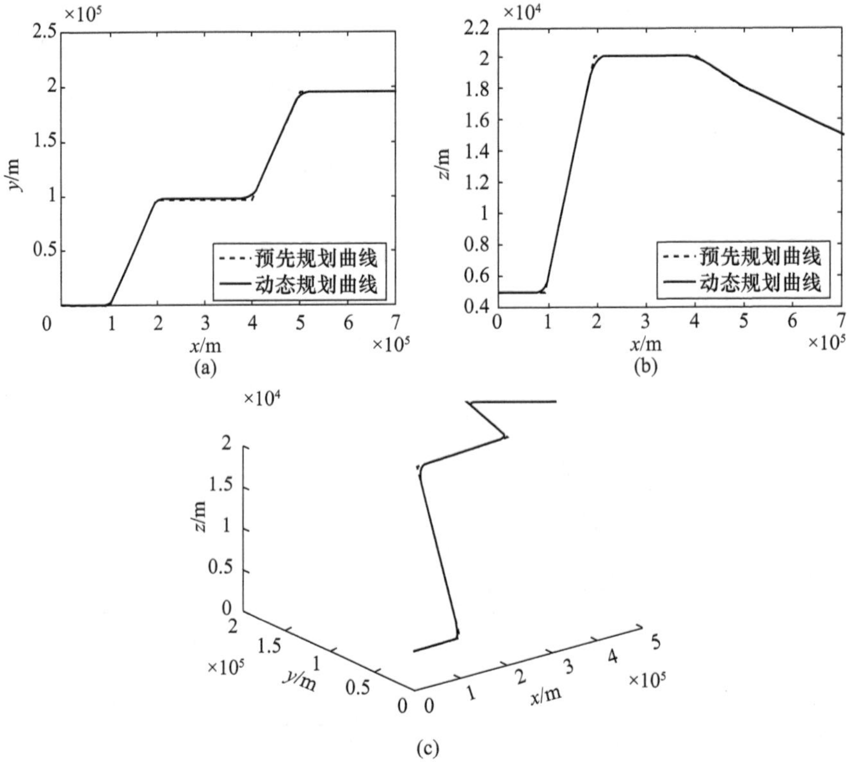

图4-18 采用过载法条件3的仿真结果

(a)水平投影图;(b)高度比较图;(c)三维动态规划图。

当速度$V=220\mathrm{m/s}$时,相对标称速度具有向下摄动速度$\Delta V=-30\mathrm{m/s}$。由于速度减小,根据分析,无人飞行器在每一航迹直线段开始时具有负的时间误差信号,此信号控制无人飞行器沿着直线段朝下一航迹点飞行。分析图4-18(a),可以看出三维动态规划的水平投影图与二维动态规划类似;图4-18(b)为动态规划高度与预先规划高度比较图;图4-18(c)为三维动态规划图,图中虚线为预定规划曲线,实线为动态规划曲线,可以看出,在具有向下速度摄动情况下,无人飞行器动态规划轨迹基本与预定规划轨迹重合。

条件4:$V=220\mathrm{m/s}$,当航迹段高度增加时加速度$a=-0.05\mathrm{m/s}$,当航迹段高度降低时加速度$a=0.05\mathrm{m/s}$,当航迹段高度不变时加速度$a=0$。仿真结果如图4-19所示。

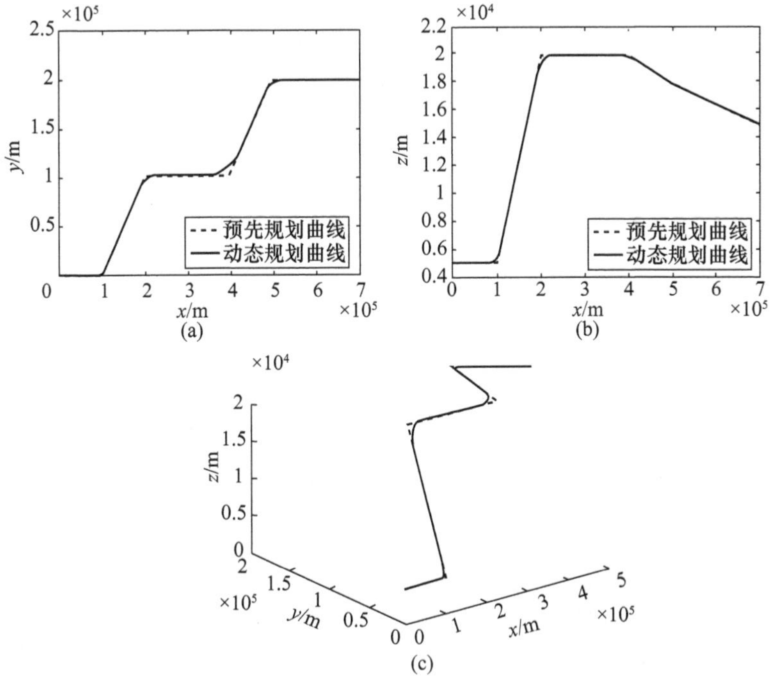

图 4－19　采用过载法条件 4 的仿真结果

(a)水平投影图；(b)高度比较图；(c)三维动态规划图。

2. 投影法仿真

假设标称速度为V_0，实际初始速度为 V，加速度为 a，航迹点坐标分别为(0,0,5)km、(100,0,5)km、(200,100,20)km、(400,100,20)km、(500,200,18)km、(700,200,15)km。

条件 1：$V_0=300\text{m/s}$，$V=280\text{m/s}$，$a=0$。仿真结果如图 4－20 所示。

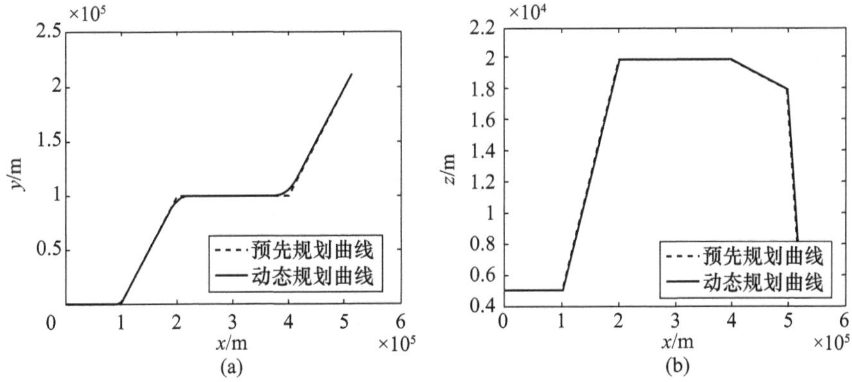

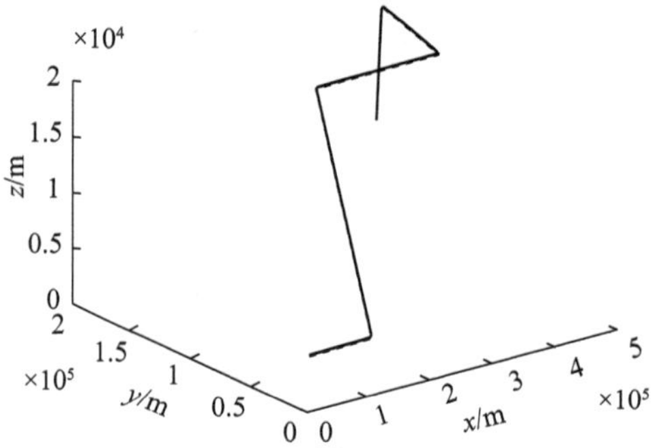

(c)

图 4-20　采用投影法条件 1 的仿真结果

(a)水平投影图；(b)高度比较图；(c)三维动态规划图。

条件 2：$V_0=300\mathrm{m/s}, V_1=330\mathrm{m/s}, a=0$。仿真结果如图 4-21 所示。

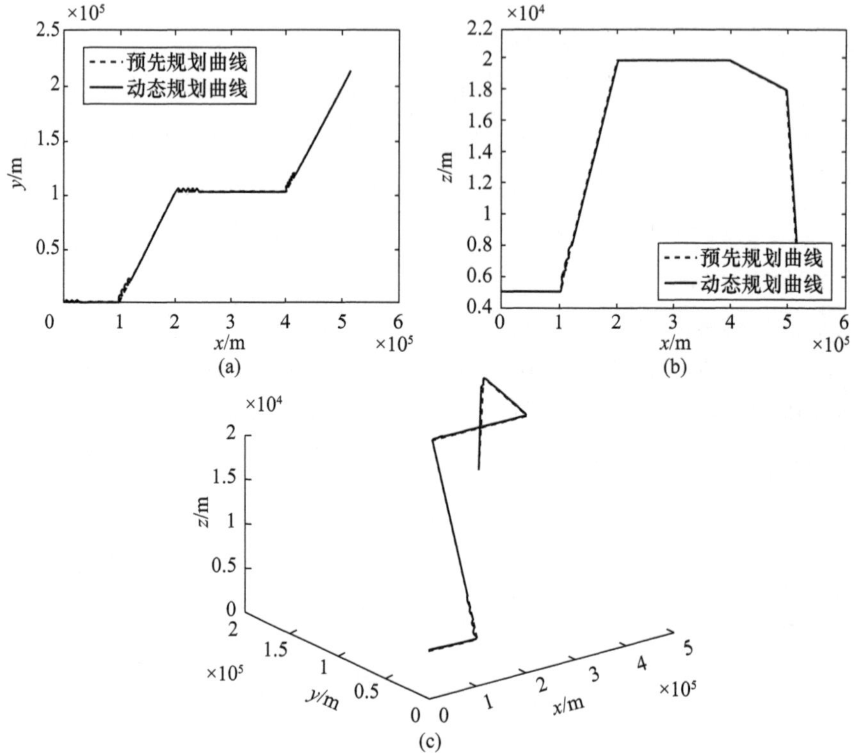

图 4-21　采用投影法条件 2 的仿真结果

(a)水平投影图；(b)高度比较图；(c)三维动态规划图。

当速度 $V=330\text{m/s}$ 时,实际速度相对标称速度向上摄动 $\Delta V=30\text{m/s}$。由于速度增大,根据分析,无人飞行器在直线段开始时具有正的时间误差信号,此信号控制无人飞行器侧向机动,并转过一定角度后回到原来的直线段上。图 4-21(c)为三维动态规划图,图中虚线为预定规划曲线,实线为动态规划曲线,可以看出,在具有向上速度摄动情况下,无人飞行器动态规划轨迹效果良好。

初始条件 3:$V_0=250\text{m/s}, V=270\text{m/s}, a=\begin{cases}-0.02, & z_{i+1}>z_i\\ 0.02, & z_{i+1}<z_i\\ 0.00, & z_{i+1}=z_i\end{cases}(\text{m/s}^2)$(当爬升时匀减速,当下降时匀加速,平飞时匀速)。仿真结果如图 4-22 所示。

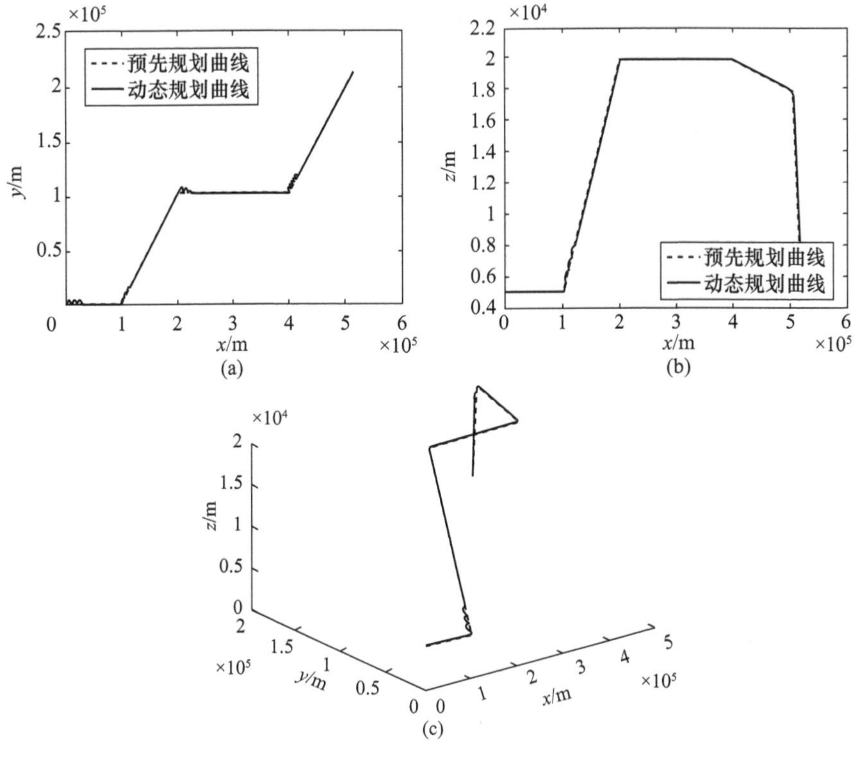

图 4-22 采用投影法条件 3 的仿真结果

(a)水平投影图;(b)高度比较图;(c)三维动态规划图。

当初速度 $V=270\text{m/s}$ 时,同时具有一定匀加速度的情况下,无人飞行器动态规划轨迹效果仍然良好。图 4-22(c)为三维动态规划图,图中虚线为预定规划曲线,实线为动态规划曲线,可以看出,这种状态下,当无人飞行器不进行机动飞行时,两条曲线基本重合。

4.5 考虑威胁的航迹动态规划

4.5.1 动态航迹规划

前面研究的动态航迹规划中只考虑了最大过载约束条件,没有考虑各种威胁区和禁飞区。进一步研究威胁环境下具有时间约束的动态航迹控制方法,算法流程如下所示。

第 1 步:综合考虑威胁度、威胁作用半径、目标的战术价值等航迹约束条件,得到威胁环境下无人飞行器的初始航迹。

第 2 步:采用基于视线的航迹缩短算法,得到既有效回避了威胁区和禁飞区又有效减小了航迹代价的缩短的飞行航迹。

第 3 步:根据时间误差信号的正负生成侧向指令,进一步采用具有时间约束的动态航迹控制方法求解。若时间误差信号为正,则无人飞行器以某种机动方式延长飞行航迹;若时间误差信号为负,则通过提前转弯来缩短飞行航迹,从而得到满足时间约束的平滑的飞行航迹。

第 4 步:若多无人飞行器同时攻击多个目标,则要根据航迹代价的大小进行协同目标分配,确定不同的飞行器攻击不同的目标;若无人飞行器数量远大于目标数量,则要通过协同火力分配确定对指定目标攻击的无人飞行器数量。

由此得到威胁环境下具有时间约束的多无人飞行器动态飞行航迹,可有效实行对目标的饱和攻击。

4.5.2 仿真结果分析

现将具有时间约束的航迹动态控制方法应用在实际的作战环境中。假定有两架无人飞行器分别位于(33.5311,29.8026)km、(150.8007,25.8114)km,要求攻击位于(76.2154,178.6184)km 的目标,要求在回避 6 个禁飞区和 6 个威胁区的基础之上,同时到达目标并实施协同攻击。采用基于扩展 V 图法得到预先规划的两条协同飞行的最优航迹如图 4-23 所示。

其中,无人飞行器 1 经过的航迹点坐标分别为(33.5311,29.8026)km、(26.4489,94.4847)km、(38.8225,123.4691)km、(74.4733,159.2838)km、(76.2796,179.6164)km,初始航向角为 96°,共分为 4 个航迹段;无人飞行器 2 经过的航迹点坐标分别为(150.8007,25.8114)km、(136.8464,137.6726)km、(114.8627,166.5133)km、(75.2585,178.9086)km,初始航向角为 97°,共分为 3 个航迹段。两架无人飞行器的飞行速度均为 340m/s,未进行时间约束前,无

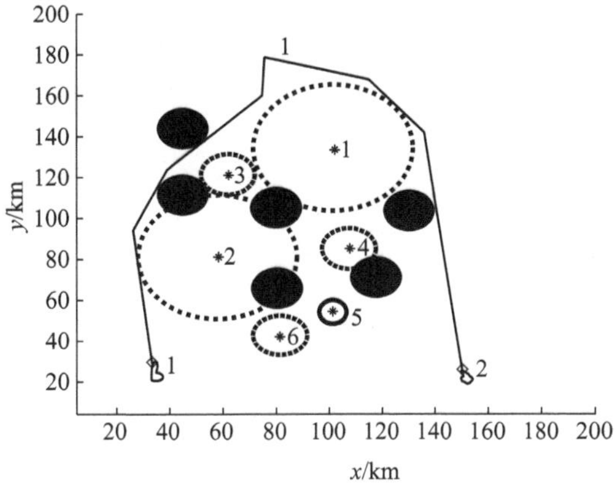

图 4-23　预先规划的航迹

人飞行器 1 的飞行时间为 567.4749s，无人飞行器 2 的飞行时间为 619.8048s，相差 52.3259s。

采用具有时间约束的动态航迹规划算法，两架无人飞行器通过战术数据链交互信息，令装订飞行时间为 608s，飞行时间较短的无人飞行器 1 在尽可能回避威胁的基础之上进行侧向机动以延长飞行航迹，增加飞行时间；飞行时间较长的无人飞行器 2 适当提前转弯，以缩短航迹，减小飞行时间，经过动态规划的飞行航迹如图 4-24 所示。最终，无人飞行器 1 的终端攻击角度为 -85°，飞行时间为 605.8221s，无人飞行器 2 的终端攻击角度为 -17°，飞行时间为 601.7167s，飞行时间差为 4.1054s，满足设定的时间误差 $|\delta t_i| \leqslant 10\text{s}$，从而实现了对目标的同时攻击。

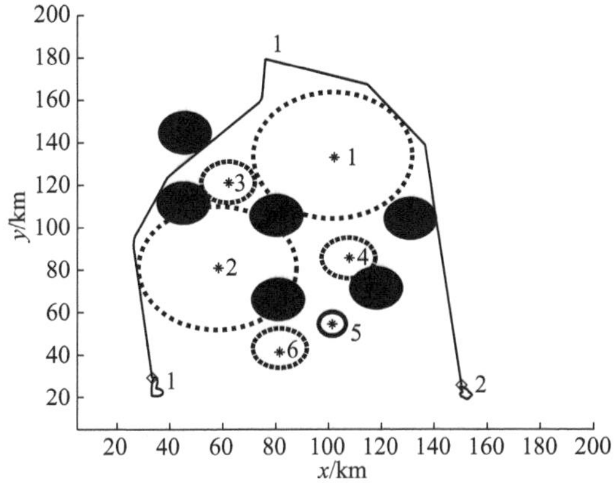

图 4-24　动态规划的航迹

需要强调,无人飞行器 1 经过侧向机动调整后的航迹已不再保持最优性,在实际的研究中,为了实现无人飞行器之间的时间协同,必须要在最优性与时间性之间做一定的协调,避免盲目追求单无人飞行器的最优性而降低整体作战效能。

第5章 基于一致性的无人飞行器协同编队控制

5.1 引 言

无人飞行器协同编队控制的目的是使处于任意初始状态的无人飞行器形成期望的编队队形和编队速度、在编队机动时保持队形并能够快速完成编队队形与速度变换。在实际工程应用中,由于任务的改变或者环境的影响,无人飞行器的编队队形、速度均可能发生较大变化。通常研究个体模型均为一阶积分模型,当个体模型为二阶积分模型时,问题变得尤为复杂,已有的成果难以推广。另外,当无人飞行器中的个体数量较少时,大部分的编队控制律均具有良好的性能,但是,随着个体数量增多,特别是期望的编队队形较为复杂时,编队的计算量迅速增大,信息拓扑结构变得非常复杂,即使编队能够形成,编队队形和速度的调整也非常困难。

本章考虑到编队队形和速度变化的实际情况,以二阶无人飞行器个体为研究对象,基于一致性研究多无人飞行器的协同编队控制问题和大规模无人飞行器复杂队形协同编队控制问题。首先,为定量描述编队问题,在欧氏空间内定义了与编队队形一一对应的编队向量;其次,在经典一致性算法的基础上,引入编队队形和速度控制项,设计了单个个体的一致性编队控制律,研究了系统的稳定性和编队的收敛性问题,并进行了仿真分析;最后,针对大规模无人飞行器复杂编队控制问题,在自组织网络通信模式下,提出了一种分层的编队控制框架,设计了一种自主分组算法和多 leader - follower 模式下的协同编队控制律,并进行仿真分析。

5.2 编队问题描述

假定构成无人飞行器的个体是等同的且具有唯一的标识号,在 n 维欧氏空间中,无人飞行器的运动学方程为

$$\begin{cases} \dot{\boldsymbol{x}}_i(t)=\boldsymbol{v}_i(t) \\ \dot{\boldsymbol{v}}_i(t)=\boldsymbol{u}_i(t) \end{cases}, \quad i=1,2,\cdots,N \tag{5-1}$$

式中：$\boldsymbol{x}_i(t)\in \mathrm{R}^n$、$\boldsymbol{v}_i(t)\in \mathrm{R}^n$、$\boldsymbol{u}_i(t)\in \mathrm{R}^n$ 分别表示 n 维欧氏空间中无人飞行器的位置向量、速度向量和控制输入向量；N 为无人飞行器的数量。

无人飞行器内的每个个体均装配有无线通信设备，能够通过无线通信网络获取其个体的信息，将处于无人飞行器 i 通信范围内的所有个体的集合称为无人飞行器 i 的邻居集合，简称为邻居集，邻居的个数记为 N_i。

编队队形是无人飞行器在空间中特定的位置几何关系，在 n 维欧氏空间中，可以采用唯一的向量表示每个个体在空间中的位置，记为$\boldsymbol{h}_i\in \mathrm{R}^n$，因此，包含 N 个个体的无人飞行器构成的编队队形可以表示为空间中的向量，记为$\boldsymbol{h}_f\in \mathrm{R}^{nN}$，其中，$\boldsymbol{h}_f=[\boldsymbol{h}_1^{\mathrm{T}} \quad \boldsymbol{h}_2^{\mathrm{T}} \quad \cdots \quad \boldsymbol{h}_N^{\mathrm{T}}]^{\mathrm{T}}, i=1,2,\cdots,N$。

为便于设计编队控制器，需要定量描述编队队形。与以往编队队形的定量化描述不同，本书考虑到编队运动，仅使用个体间的相对位置定量化描述编队队形，基于相对位置的编队向量定义如图 5-1 所示。

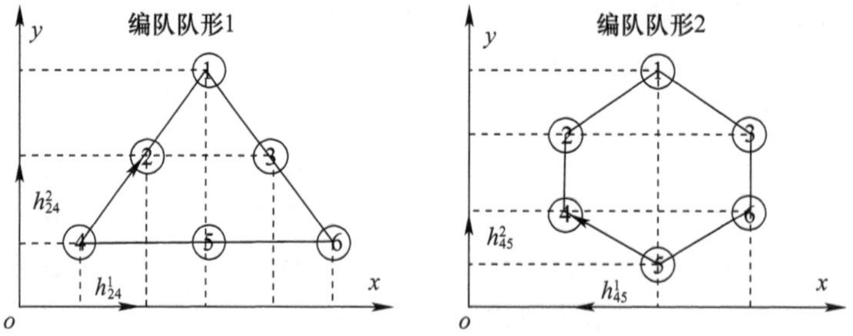

图 5-1　基于相对位置的编队向量定义

定义 5.1　n 维欧氏空间中，任意个体间的相对位置是空间中的向量，定义为相对距离向量$\boldsymbol{h}_{ij}$，即$\boldsymbol{h}_{ij}=\boldsymbol{h}_i-\boldsymbol{h}_j$，$\forall i,j=1,2,\cdots,N$；$\boldsymbol{h}_{ij}$在各个坐标轴上的投影记为$\boldsymbol{h}_{ij}^k$，$k=1,2,\cdots,N$，定义 $\boldsymbol{h}=[h_{11}^1,h_{12}^1,\cdots,h_{1N}^1,\cdots,h_{N1}^n,\cdots,h_{NN}^n]^{\mathrm{T}}$，$\boldsymbol{h}\in \mathrm{R}^{nN^2\times 1}$为编队向量。

定理 5.1　编队队形与编队向量一一对应。

注 5.1　编队向量 $\boldsymbol{h}$ 对应的编队队形是唯一确定的，但是编队队形在空间中的位置不是唯一的。

以往，绝大部分编队的目的是实现确定的空间位置关系，不考虑编队的运动问题，即设计编队控制器，仅仅使系统满足需要的空间位置关系，其本质上是一种静态编队;与以往的编队不同,本书不仅考虑到编队队形问题,还考虑到编队的运动问题,以实现动态编队。

注 5.2 期望的编队运动大都为匀速运动,本文考虑编队能够做匀加速运动,即期望的编队运动为$\boldsymbol{v}_d(t)=\boldsymbol{v}_d+\dot{\boldsymbol{v}}_d t$。其中,$\boldsymbol{v}_d(t)$、$v_d$、$\dot{v}_d$ 分别为期望的编队运动速度、初始编队运动速度和编队运动加速度。如果令 $\dot{v}_d=0$,则编队为匀速运动。因此,匀速运动是本文的一种特例。

实际工程应用中,如图 5-2 所示,受到空间障碍的影响或者由于任务的改变,无人飞行器的编队队形和编队速度均可能发生较大变化。因此,编队控制问题包括编队队形控制和编队速度控制两个问题。编队控制的目的是在任意的初始状态下,使无人飞行器形成和保持期望的编队队形与编队速度,能够根据需要快速完成编队队形和编队速度的变换。

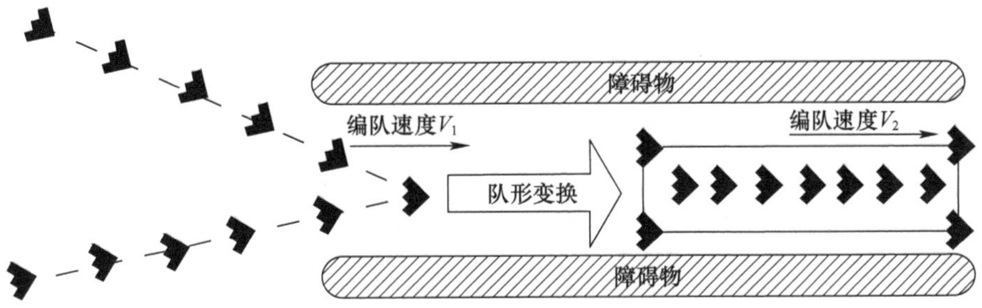

图 5-2 障碍空间中编队队形和速度变化

定义 5.2 对于任意的智能体 i、j,如果存在某一有界时刻t_0,当 $t\geqslant t_0$时,如果等式$\boldsymbol{x}_i(t)-\boldsymbol{x}_j(t)=\boldsymbol{h}_{ij}$和$\boldsymbol{v}_i(t)=\boldsymbol{v}_j(t)$始终同时成立,则称群体编队形成并保持。进一步,如果最终的个体速度均收敛到期望的编队速度$\boldsymbol{v}_d(t)$,则称期望的群体编队形成并保持。

5.3 基于一致性的协同编队控制律

5.3.1 一致性协同编队控制律的设计

通过前面的分析可知,编队控制包括编队队形控制和编队速度控制两个方面,即编队控制包含个体位置和速度两个协同变量。如果设计合适的控制算法,使得$\lim\limits_{t\to\infty}(\boldsymbol{x}_i(t)-\boldsymbol{x}_j(t))=\boldsymbol{h}_{ij}$和$\lim\limits_{t\to\infty}(\boldsymbol{v}_i(t)-\boldsymbol{v}_d(t))=0$ 同时成立,由定义 5.2 可知,编队能够形成并保持,则将该算法称为一致性协同编队控制律。

根据线性系统的叠加原理,可分别设计编队队形控制项和速度控制项。编队队形控制项$\boldsymbol{u}_{i\text{-form}}(t)$应用一致性算法设计,其输入是通过网络获取的邻居位置信息和期望的相对距离向量,控制目的是使个体达到期望的编队位置,满足等式$\lim\limits_{t\to\infty}(\boldsymbol{x}_i(t)-\boldsymbol{x}_j(t)-\boldsymbol{h}_{ij})=0$,实现期望的编队队形。编队速度编队控制项$\boldsymbol{u}_{i\text{-vel}}(t)$,应用一致性算法和类 PD 控制设计,其输入是通过网络获取的邻居速度信息、期望的编队运动初始速度和加速度信息,控制目的是使个体速度趋于一致并达到期望值,满足等式$\lim\limits_{t\to\infty}(\boldsymbol{v}_i(t)-\boldsymbol{v}_d(t))=0$,实现编队速度控制。

在编队过程中,通过改变编队向量,能够实现编队队形的变换;通过改变期望的速度或者加速度信息,能够实现编队速度的变换。假定期望的编队向量$\boldsymbol{h}$、编队运动速度$v_d(t)$是精确已知的,设计的个体编队控制律$\boldsymbol{u}_i(t)$如下:

$$\boldsymbol{u}_{i\text{-form}}(t)=-\sum_{j=1}^{N}g_{ij}w_{ij}(\boldsymbol{x}_i(t)-\boldsymbol{x}_j(t)-\boldsymbol{h}_{ij}) \tag{5-2a}$$

$$\boldsymbol{u}_{i\text{-vel}}(t)=\dot{\boldsymbol{v}}_d-\beta(\boldsymbol{v}_i(t)-\boldsymbol{v}_d)-\gamma\sum_{j=1}^{N}g_{ij}w_{ij}(\boldsymbol{v}_i(t)-\boldsymbol{v}_j(t)) \tag{5-2b}$$

$$\boldsymbol{u}_i(t)=\boldsymbol{u}_{i\text{-form}}(t)+\boldsymbol{u}_{i\text{-vel}}(t) \tag{5-2c}$$

式中:$\boldsymbol{x}_i(t),\boldsymbol{x}_j(t),\boldsymbol{v}_i(t),\boldsymbol{v}_j(t)\in\mathbb{R}^n$分别为个体$i$、$j$的位置和速度向量;$\boldsymbol{u}_i(t)\in\mathbb{R}^n$为个体$i$的控制向量;$\boldsymbol{v}_d(t)=\boldsymbol{v}_d+\dot{\boldsymbol{v}}_d t$,其中$\dot{\boldsymbol{v}}_d,\boldsymbol{v}_d\in\mathbb{R}^n$为常值列向量,表示期望的编队初始速度和编队加速度;g_{ij}用于描述通信连接关系,信息从个体i流向个体j,则$g_{ij}=1$,否则为0;$w_{ij}>0$为通信权重系数;$\beta>0,\gamma>0$且有界是控制系数;$\boldsymbol{h}_{ij}$由编队队形决定,表示个体i、j的期望相对距离向量;N为无人飞行器个体的总数。

根据个体控制律式(5-2),整理可得系统的控制向量$\boldsymbol{u}(t)$为

$$\boldsymbol{u}(t)=\boldsymbol{1}_N\otimes\dot{\boldsymbol{v}}_d-\beta(\boldsymbol{v}(t)-\boldsymbol{1}_N\otimes\boldsymbol{v}_d)-(\boldsymbol{L}\otimes\boldsymbol{I}_n)\boldsymbol{x}(t)-\gamma(\boldsymbol{L}\otimes\boldsymbol{I}_n)\boldsymbol{v}(t)+\boldsymbol{E} \tag{5-3}$$

式中:$\boldsymbol{L}$为系统的 Laplace 矩阵;$\boldsymbol{E}\in\mathbb{R}^{nN\times1}$与期望的编队队形相关,具体定义如下:

$$\boldsymbol{L}=[l_{ij}]=[\boldsymbol{L}_1^{\mathrm{T}},\boldsymbol{L}_2^{\mathrm{T}},\cdots,\boldsymbol{L}_N^{\mathrm{T}}]^{\mathrm{T}} \tag{5-4a}$$

$$l_{ij}=\begin{cases}\sum_{j\neq i}g_{ij}w_{ij}, & i\neq j\\ -g_{ij}w_{ij}, & i\neq j\end{cases} \tag{5-4b}$$

$$\boldsymbol{L}_i = [\, l_{i1}, l_{i2}, \cdots, l_{iN} \,] \tag{5-4c}$$

$$\boldsymbol{E} = -[\, h_1^1 \boldsymbol{L}_1^{\mathrm{T}}, h_1^2 \boldsymbol{L}_1^{\mathrm{T}}, \cdots, h_1^n \boldsymbol{L}_1^{\mathrm{T}}, h_2^1 \boldsymbol{L}_2^{\mathrm{T}}, \cdots, h_N^n \boldsymbol{L}_N^{\mathrm{T}} \,]^{\mathrm{T}} \tag{5-4d}$$

根据式(5－3)和式(5－1),整理可得闭环系统的状态方程

$$\dot{\boldsymbol{\xi}}(t) = \boldsymbol{A}\boldsymbol{\xi}(t) + \boldsymbol{B} \tag{5-5}$$

式中:$\boldsymbol{A} = \begin{bmatrix} \boldsymbol{0} & \boldsymbol{I}_{nN} \\ -(\boldsymbol{L} \otimes \boldsymbol{I}_n) & -\gamma(\boldsymbol{L} \otimes \boldsymbol{I}_n) - \beta \boldsymbol{I}_{nN} \end{bmatrix}$、$\boldsymbol{B} = \begin{bmatrix} \boldsymbol{0} \\ \boldsymbol{E} + \beta(\boldsymbol{I}_N \otimes \boldsymbol{v}_d) + \boldsymbol{I}_N \otimes \dot{\boldsymbol{v}}_d \end{bmatrix}$分别是闭环系统的系数矩阵和偏置向量;$\boldsymbol{\xi}(t) = [\boldsymbol{x}^{\mathrm{T}}(t) \quad \boldsymbol{v}^{\mathrm{T}}(t)]^{\mathrm{T}}$ 是闭环系统的状态向量;$\boldsymbol{x}(t) = [\boldsymbol{x}_1^{\mathrm{T}}(t) \quad \boldsymbol{x}_2^{\mathrm{T}}(t) \quad \cdots \quad \boldsymbol{x}_N^{\mathrm{T}}(t)]^{\mathrm{T}}$、$\boldsymbol{v}(t) = [\boldsymbol{v}_1^{\mathrm{T}}(t) \quad \boldsymbol{v}_2^{\mathrm{T}}(t) \quad \cdots \quad \boldsymbol{v}_N^{\mathrm{T}}(t)]^{\mathrm{T}}$ 分别是闭环系统的位置向量和速度向量。

5.3.2 编队系统的稳定性分析

引理 5.1 如果多个体系统的通信拓扑结构为强连通且存在最小有向生成树时,系统的 Laplace 矩阵 $\boldsymbol{L}$ 满足:

(1) $\lambda = 0$ 是矩阵 $\boldsymbol{L}$ 唯一的零特征值,其他所有特征值都具有非负实部;

(2) 矩阵 $\boldsymbol{L}$ 的秩为 $\mathrm{rank}(\boldsymbol{L}) = n-1$。

定义 5.3 将矩阵 $\boldsymbol{L}$ 的特征值记为μ_i,根据引理 5.1 易知,$\mathrm{Re}(\mu_i) \geqslant 0$,定义实数$\gamma_0$如下:

$$\gamma_0 = \max_{\substack{\mu_i \neq 0 \\ i=1,2,\cdots,n}} \sqrt{2\left(|\mu_i| \cos\left(\frac{\pi}{2} - \left|\arctan\left(\frac{\mathrm{Re}(\mu_i)}{\mathrm{Im}(\mu_i)}\right)\right|\right)\right)^{-1}} \tag{5-6}$$

引理 5.2 对于任意的 $\rho, \mu \in \mathbb{C}$,其中$\rho_{\pm} = \dfrac{1}{2}(\gamma\mu - \alpha \pm \sqrt{(\gamma\mu - \alpha)^2 + 4\mu})$,分别使用 $\mathrm{Re}(\cdot)$、$\mathrm{Im}(\cdot)$ 表示复数的实部和虚部,对于任意的实数 $\alpha \geqslant 0$,$\mathrm{Re}(\mu) < 0$,如果实数 $\gamma > \gamma_0$,则 $\mathrm{Re}(\rho_{\pm}) < 0$ 必然成立。

定理 5.2 如果期望的编队向量 $\boldsymbol{h}$ 和编队速度$\boldsymbol{v}_d(t)$是精确已知的,控制系数 $\gamma > \gamma_0$,$\beta > 0$ 且有界,当通信拓扑结构为强连通且存在最小有向生成树时,系统式 (5－5)是稳定的。

定理 5.3 如果系统式(5－5)能够满足定理 5.1 的条件,则编队能够形成并保持。

推论 5.1 编队切换不影响系统的稳定性,在一致性编队控制律(式(5－2))的作用下,无人飞行器能够完成编队切换。

注 5.3 在动态和切换拓扑条件下,只要通信网络是时刻连通的,则 Laplace 矩阵的特征值具有非负实部,即引理 5.1 的结论成立,因此,定理 5.2、定理 5.3

以及推论 5.1 适用于时刻连通的动态和切换拓扑的情况。

5.3.3 仿真结果分析

考虑 6 架无人飞行器在平面内运动的情况，设定个体的初始位置和速度向量随机分布在[0,60]×[0,60]和[0,5]×[0,5]范围内。

在时间段 $T_1=[0,50]$s 内，期望的编队队形如图 5-3 所示，对应的编队向量为$\boldsymbol{h}_1^{\mathrm{T}}$；期望的编队初始速度 $\boldsymbol{v}_{d1}=\boldsymbol{0}$，编队加速度 $\dot{\boldsymbol{v}}_{d1}=[0.1,0.3]^{\mathrm{T}}$。在时间段 $T_2=[50,100]$s 内，编队任务发生改变，期望的编队队形和编队速度均发生变化，编队队形如图 5-4 所示，其对应的编队向量为$\boldsymbol{h}_2^{\mathrm{T}}$。期望的编队初始速度为 $\boldsymbol{v}_{d2}=\boldsymbol{0}$，编队加速度 $\dot{\boldsymbol{v}}_{d2}=[-0.3,0.5]^{\mathrm{T}}$。给定的具体编队向量$\boldsymbol{h}_1^{\mathrm{T}}$ 和$\boldsymbol{h}_2^{\mathrm{T}}$ 分别如下：

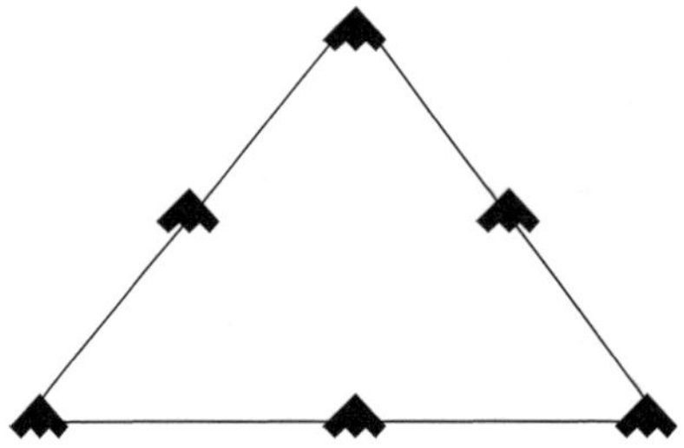

图 5-3 期望的编队队形 1

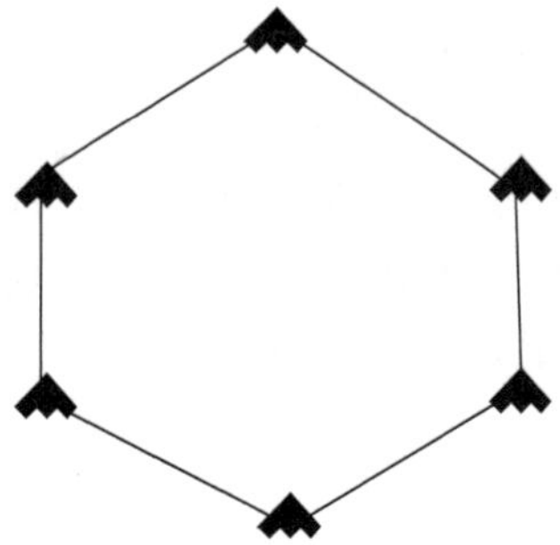

图 5-4 期望的编队队形 2

$\boldsymbol{h}_1=20[0,3,-3,6,0,-6,0,3,3,6,6,-3,0,-6,3,-3,-9,-3,0,0,3,3,3,3,6,0,9,3,-3,-3,0,0,3,3,3,-6,-3,-9,0,-6,-12,-6,-3,-3,0,0,0,0,3,-3,6,0,-6,-6,-3,-3,0,0,0,6,9,3,12,6,0,-6,-3,-3,0,0,0]$

$\boldsymbol{h}_2=20[0,3,-3,3,0,-3,0,3,3,6,9,6,-3,0,-6,0,-3,-6,-3,0,0,3,6,3,3,6,0,6,3,0,-3,0,0,3,6,3,-3,0,-6,0,-3,-6,-6,-3,-3,0,3,0,0,3,-3,3,0,-3,-9,-6,-6,-3,0,-3,3,6,0,6,3,0,-6,-3,-3,0,3,0]$

在整个编队运动过程中，通信网络拓扑结构是固定的，编队系统的邻接矩阵为$\boldsymbol{A}_{dj}$、度矩阵 $\boldsymbol{D}$ 和 Laplace 矩阵 $\boldsymbol{L}$ 分别如下，可知通信网络是强连通的且存在最小有向生成树。计算可得 Laplace 矩阵 $\boldsymbol{L}$ 的特征值为 $\lambda_1(\boldsymbol{L})=0$，$\lambda_i(\boldsymbol{L})=6$，$i=2,3,\cdots,6$。进一步，根据定义 5.3 计算可得 $\gamma_0=0.5774$。

$$
\boldsymbol{A}_{dj}=\begin{bmatrix}0&1&1&1&1&1\\1&0&1&1&1&1\\1&1&0&1&1&1\\1&1&1&0&1&1\\1&1&1&1&0&1\\1&1&1&1&1&0\end{bmatrix},\quad \boldsymbol{D}=\begin{bmatrix}5&0&0&0&0&0\\0&5&0&0&0&0\\0&0&5&0&0&0\\0&0&0&5&0&0\\0&0&0&0&5&0\\0&0&0&0&0&5\end{bmatrix},
$$

$$
\boldsymbol{L}=\begin{bmatrix}5&-1&-1&-1&-1&-1\\-1&5&-1&-1&-1&-1\\-1&-1&5&-1&-1&-1\\-1&-1&-1&5&-1&-1\\-1&-1&-1&-1&5&-1\\-1&-1&-1&-1&-1&5\end{bmatrix}
$$

令通信权重系数 $w_{ij}=1$；控制参数 $\beta=5,\gamma=5>\gamma_0$；仿真步长为 0.1s。仿真结果如图 5－5～图 5－8 所示。

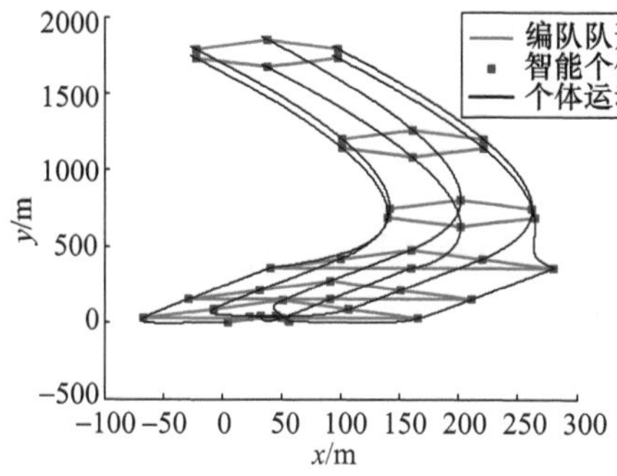

图 5－5　编队运动轨迹变化（见彩插）

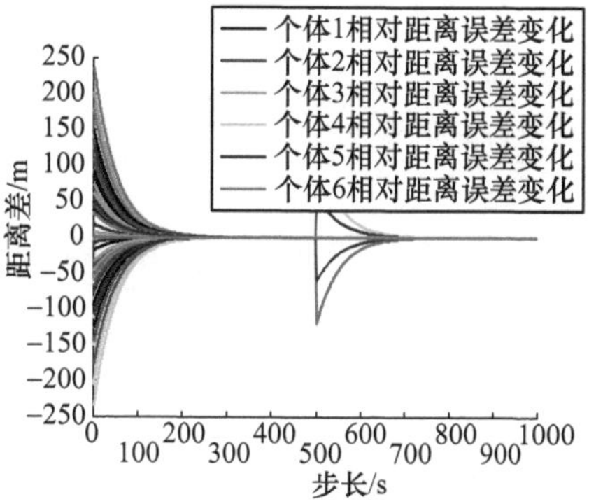

图 5－6　个体相对距离误差变化（见彩插）

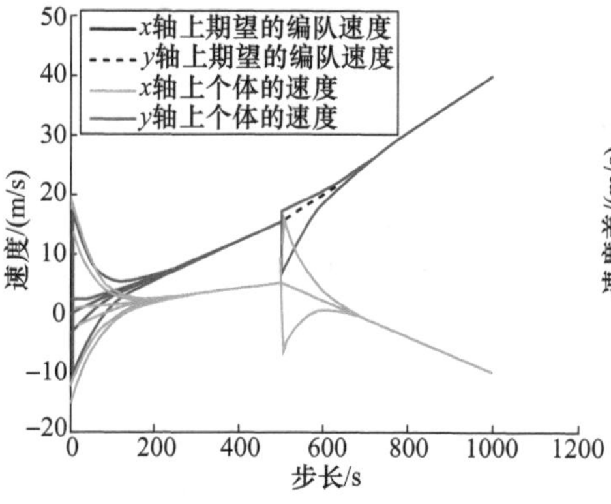

图 5－7　编队速度变化图（见彩插）

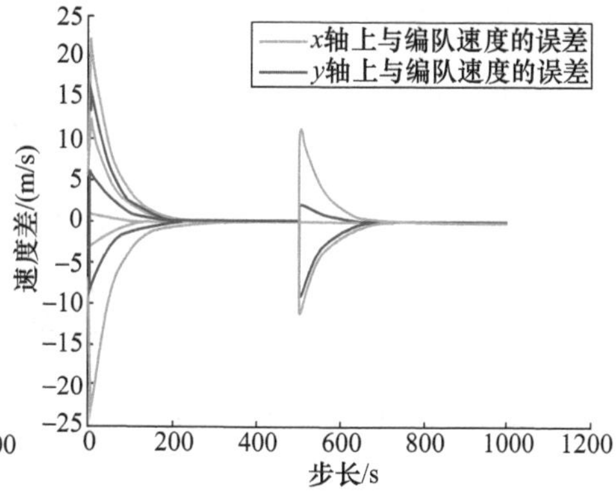

图 5－8　编队速度误差变化图（见彩插）

图5-5描述了无人飞行器的运动轨迹，从第18s开始，每隔15s绘制每个个体的位置和编队队形，从图中可以清晰地看到，群体能够形成并保持期望的编队队形；图5-6描述了个体间相对距离误差的变化，该图能够直接反映出编队队形的误差变化情况，从图中可以清晰地看出，编队队形误差逐渐收敛到零且编队队形的变化不影响系统最终的收敛性。

图5-7描述了无人飞行器的速度变化，从图中能够看出，无人飞行器的速度逐渐趋于一致，并最终收敛到期望的编队速度；当编队速度变化后，个体速度随即发生改变，并再次趋于一致，收敛到变化后的编队速度，该图说明了期望的编队速度能够形成并保持，编队速度的变化不影响速度趋于一致；图5-8描述了编队速度误差变化，该图能够直接反映出编队速度与个体速度的误差变化情况，从图中直观地看出，各个个体的速度与期望速度的差值均逐渐减小，编队速度的变化不会影响系统的收敛性，速度误差最终均收敛为零。

仿真结果表明，在本节设计的一致性协同编队控制律的作用下，群体编队能够形成并保持期望的编队队形和编队速度，并且编队的变换不影响编队系统的稳定性和收敛性。

5.4 基于分组的多无人飞行器复杂队形编队控制

随着编队中个体数量的增多，特别是期望的编队队形较为复杂时，编队向量的维数极具增大，信息拓扑结构变得非常复杂，导致编队计算量增大，即使编队能够形成，编队队形的调整也非常困难。针对大规模无人飞行器编队，特别是编队队形复杂时，本节提出了一种分层编队控制框架，设计了一种分组无线自组织网络通信结构，在初始网络连通的前提下，群体能够自主完成大规模复杂编队控制任务，其基本思想如下。

(1) 依据编队队形，人工确定领航者和跟随者的数量。

(2) 依据初始位置和网络状态，无人飞行器自主分组并确定领航者和跟随者。

(3) 领航者通过远程网络获取全局编队信息，形成基本队形。

(4) 跟随者自主避碰，在保证网络连通性的同时，形成局部队形。

(5) 所有的无人飞行器自主、分布式更新自身状态。

5.4.1 复杂队形描述

编队队形可以描述为二维（或三维）空间中的几何图形，可以看作一系列的点和直线的有机组合；根据点处于图形中的位置，可以将其划分为内点和外点两类;处于任意两个外点连线上的外点归为内点。按照一定的顺序(如逆时针)使用直线连接外点,能够界定图形在空间中的最小范围。每个无人飞行器的位置对应于空间中的一个点,如图 5-9 所示,与外点对应的无人飞行器称为领航者,与内点对应的无人飞行器称为跟随者。

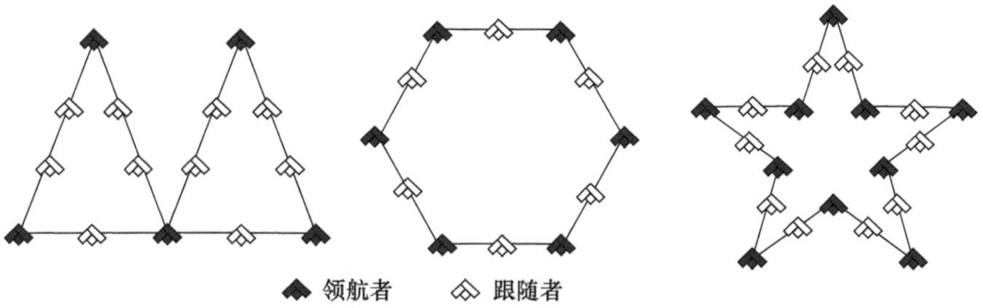

图 5-9 编队中的领航者和跟随者示例图

领航者确定的队形称为基本队形,以领航者为参考点,跟随者形成的队形称为局部队形(通常为直线,最多需要 3 个领航者可以唯一确定其在空间中的位置)。复杂队形均可以划分为基本队形和一系列的局部队形的特定组合。与前面相同,基本队形使用编队向量 $\boldsymbol{h}$ 表示,局部队形使用向量 $\boldsymbol{f}$ 表示,其中 $\boldsymbol{f}=(\boldsymbol{f}_1, \boldsymbol{f}_2, \cdots, \boldsymbol{f}_{nf})$, $\boldsymbol{f}_i, i=1,2,\cdots,nf$ 表示跟随者的空间位置向量。在二维(三维)空间内, $\boldsymbol{f}_i$ 均能够依据二(三)个领航者的空间位置确定,即 $\boldsymbol{f}_i = \sum_{j=1}^{m} g_i \boldsymbol{h}_j$, g_i 为由编队队形确定的系数。

5.4.2 分组编队控制框架

在 n 维欧氏空间中,每个无人飞行器具有唯一的标识号,装配相同的无线通信设备,包括远程通信设备和近程通信设备,编队框架如图 5-10 所示,依赖近程通信设备形成局域通信网络,用于无人飞行器间的信息交互。此外,领航者能够根据需要,自主开启远程通信能力,用于与控制中心交互信息。

控制中心根据任务需要,解算出最优的编队队形和编队速度,通过远程网络将编队信息发送给领航无人飞行器,领航者通过局域通信网将编队信息分发到所有无人飞行器;同时,汇总所有在网无人飞行器的状态信息,定时上传给控制中心;控制中心实时监控无人飞行器系统的编队状态,可以根据任务需要,随时下发指令,更改编队队形和编队速度。

局域通信网络的通信过程如图 5-11 所示,在预定的组网开始时刻或者根据控制中心下发的组网开始指令,局域通信网络开始启动,无人飞行器自主组建

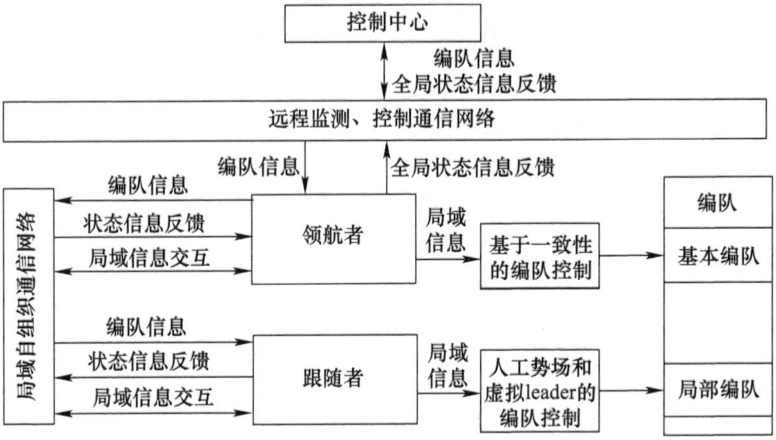

图 5-10　编队框架示意图

网络,进行自主分组,分组完成后,进入通信循环过程,直到满足局域网络结束条件时,关闭网络。

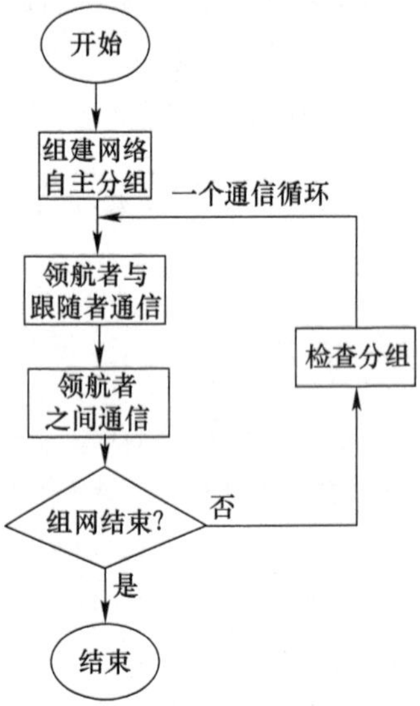

图 5-11　局域网络通信过程

假定网络在初始时刻局域网络是能够连通的,其通信过程如下。

(1) 在第一个通信周期内,通信协议使用固定分配时隙的时分多址媒体访问控制协议(TDMA),每个无人飞行器在自己的时隙内,广播自身的标识号和状态信息,完成无线自组织网络的组建(图 5-12)。

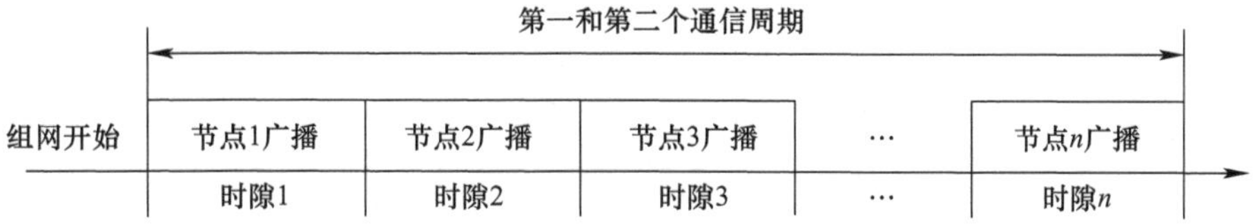

图 5-12　固定 TDMA 协议下第一个和第二个通信过程

(2) 在第二个通信周期内,使用固定分配的 TDMA 协议,无人飞行器依据基于边界位置的自主分组算法,自主完成分组任务。

(3) 在随后的通信周期内,如图 5-13 和图 5-14 所示,领航者与各自的跟随者之间的通信使用固定分配的 TDMA 协议,领航者之间的通信使用竞争的 TDMA 协议。

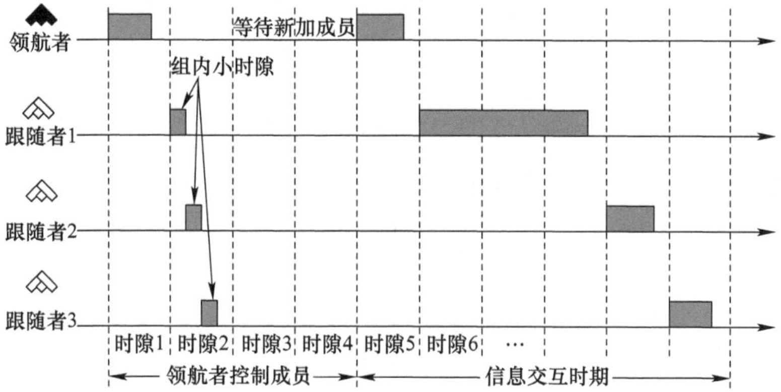

图 5-13　领航者与各自的跟随者通信过程

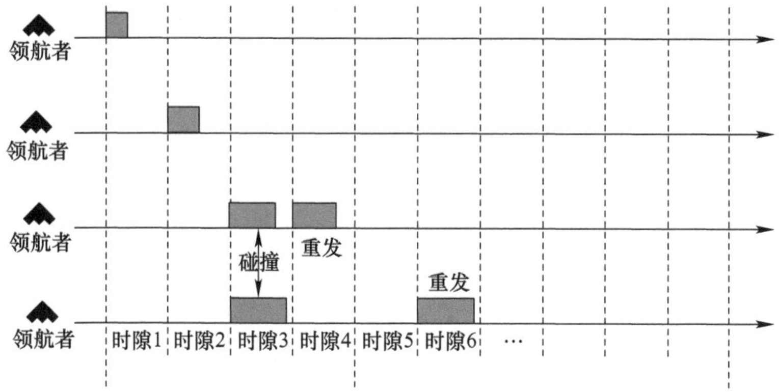

图 5-14　领航者之间通信过程

领航者与各自的跟随者通信时，领航者根据跟随者申报的数据量大小，估算其所需要的时间，形成时隙分配表，统一分配信道资源；领航者之间通信时，通过竞争获得通信信道的使用权，如果产生碰撞，则转入侦听，等待某个设定的随机时间后，再次发送。

5.4.3 基于边界位置的自主分组算法

为实现复杂编队队形，在5.4.1节中，无人飞行器分为领航者和跟随者，给出了确定领航者和跟随者数量的方法，本节结合自组织网络的特点，设计了基于边界位置的自主分组算法。

依据收到控制中心的网络组建指令或者依据事先设定的程序，在第一个通信周期内，无线网络启动；在第二个通信周期内，无人飞行器获取所有的状态信息，完成分组算法。本节依据个体的初始位置与编队中心的距离和角度关系，设计一种基于边界位置的自主分组算法，该算法在自组织网络连通的条件下，能够自主完成分组，不需要人工干预。

依据需要的编队队形，人工确定领航者的个数N_L，设计自主分组算法如下。

第1步：计算初始位置的中心 $\bar{\boldsymbol{x}}$。

$$\bar{\boldsymbol{x}} = \frac{1}{N}\sum_{i=1}^{N} \boldsymbol{x}_i \tag{5-7}$$

第2步：计算每个无人飞行器距离中心的距离 d_i 且排序（每个无人飞行器分布式计算），将距离从大到小排序，若距离相同，节点号小的排在前面，可知每个无人飞行器的计算结果是相同的。

$$d_i = \| \boldsymbol{x}_i - \bar{\boldsymbol{x}} \|_2 \tag{5-8}$$

第3步：序列中的第一个节点作为第一个领航者，记为 Leader_1，本地计算每个无人飞行器、中心点及 Leader_1 的夹角。

$$\theta_{iL1} = \arccos \frac{\| x_i - \bar{x} \|^2 + \| x_{L1} - \bar{x} \|^2 - \| x_{L1} - x_i \|^2}{2\| x_{L1} - x_i \| \, \| x_{L1} - \bar{x} \|} \tag{5-9}$$

第4步：计算 k_{iL1} 且排序（每个节点分布式计算），从大到小排序，若 k_{iL1} 相同，距离中心节点远的排在前面。

$$k_{iL1} = \frac{\pi\theta_{iL1}}{N_0} \tag{5-10}$$

第5步：剔除 $k_{iL1} > 1$ 的节点后形成新的序列，序列中的第一个节点作为第二个领航者，记为 Leader_2。

第 6 步：重复(3) ~ (5)直至搜索到第 N_l 个领航者。

第 7 步：剩余的节点为跟随者，选择距离其最近的领航者为其跟随对象。

5.4.4 基于分组的编队控制律

在有限空间内的，随着无人飞行器规模的扩大，无人飞行器间的碰撞概率急剧增大，设计的编队控制律必须能够避免无人飞行器之间的相互碰撞。

首先，设计无人飞行器的避碰控制律。如图 5 - 15 所示，假定无人飞行器的通信距离为 d，通信区域为圆形区域。以无人飞行器的几何中心为圆心，半径为 d_e 的圆形区域为安全区域，该半径需要根据具体情况人为设定。当两个无人飞行器的安全圆相交（即二者距离小于 $2d_e$）时，二者有碰撞危险，则很可能发生碰撞。

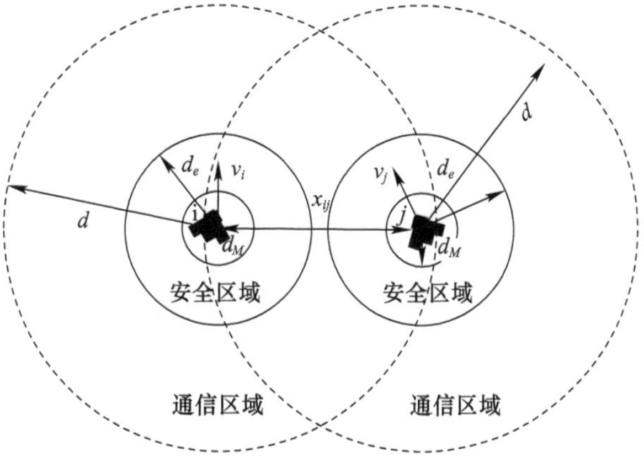

图 5 - 15 安全区域和通信区域

本节采用人工势场函数的方法，设计了无人飞行器的避碰控制律。当个体间的距离小于 $2d_e$，个体间存在较大的排斥力，并且排除力随着个体间相对距离的减小而急剧增大；当个体间的距离大于 $2d_e$ 时，个体间的碰撞危险极小，因此，个体间的排斥力趋近于零。

个体编队避碰控制器的作用是避免无人飞行器之间发生碰撞，处于无人飞行器通信范围之内的个体均存在碰撞的可能性，因此，基于人工势场函数设计的避碰控制器 $\boldsymbol{u}_1^p(t)$ 如下：

$$\boldsymbol{u}_i^p(t) = \frac{1}{N_i} \cdot \sum_{j \in N_i(t)} V_{ij}(\| x_{ij}(t) \|) \frac{x_{ij}(t)}{\| x_{ij}(t) \|} \tag{5-11}$$

$$\| \boldsymbol{x}_{ij}(t) \| = \| \boldsymbol{x}_i(t) - \boldsymbol{x}_j(t) \| \tag{5-12}$$

$$V_{ij}(\|x_{ij}(t)\|)=k_1\varphi(x_{ij}(t))+k_2\|x_{ij}(t)\|^{-1} \tag{5-13}$$

$$\varphi(x_{ij}(t))=\begin{cases}\log^2(0.5\|x_{ij}(t)\|d_e^{-1}), & \|x_{ij}(t)\|<2d_e\\ 0, & \|x_{ij}(t)\|\geqslant 2d_e\end{cases} \tag{5-14}$$

式中：$\boldsymbol{x}_{ij}(t)$是个体间的相对距离；$V_{ij}(\|x_{ij}(t)\|)$是基于个体相对距离的人工势场函数；k_1、k_2 是正定的控制系数；$\varphi(x_{ij}(t))$是分段函数。本节设计的一个人工势场函数 $V_{ij}(\|x_{ij}(t)\|)$，如图 5-16 所示。

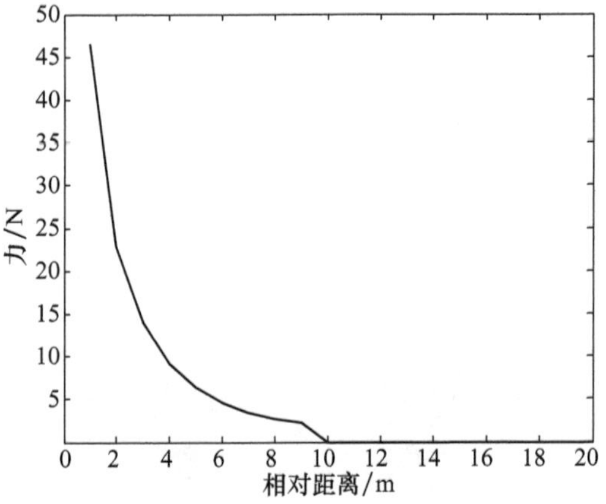

图 5-16　人工势场函数

图 5-16 对应的人工势场函数中，通信距离设定为 $d=20$，安全距离设定为 $d_e=5$，控制系数设定为 $k_1=5$，$k_2=2$。从图中能够看出，当无人飞行器间的距离小于 $2d_e=10$ 时，人工产生一个非常大的斥力，并且随着相对距离的减小，排斥力在急剧增大；相反，当个体间的距离大于 10 时，个体间存在碰撞的可能性非常小，此时，人工势场函数产生的排斥力为零，不起控制作用。

进一步，设计无人飞行器的编队控制律。为实现局部队形，定义的虚拟领航者如下。

定义 5.4　虚拟领航者的位置向量和速度向量分别为$\boldsymbol{x}_{iv}(t)$、$\boldsymbol{v}_{iv}(t)$，满足

$$\boldsymbol{x}_{iv}(t)=\sum_{j=1}^{m}g_i\,\boldsymbol{x}_{ijl}(t) \tag{5-15}$$

$$\boldsymbol{v}_{iv}(t)=\frac{1}{m}\sum_{j=1}^{m}\boldsymbol{v}_{ijl}(t) \tag{5-16}$$

式(5-15)和式(5-16)中，$m=2$ 或者 3，$\boldsymbol{x}_{ijl}(t)$、$\boldsymbol{v}_{ijl}(t)$是与无人飞行器 i 对应的领航者的位置向量和速度向量。

无人飞行器自主划分为领航者和跟随者两类之后，领航者用于实现基本队

形;同时,跟随者跟踪各自的虚拟领航者,形成局部队形,如果给定编队队形,领航者对应的编队向量 **h** 以及跟随者对应的编队向量 **f** 是可以确定的。可分别设计领航者和跟踪者的编队控制律。

(1) 领航者编队控制律设计。在 5.3 节研究成果的基础上,本节考虑到避碰问题,将领航者的编队控制律设计为

$$\boldsymbol{u}_i^L(t)=\boldsymbol{u}_i(t)+\boldsymbol{u}_i^p(t) \tag{5-17}$$

式中:$\boldsymbol{u}_i(t)$ 是 5.3 节中的编队控制律(式(5-2))。

(2) 跟随者编队控制律设计。在编队运动过程中,跟随者跟踪各自的虚拟领航者,实现局部队形,如图 5-17 所示。

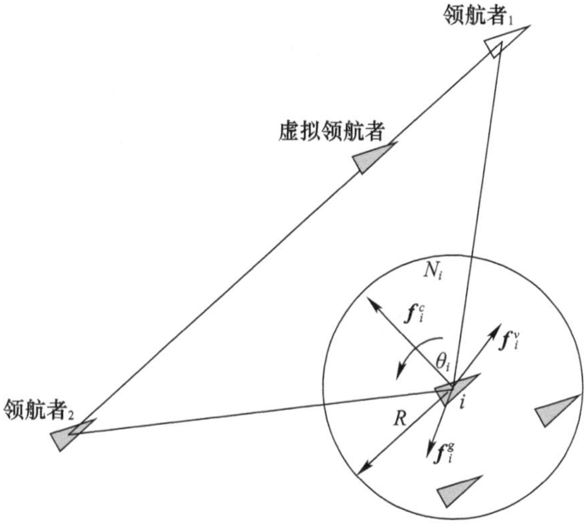

图 5-17 跟随者编队控制律设计

当跟随者距离其虚拟领航者较远时,控制任务是实现无人飞行器间的聚集和分离,同时保证网络的连通性;当跟随者距离其虚拟领航者较近时,控制任务是实现对虚拟领航者的跟踪。

因此,基于一致性控制算法和人工势场函数设计的领航者编队控制律 $\boldsymbol{u}_i^F(t)$ 如下:

$$\boldsymbol{u}_i^F(t)=\boldsymbol{f}_i^g(t)+\boldsymbol{f}_i^v(t)+\boldsymbol{f}_i^\theta(t) \tag{5-18}$$

$$\boldsymbol{f}_i^g(t)=\frac{1}{N_i}\sum_{j=1}^{N_i}\widehat{V}_{ij}(\|x_{ij}(t)\|)\frac{x_{ij}(t)}{\|x_{ij}(t)\|} \tag{5-19}$$

$$\widehat{V}_{ij}(\|x_{ij}(t)\|)=a\log^2\left(\frac{1}{d}\|x_{ij}(t)\|\right)+b\left(\frac{1}{d}\|x_{ij}(t)\|\right)^3 \tag{5-20}$$

$$\boldsymbol{f}_i^v(t) = -\lambda(\boldsymbol{v}_i(t) - \boldsymbol{v}_{iv}(t)) - \frac{1}{N_i}\sum_{j=1}^{N_i}(\boldsymbol{v}_i(t) - \boldsymbol{v}_j(t)) \quad (5-21)$$

$$\boldsymbol{f}_i^\theta(t) = \begin{cases} 0, & \|\boldsymbol{x}_i(t) - \boldsymbol{x}_{iv}(t)\| > d \\ \boldsymbol{u}_i^{Fc}(t) + \boldsymbol{u}_i^p(t) - \boldsymbol{f}_i^g(t) - \boldsymbol{f}_i^v(t), & \|\boldsymbol{x}_i(t) - \boldsymbol{x}_{iv}(t)\| \leqslant d \end{cases} \quad (5-22)$$

$$\boldsymbol{u}_i^{Fc}(t) = -(\boldsymbol{x}_i(t) - \boldsymbol{x}_{iv}(t)) - \eta(\boldsymbol{v}_i(t) - \boldsymbol{v}_{iv}(t)) - \frac{\rho}{N_i}\sum_{j=1}^{N_i}(\boldsymbol{v}_i(t) - \boldsymbol{v}_j(t)) \quad (5-23)$$

式中:$\boldsymbol{f}_i^g(t)$是基于人工势场函数的梯度项,用于实现无人飞行器间的聚集和分离,同时保证网络的连通性;$\boldsymbol{f}_i^v(t)$是基于一致性的跟随控制力,使无人飞行器实现速度一致;$\boldsymbol{f}_i^\theta(t)$是基于一致性的位置导航项,当无人飞行器与其虚拟领航者之间的距离小于通信距离时,$\boldsymbol{f}_i^\theta(t) = \boldsymbol{u}_i^{Fc}(t)$用于实现跟踪虚拟领航者;$\boldsymbol{u}_i^{Fc}(t)$是基于一致性的编队控制律;$\widehat{V}_{ij}(\|x_{ij}\|)$是设计的人工势场函数;$d$ 是无人飞行器的稳定通信距离;$\boldsymbol{x}_{iv}(t)$、$\boldsymbol{v}_{iv}(t)$是对应于无人飞行器 i 的虚拟领航者;a、b、ρ、η 是正定的控制系数。

综上所述,基于分组的编队控制律$\boldsymbol{u}_i^z(t)$可以表示为

$$\boldsymbol{u}_i^z(t) = \alpha_i \boldsymbol{u}_i^L(t) + (1-\alpha_i)\boldsymbol{u}_i^F(t) \quad (5-24)$$

如果无人飞行器是领航者,则 $\alpha_i = 1$,否则 $\alpha_i = 0$。

(3) 编队稳定性分析。避碰控制的目的是避免编队形成和保持过程中个体间的碰撞,因此,避碰不会对系统的稳定性造成影响,在本节设计的分组编队控制作用下,如果没有避碰控制时编队能够形成并保持,则存在避碰控制时编队依然能够形成并保持。以下分为两个步骤证明编队的稳定性。

第 1 步:领航者编队的稳定性。

假定期望队形中,领航者间的最小距离为 d_b,如果 $d_b > d_e$,则根据定理 5.2 和定理 5.3 推知,只要领航者间的网络是连通的,在控制律$\boldsymbol{u}_i^L(t)$的作用下,基本队形能够形成并保持。

第 2 步:跟随者编队的稳定性。

当跟随者与其虚拟领航者的距离大于稳定通信距离时,即$\|\boldsymbol{x}_i(t) - \boldsymbol{x}_{iv}(t)\| > d$ 时,跟随者的编队控制律为$\boldsymbol{u}_i^F(t) = \boldsymbol{f}_i^g(t) + \boldsymbol{f}_i^v(t)$,存在适当的参数 a、b、λ,使得个体在人工势场力$\boldsymbol{f}_i^g(t)$和跟随控制力$\boldsymbol{f}_i^v(t)$的作用下,满足$\|\boldsymbol{x}_i(t) - \boldsymbol{x}_{iv}(t)\| \to d$。

当跟随者与其虚拟领航者的距离小于稳定通信距离时,即$\|\boldsymbol{x}_i(t) - \boldsymbol{x}_{iv}(t)\| \leqslant d$ 时,跟随者的编队控制律为$\boldsymbol{u}_i^F(t) = \boldsymbol{u}_i^{Fc}(t) + \boldsymbol{u}_i^p(t)$。因此,仅需要证明在$\boldsymbol{u}_i^{Fc}(t)$

的作用下，跟随者编队系统是稳定的。

令 $\tilde{\boldsymbol{x}}_i(t)=\boldsymbol{x}_i(t)-\boldsymbol{x}_{ia}(t)$，$\tilde{\boldsymbol{v}}_i(t)=\boldsymbol{v}_i(t)-\boldsymbol{v}_{ia}(t)$，则有

$$\boldsymbol{v}_i(t)-\boldsymbol{v}_j(t)=\boldsymbol{v}_i(t)-\boldsymbol{v}_j(t)+\boldsymbol{v}_{ia}(t)-\boldsymbol{v}_{ja}(t) \tag{5-25}$$

因此，未考虑避碰的跟随者的编队控制律为

$$\tilde{\boldsymbol{u}}_i^{Fc}(t)=-\tilde{\boldsymbol{x}}_i(t)-\eta\tilde{\boldsymbol{v}}_i(t)-\frac{\rho}{N_i}\sum_{j=1}^{N_i}(\boldsymbol{v}_i(t)-\boldsymbol{v}_j(t)+\boldsymbol{v}_{ia}(t)-\boldsymbol{v}_{ja}(t)) \tag{5-26}$$

进一步，可得系统的编队控制律为

$$\tilde{\boldsymbol{u}}^{Fc}(t)=-\tilde{\boldsymbol{x}}(t)-\eta\tilde{\boldsymbol{v}}(t)-\rho(\bar{\boldsymbol{L}}\otimes\boldsymbol{I}_n)\tilde{\boldsymbol{v}}(t)+\rho(\bar{\boldsymbol{L}}\otimes\boldsymbol{I}_n)\boldsymbol{v}_a(t) \tag{5-27}$$

整理可得闭环系统的状态方程：

$$\dot{\tilde{\boldsymbol{\xi}}}(t)=\boldsymbol{D}\tilde{\boldsymbol{\xi}}(t)+\boldsymbol{F}(t) \tag{5-28}$$

$$\tilde{\boldsymbol{\xi}}(t)=\begin{bmatrix}\tilde{\boldsymbol{x}}_i(t)\\ \tilde{\boldsymbol{v}}_i(t)\end{bmatrix},\quad \boldsymbol{D}=\begin{bmatrix}\boldsymbol{0} & \boldsymbol{I}_{nN}\\ -\boldsymbol{I}_{nN} & -\rho(\bar{\boldsymbol{L}}\otimes\boldsymbol{I}_n)-\eta\boldsymbol{I}_{nN}\end{bmatrix},$$

$$\boldsymbol{F}(t)=\begin{bmatrix}\boldsymbol{0}\\ \rho(\bar{\boldsymbol{L}}\otimes\boldsymbol{I}_n)\boldsymbol{v}_a(t)\end{bmatrix}$$

定理 5.4 如果领航者编队是稳定的，则当通信拓扑结构为强连通且存在最小有向生成树时，跟随者编队是稳定的，编队队形能够形成并保持。

5.4.5 仿真结果分析

考虑 25 个个体在平面内运动的情况，假定无人飞行器的初始位置向量和速度向量随机分布在[0,100]×[0,100]和[0,1]×[0,1]范围内，期望的编队初始速度 $\boldsymbol{v}_d=[6,6]^{\mathrm{T}}$，编队加速度 $\dot{\boldsymbol{v}}_d=[0,0]^{\mathrm{T}}$；期望的编队队形如图 5-18 所示，每个个体间的相对距离相等，根据 5.4.1 节的分析可知，领航者的个数为 5 个，其构成的基本队形如图 5-19 所示；领航者的个数为 20 个，对应的局部队形有 5 个，均为直线。领航者对应的编队向量为$\boldsymbol{h}_3^{\mathrm{T}}$，设定如下：

$\boldsymbol{h}_3=[0,-30,-30,30,30,0,40,100,100,40,30,0,0,60,60,-40,0,60,60,0,30,0,0,60,60,-100,-60,0,0,-60,-30,-60,-60,0,0,-100,-60,0,0,-60,-30,-60,-60,0,0,-40,0,60,60,0]$

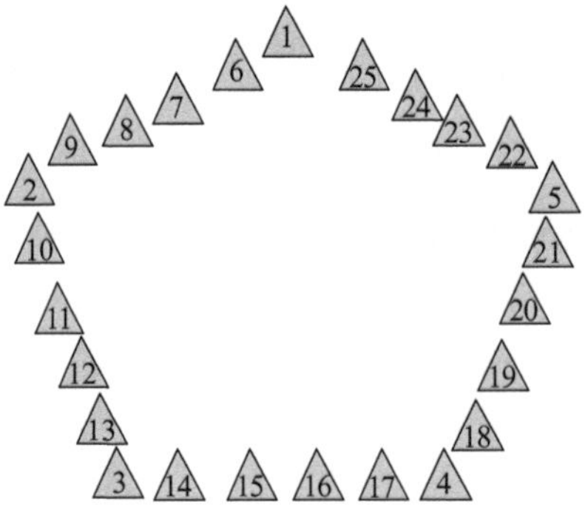

图 5－18　期望的编队队形

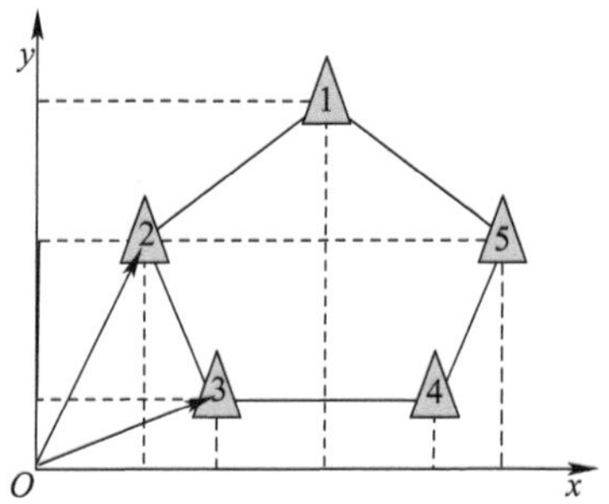

图 5－19　领航者确定的基本队形

领航者的通信权重系数 $w_{ij}=1$，控制参数 $\beta=5$，$\lambda=5$；跟随者的控制参数 $a=20$，$b=0.1$，$\rho=1$，$\eta=1$；通信距离为 $d=25$；安全距离为 $d_e=6$；避碰控制参数为 $k_1=5$，$k_2=2$。仿真时间为 60s，无人飞行器编队运动的仿真结果如图5－20～图 5－27 所示。

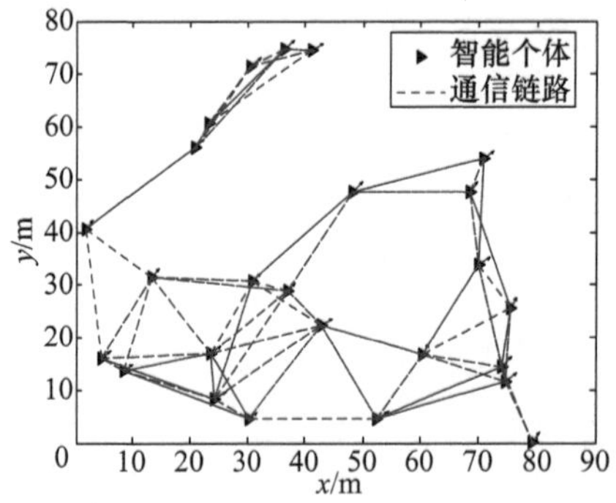

图 5－20　无人飞行器的初始状态

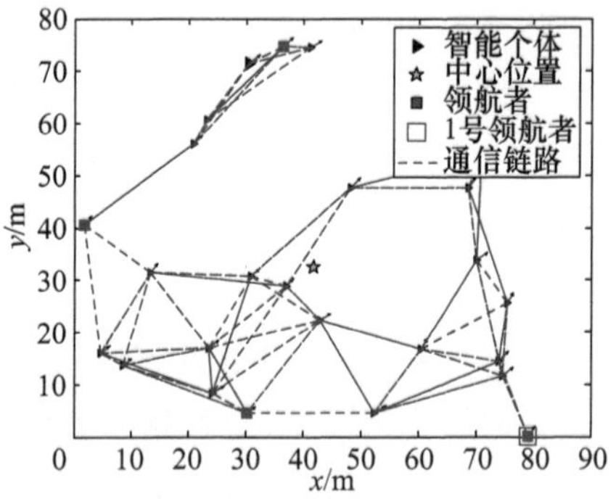

图 5－21　无人飞行器的分组结果

图 5－20 描述了无人飞行器的初始状态，图中个体间的连线表示通信连接关系，带箭头的线表示初始的速度向量；图 5－21 描述了无人飞行器的分组结果，实心方框是被选出的领航者，同时具有方形边框的领航者是第一个被选出的领航者。仿真结果表明，在网络连通状态下，领航者均匀分布在无人飞行器的边界位置，自主分组效果较好。

图 5－22 描述了仿真运行 10s 后无人飞行器的状态，方框表示领航者无人飞行器，三角表示跟随者无人飞行器，可以清晰地看出，网络处于连通状态，领航者正在形成基本队形，跟随者正在跟踪其领航者；图 5－23 描述了仿真运行 15s 后无人飞行器的状态，从图中可以清晰地看出，网络处于连通状态，领航者的基

本队形正在形成，跟随者基本跟踪上其领航者，局部队形基本形成。

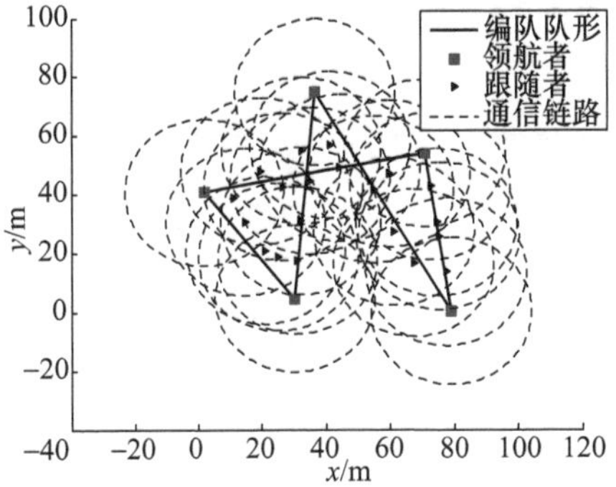

图 5－22　在第 10 秒时的无人飞行器状态

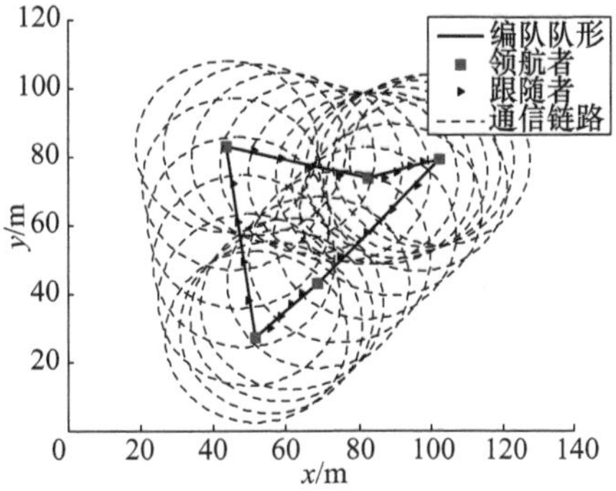

图 5－23　在第 15 秒时的无人飞行器状态

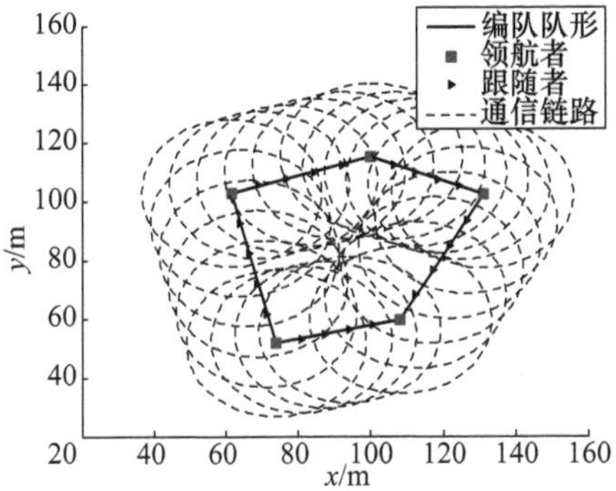

图 5－24　在第 20 秒时的无人飞行器状态

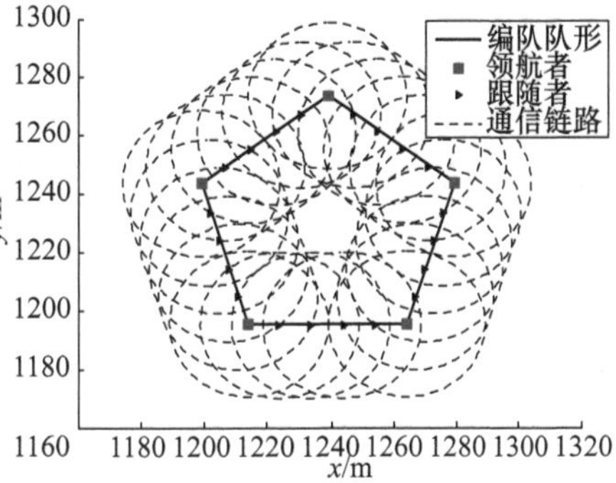

图 5－25　最终的无人飞行器状态

图 5－24 描述了仿真运行 20s 后无人飞行器的状态，从图中可以清晰地看出，网络处于连通状态，领航者渐渐形成基本队形，跟随者已经稳定跟踪其领航者，形成了局部队形，整个编队队形正在形成；图 5－25 描述了编队形成后的无人飞行器的状态，从图中可以清晰地看出，网络始终处于连通状态，无人飞行器间的相对位置不再变化，领航者已经形成基本队形，跟随者已经形成局部队形，编队已经形成。

图 5－26 描述了领航者无人飞行器的速度变化，可以看出，领航者的速度渐进达成一致，并收敛到期望的编队速度；图 5－27 描述了跟随者无人飞行器的速度变化，可以看出，跟随者的速度在初始时刻变化非常剧烈，但是很快趋于一致，最终稳定收敛到期望的编队速度。仿真结果说明，期望的编队速度能够形成并保持。

仿真结果证明了基于分组的大规模无人飞行器复杂编队控制律，能够在初始网络连通的前提下，形成并保持期望的编队队形和编队速度，实现大规模无人飞行器复杂队形编队任务。

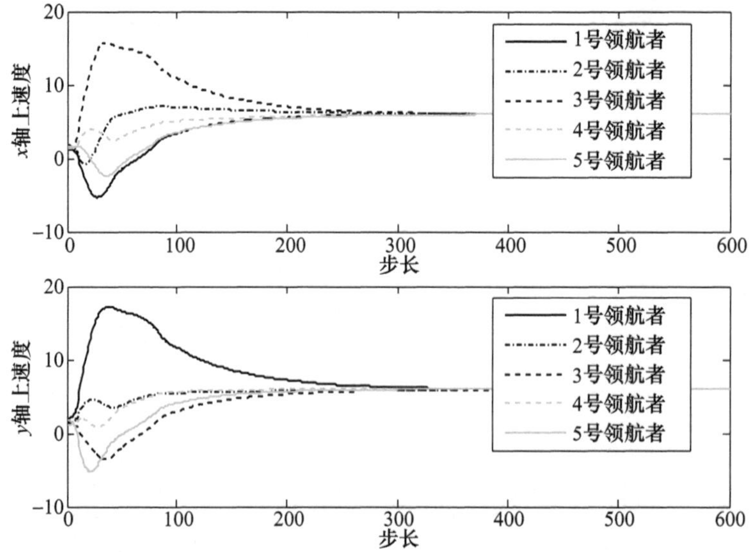

图 5-26　领航者无人飞行器的速度变化图(见彩插)

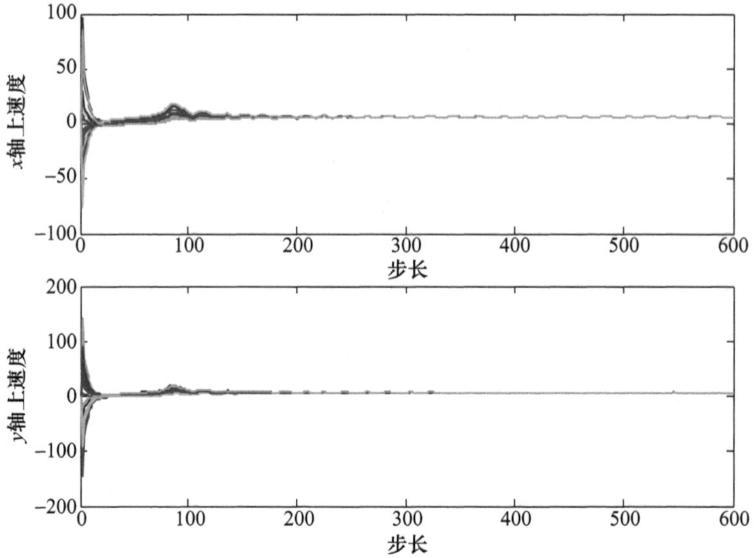

图 5-27　跟随者无人飞行器的速度变化图(见彩插)

第6章　均等时滞下多无人飞行器一致性协同编队控制

6.1 引　　言

时滞是造成系统不稳定的一个重要原因,由于通信带宽限制和环境干扰,无人飞行器间的通信时滞是不容忽视的,研究时滞对无人飞行器编队系统稳定性的影响,具有重要的现实意义。时滞一致性算法主要分为两种:一种是对称性算法,即无人飞行器检测自身信息和接收信息都有时滞;另一种是不对称性算法,即仅接收信息有时滞,在实际系统中,一般只有接收信息有时滞(或检测自身信息的时滞非常小),因此不对称性算法更加贴近实际。

本章研究具有均等时滞及个体模型不确定性的无人飞行器编队控制问题,推导具有不对称时滞的编队控制律,分析时滞编队系统的稳定性问题。首先,在恒定均等通信时滞下,基于 LMI 和 Lyapunov 泛函的方法,研究无模型不确定性的和具有模型不确定性的系统时滞依赖稳定性条件,并进行仿真分析;其次,在时变均等时滞下,基于改进的自由权矩阵的方法,研究无模型不确定性的系统稳定性条件,进一步,使用鲁棒的方法,获得具有模型不确定性的时变时滞编队稳定性条件;最后,进行仿真分析。

6.2 均等时滞下的一致性协同编队控制律

多无人飞行器中的每个个体装配相同的无线通信设备,依赖自载的无线通信设备,使用自组织网络技术形成局域无线通信网络,在 t 时刻,无人飞行器 j 从它的邻居 k 接收到的信息具有通信时滞,不妨记为 $\tau_{kj}(t)$,假定无人飞行器获取自身状态信息没有时滞,即 $\tau_{jj}(t)=0$。

假设 6.1　多无人飞行器系统内的通信时滞是均等的,记为 $\tau(t)$,即对任意的个体 j、k 均有等式 $\tau_{kj}(t)=\tau_{jk}(t)=\tau(t)$ 成立,令 $\tau(t)=\max(\tau_{kj}(t))$,$i$,$j=1,2,\cdots,N$。分别将时滞和时滞变化率记为 $\tau(t)$、$\dot{\tau}(t)$,假定存在正定的常数

τ、μ，使得等式 $0<\tau(t)\leqslant\tau$ 和 $\dot{\tau}(t)\leqslant\mu$ 均成立。

注 6.1 在系统的通信协议内引入时间队列机制，即在满足设定的时间约束后，个体统一进行信息更新，因此，均等通信时滞的假设是能够实现的。如果系统内的通信时滞 $\tau(t)=\tau>0$，$\mu=0$，则该时滞为恒定均等时滞；如果 $\tau>0$，$\mu>0$为常数，则该时滞为时变均等时滞。

考虑到均等通信时滞问题，以编队控制律（式(5-2)）为基础，具有均等时滞的个体一致性协同编队控制律为

$$\boldsymbol{u}_{id}(t)=\dot{\boldsymbol{v}}_d-\beta(\boldsymbol{v}_i(t)-\boldsymbol{v}_d)-\frac{\gamma}{N_i}\sum_{j=1}^{N}a_{ij}(\boldsymbol{v}_i(t)-\boldsymbol{v}_j(t-\tau(t)))$$
$$-\frac{1}{N_i}\sum_{j=1}^{N}a_{ij}((\boldsymbol{x}_i(t)-\boldsymbol{x}_j(t-\tau(t))-\boldsymbol{h}_{ij})) \tag{6-1}$$

式中：$\boldsymbol{x}_i(t)$、$\boldsymbol{v}_i(t)$分别为个体 i 的位置和速度向量；$\boldsymbol{x}_j(t-\tau(t))$、$\boldsymbol{v}_j(t-\tau(t))$分别为具有通信时滞 $\tau(t)$的个体 j 的位置和速度向量；$\boldsymbol{u}_{id}(t)$为个体 i 的控制向量；$\boldsymbol{v}_d\in R^n$，$\dot{\boldsymbol{v}}_d\in R^n$表示期望的编队速度和编队加速度；$a_{ij}\geqslant0$ 表示信息权重系数，当且仅当个体 i 与个体 j 之间无信息交互时，$a_{ij}=0$；$\beta>0$，$\gamma>0$ 且有界为控制参数；$\boldsymbol{h}_{ij}$是个体 i,j 的期望相对距离向量；N 为多无人飞行器个体的总数，N_i是个体 i 当前时刻邻居个数。

6.3 基于 LMI 的恒定均等时滞编队稳定性

本节基于 LMI 理论研究了恒定均等时滞条件下的编队系统稳定问题，考虑了无模型不确定性和具有模型不确定性两种情况。在无模型不确定性的情况下，定理 6.1 给出了编队系统的时滞依赖稳定性条件；在具有模型不确定性的情况下，定理 6.2 给出了编队系统的时滞依赖稳定性条件。

6.3.1 无模型不确定性的恒定均等时滞编队稳定性

定理 6.1 如果期望的编队向量 $\boldsymbol{h}$ 和编队速度$\boldsymbol{v}_d(t)$是精确已知的，控制参数$\beta>0$，$\gamma>0$ 是有界常量，在通信网络拓扑固定连通的情况下，如果存在两个对称矩阵$\boldsymbol{P}>0$，$\boldsymbol{Q}>0$，使得$\boldsymbol{\Gamma}_1<0$，则具有恒定均等时滞 $\tau(t)=\tau$ 的群体编队系统是稳定的，并且群体编队能够形成并保持，其中

$$\boldsymbol{\Gamma}_1=\begin{bmatrix}(\boldsymbol{A}+\boldsymbol{B})^{\mathrm{T}}\boldsymbol{P}+\boldsymbol{P}(\boldsymbol{A}+\boldsymbol{B})+2\tau(\boldsymbol{A}^{\mathrm{T}}\boldsymbol{Q}\boldsymbol{A}+\boldsymbol{B}^{\mathrm{T}}\boldsymbol{Q}\boldsymbol{B}) & \boldsymbol{P}\boldsymbol{B}\\ \boldsymbol{B}^{\mathrm{T}}\boldsymbol{P} & -\tau^{-1}\boldsymbol{Q}\end{bmatrix}$$

6.3.2 具有模型不确定性的恒定均等时滞编队稳定性

考虑到个体模型的不确定性，引入系统不确定性 $\Delta\boldsymbol{A}(t)$ 和 $\Delta\boldsymbol{B}(t)$，则具有系统不确定性的闭环系统方程为

$$\dot{\boldsymbol{\xi}}(t)=\tilde{\boldsymbol{A}}(t)\boldsymbol{\xi}(t)+\tilde{\boldsymbol{B}}(t)\boldsymbol{\xi}(t-\tau(t))+\boldsymbol{C}(t) \tag{6-2}$$

式中：$\tilde{\boldsymbol{A}}(t)=\boldsymbol{A}+\Delta\boldsymbol{A}(t)$、$\tilde{\boldsymbol{B}}(t)=\boldsymbol{B}+\Delta\boldsymbol{B}(t)$ 表示系统的系数矩阵；$\Delta\boldsymbol{A}(t)$、$\Delta\boldsymbol{B}(t)$ 表示系统模型的不确定性。

假定系统模型是范数有界的，则时变不确定项 $\Delta\boldsymbol{A}(t)$、$\Delta\boldsymbol{B}(t)$ 满足

$$\Delta\boldsymbol{A}(t)=\boldsymbol{D}\boldsymbol{F}(t)\boldsymbol{E}_a,\quad \Delta\boldsymbol{B}(t)=\boldsymbol{D}\boldsymbol{F}(t)\boldsymbol{E}_b \tag{6-3}$$

式中：$\boldsymbol{D}$、$\boldsymbol{E}_a$、$\boldsymbol{E}_b$ 是具有合适维数的实常数矩阵；$\boldsymbol{F}(t)$ 是具有合适维数的未知时变矩阵且对于任意的 t 满足 $\boldsymbol{F}^{\mathrm{T}}(t)\boldsymbol{F}(t)\leqslant\boldsymbol{I}$。

定理 6.2 如果期望的编队向量 $\boldsymbol{h}$ 和编队速度 $\boldsymbol{v}_d(t)$ 是精确已知的，控制参数 $\beta>0$，$\gamma>0$ 是有界常量，在通信网络拓扑固定连通的情况下，如果存在两个正定对称矩阵 $\boldsymbol{P}$、$\boldsymbol{Q}$ 以及标量 $\lambda>0$，$\varepsilon_1>0$，$\varepsilon_2>0$，使得 $\boldsymbol{\Gamma}_4<0$ 及 $\boldsymbol{M}_1>0$，$\boldsymbol{M}_2>0$ 均成立，则具有模型不确定性和恒定均等时滞的群体系统式(6-23)是稳定的，并且群体编队能够形成并保持，其中

$$\boldsymbol{\Gamma}_4=\begin{bmatrix}\boldsymbol{S} & \boldsymbol{PB} & \boldsymbol{D}^{\mathrm{T}}\boldsymbol{P}^{\mathrm{T}} & \boldsymbol{E}_a^{\mathrm{T}}+\boldsymbol{E}_b^{\mathrm{T}} & \boldsymbol{R}^{\mathrm{T}} & \boldsymbol{N}^{\mathrm{T}}\\ \boldsymbol{B}^{\mathrm{T}}\boldsymbol{P} & -\tau^{-1}\boldsymbol{Q} & \boldsymbol{0} & \boldsymbol{E}_b^{\mathrm{T}} & \boldsymbol{0} & \boldsymbol{0}\\ \boldsymbol{PD} & \boldsymbol{0} & -\lambda^{-1}\boldsymbol{I} & \boldsymbol{0} & \boldsymbol{0} & \boldsymbol{0}\\ \boldsymbol{E}_a+\boldsymbol{E}_b & \boldsymbol{E}_b & \boldsymbol{0} & -\lambda\boldsymbol{I} & \boldsymbol{0} & \boldsymbol{0}\\ \boldsymbol{R} & \boldsymbol{0} & \boldsymbol{0} & \boldsymbol{0} & -(2\tau)^{-1}\boldsymbol{M}_1 & \boldsymbol{0}\\ \boldsymbol{N} & \boldsymbol{0} & \boldsymbol{0} & \boldsymbol{0} & \boldsymbol{0} & -(2\tau)^{-1}\boldsymbol{M}_2\end{bmatrix}$$

$$\boldsymbol{S}=(\boldsymbol{A}+\boldsymbol{B})^{\mathrm{T}}\boldsymbol{P}+\boldsymbol{P}(\boldsymbol{A}+\boldsymbol{B})+2\tau(\boldsymbol{A}^{\mathrm{T}}\boldsymbol{QA}+\boldsymbol{B}^{\mathrm{T}}\boldsymbol{QB}+(\varepsilon_1+\varepsilon_2)\boldsymbol{D}\boldsymbol{D}^{\mathrm{T}})$$

$$\boldsymbol{R}=\boldsymbol{E}_a\boldsymbol{Q}\boldsymbol{A}^{\mathrm{T}},\quad \boldsymbol{N}=\boldsymbol{E}_b\boldsymbol{Q}\boldsymbol{B}^{\mathrm{T}},\quad \boldsymbol{M}_1=\varepsilon_1\boldsymbol{I}-\boldsymbol{E}_a\boldsymbol{Q}\boldsymbol{E}_a^{\mathrm{T}},\quad \boldsymbol{M}_2=\varepsilon_2\boldsymbol{I}-\boldsymbol{E}_b\boldsymbol{Q}\boldsymbol{E}_b^{\mathrm{T}}$$

6.3.3 仿真结果分析

为了验证本节的理论结果，在恒定均等时滞下，研究包含 6 个无人飞行器的群体系统在平面内编队运动的情况。个体的初始位置和速度向量随机分布在 $[0,100]\times[0,100]$ 和 $[0,5]\times[0,5]$ 的范围内，通信连接拓扑结构如图 6-1 所示，期望的编队向量是 $\boldsymbol{h}^{\mathrm{T}}$，初始的期望编队速度为 $\boldsymbol{v}=[8,10]^{\mathrm{T}}$，编队加速度 $\dot{\boldsymbol{v}}_d=[3,5]^{\mathrm{T}}$；控制参数 $\beta=5$，$\gamma=1$；仿真时间 40s，仿真步长 0.01s。

给定的具体编队向量$\boldsymbol{h}^{\mathrm{T}}$如下：

$\boldsymbol{h}=20[0,3,-3,3,0,-3,0,3,3,6,9,6,-3,0,-6,0,-3,-6,-3,0,0,3,6,3,3,6,0,6,3,0,-3,0,0,3,6,3,-3,0,-6,0,-3,-6,-6,-3,-3,0,3,0,0,3,-3,3,0,-3,-9,-6,-6,-3,0,-3,3,6,0,6,3,0,-6,-3,-3,0,3,0]$

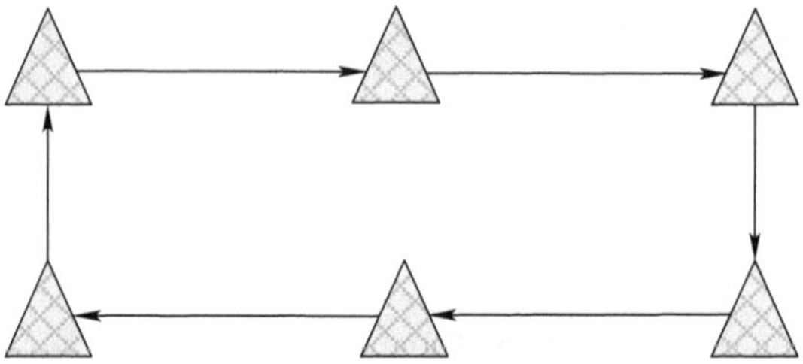

图 6-1　通信连接拓扑结构图

根据通信连接拓扑结构图 6-1，可得到编队系统的邻接矩阵$\boldsymbol{A}_{dj}$、度矩阵$\boldsymbol{D}$和归一化 Laplace 矩阵$\bar{\boldsymbol{L}}$，该通信拓扑强连通且具有最小生成树，即

$$\boldsymbol{A}_{dj}=\begin{bmatrix}0&1&0&0&0&0\\0&0&1&0&0&0\\0&0&0&1&0&0\\0&0&0&0&1&0\\0&0&0&0&0&1\\1&0&0&0&0&0\end{bmatrix},\quad \boldsymbol{D}=\begin{bmatrix}1&0&0&0&0&0\\0&1&0&0&0&0\\0&0&1&0&0&0\\0&0&0&1&0&0\\0&0&0&0&1&0\\0&0&0&0&0&1\end{bmatrix},$$

$$\bar{\boldsymbol{L}}=\begin{bmatrix}1&-1&0&0&0&0\\0&1&-1&0&0&0\\0&0&1&-1&0&0\\0&0&0&1&-1&0\\0&0&0&0&1&-1\\-1&0&0&0&0&1\end{bmatrix}$$

系统参数为$n=2$，$N=6$，依据式(6-5)可得闭环系统的系数矩阵：

$$\boldsymbol{A}=\begin{bmatrix}\boldsymbol{0}&\boldsymbol{I}_{12}\\-\boldsymbol{I}_{12}&-6\boldsymbol{I}_{12}\end{bmatrix},\quad \boldsymbol{B}=\begin{bmatrix}\boldsymbol{0}&\boldsymbol{0}\\\boldsymbol{B}_1&\boldsymbol{B}_2\end{bmatrix},\quad \boldsymbol{B}_1=\begin{bmatrix}\boldsymbol{0}&\boldsymbol{I}_{10}\\\boldsymbol{I}_2&\boldsymbol{0}\end{bmatrix}$$

(1) 恒定均等通信时滞下的群体编队仿真实验。

在给定的条件下，设定恒定均等时滞$\tau=0.36$。根据定理 6.1，使用 MATLAB 的 LMI 工具箱求解线性矩阵不等式，存在可行解。群体编队运动的仿真结果如图 6-2～图 6-5 所示。

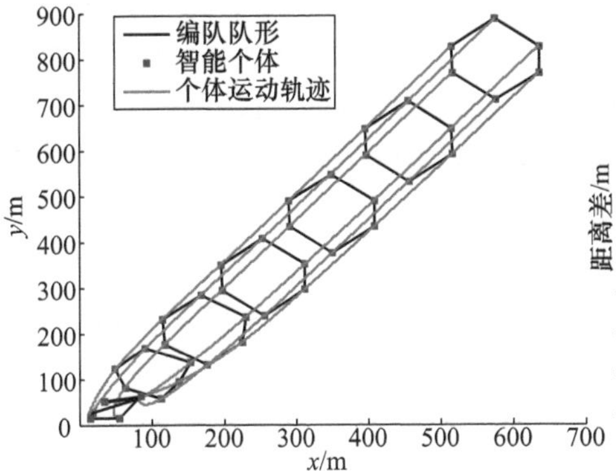

图 6-2　无人飞行器运动轨迹(见彩插)

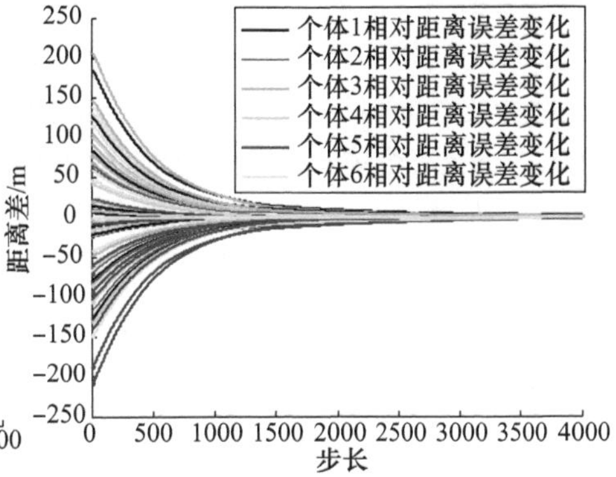

图 6-3　个体相对距离误差变化(见彩插)

图 6-2 为多无人飞行器的编队运动轨迹,从图中清晰地看出,期望的编队队形能够形成并且保持;图 6-3 中描述了每个个体和所有个体的实际相对距离与期望相对距离的误差变化,期望的相对距离与编队队形一一对应,图中共有 72 条曲线,从图中可以看出,误差在逐渐减少,并收敛到零。仿真结果说明,多无人飞行器能够形成并保持期望的编队队形。

图 6-4 描述了所有无人飞行器的速度变化和期望的编队速度变化,从图中看出,所有个体的速度渐进趋于一致,但是由于通信时滞的存在,滞后于期望的编队速度;进一步,图 6-5 中更直接地描述了个体速度与期望速度的误差变化情况,图中共有 12 条曲线,从图中可以看出,所有的个体速度与期望编队速度的偏差渐进收敛到相同的负值。

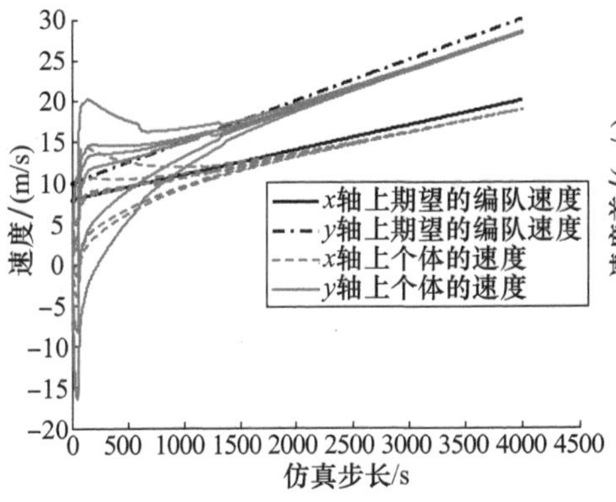

图 6-4　无人飞行器速度变化(见彩插)

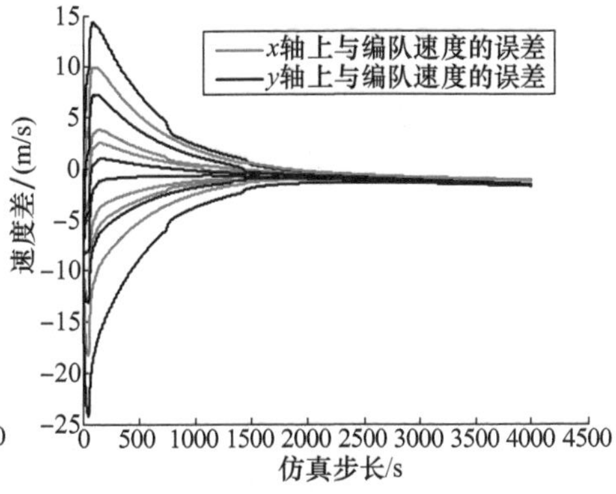

图 6-5　个体速度误差变化(见彩插)

仿真结果说明，个体速度能够达成一致，但是由于存在时滞，实际的编队速度滞后于期望的编队速度。仿真结果表明，在编队控制律的作用下，当系统满足定理的要求时，具有恒定均等时滞的群体编队系统是稳定的，群体能够形成期望的编队队形，个体速度能够达成一致并基本达到期望的编队速度，群体编队能够形成并保持。

(2) 恒定均等通信时滞和具有模型确定性的群体编队仿真实验。

在保证仿真设置不变的情况下，进一步，在系统中引入个体模型不确定性，设定$\boldsymbol{E}_a=0.8\boldsymbol{I},\boldsymbol{E}_b=0.8\boldsymbol{I},\boldsymbol{D}=\boldsymbol{I}_{12}\otimes\begin{bmatrix}1.2 & \\ & 1.2\end{bmatrix},\boldsymbol{F}(t)=\boldsymbol{I}_{12}\otimes\begin{bmatrix}\sin\alpha & \\ & \cos\alpha\end{bmatrix}$，$\alpha$ 在区间$[0,2\pi]$内随机分布。

在给定的条件下，根据定理 6.2，使用 MATLAB 的 LMI 工具箱求解线性矩阵不等式，存在可行解。多无人飞行器编队运动的仿真结果如图 6-6 ~ 图 6-9 所示。

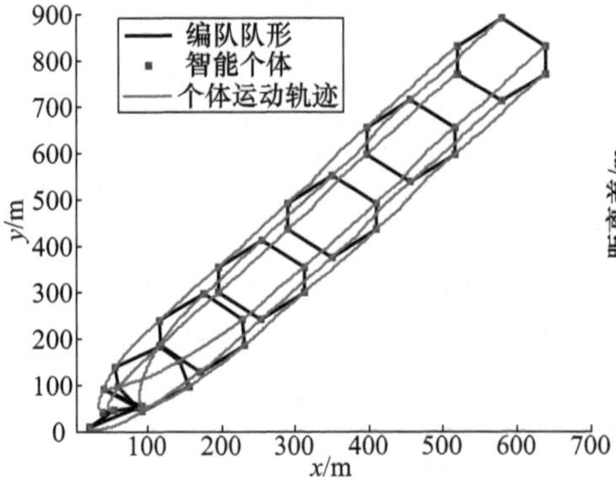

图 6-6 具有不确定性的多无人飞行器运动轨迹(见彩插)

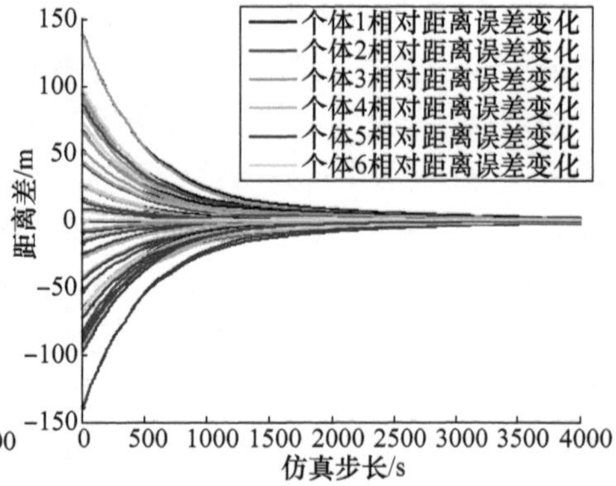

图 6-7 具有不确定性的个体相对距离误差变化(见彩插)

图 6-6 描述了具有模型不确定性的多无人飞行器的编队运动轨迹，从图中看出，期望的编队队形能够形成并保持，与图 6-2 对比发现，个体的运动轨迹具有较小的扰动；图 6-7 描述了具有不确定性的个体相对距离误差变化，图中共有 72 条曲线，从图中可以看出，所有的编队队形误差逐渐减少，并且收敛到零。仿真结果说明，期望的编队队形最终能够形成。

图 6-8 描述了具有不确定性的个体速度变化情况，从图中可以看出，所有个体的速度最终能够趋于一致，但是最终一致的速度具有较小的扰动，并且滞后于与期望的编队速度；图 6-9 描述了个体速度与期望编队速度的误差变化情况，图中共有 12 条曲线，从图中可以看出，个体速度与期望编队速度的偏差渐进收敛到相同的负值，该负值具有较小的扰动。

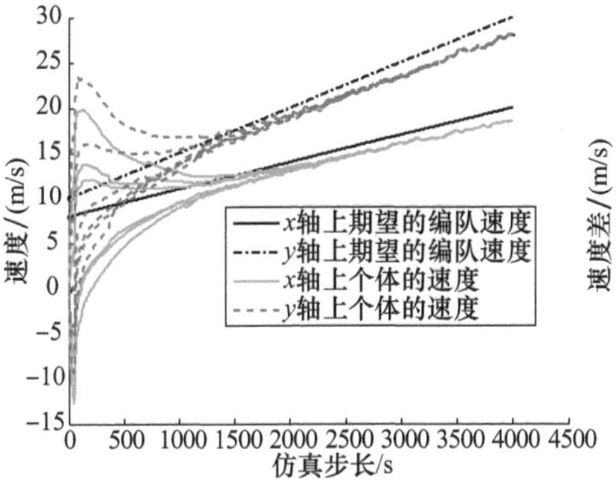

图 6-8　具有不确定性的个体速度变化(见彩插)

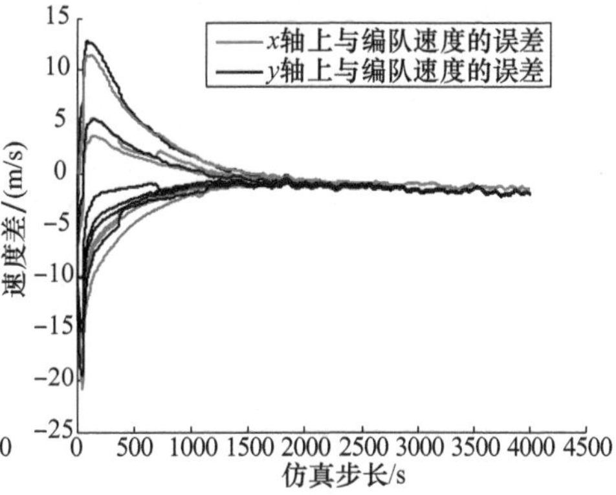

图 6-9　具有不确定性的个体速度误差变化(见彩插)

仿真结果说明,受到模型不确定性和时滞的影响,个体速度能够达成一致,具有较小的扰动且滞后于期望的编队速度。仿真结果表明,群体系统内存在恒定均等时滞和个体模型不确定性时,在所设计的编队控制律的作用下,当系统满足定理的要求时,编队系统是稳定的,期望的编队队形能够形成并保持,由于每个个体模型具有的不确定性是相同的,其对个体速度的影响是相同的,虽然与期望的编队速度具有较小差异,但是,个体速度最终能够形成并保持一致,群体编队能够形成并保持。

6.4　基于自由权矩阵的时变时滞编队稳定性

多无人飞行器系统中的通信时滞往往是随时间变化的,为更加贴近实际系统,本节研究了时变均等时滞条件下的编队系统稳定问题,同样考虑到了无模型不确定性和具有模型不确定性两种情况。本节基于改进的自由权矩阵方法,降低了系统的保守性,在无模型不确定性的情况下,定理 6.3 给出了编队系统的时滞依赖稳定性条件;在具有模型不确定性的情况下,定理 6.4 给出了的编队系统的时滞依赖稳定性条件。

6.4.1　无模型不确定性的时变时滞编队稳定性

定理 6.3　如果期望的编队向量 $\boldsymbol{h}$ 和编队速度 $\boldsymbol{v}_d(t)$ 是精确已知的,控制参数 $\beta>0,\gamma>0$ 是有界常量,在通信网络拓扑固定连通的情况下,若对于给定的标量 τ、μ,存在正定对称矩阵 $\boldsymbol{P}$、$\boldsymbol{Q}$、$\boldsymbol{R}$、$\boldsymbol{Z}_1$、$\boldsymbol{Z}_2$ 以及任意合适维数的矩阵 $\boldsymbol{N}_1$、$\boldsymbol{N}_2$、$\boldsymbol{N}_3$、

S_1、S_2、S_3、M_1、M_2、M_3，使得$\boldsymbol{\Gamma}_5=\boldsymbol{\Gamma}_5^{\mathrm{T}}<0$，则具有时变均等时滞的多无人飞行器系统是稳定的，群体编队能够形成并保持，其中

$$\boldsymbol{\Gamma}_5=\begin{bmatrix} \boldsymbol{\Phi}_{11} & \boldsymbol{\Phi}_{12} & \boldsymbol{\Phi}_{13} & \boldsymbol{N}_1 & \boldsymbol{S}_1 & \boldsymbol{M}_1 & \tau \boldsymbol{A}^{\mathrm{T}}(\boldsymbol{Z}_1+\boldsymbol{Z}_2) \\ * & \boldsymbol{\Phi}_{22} & \boldsymbol{\Phi}_{23} & \boldsymbol{N}_2 & \boldsymbol{S}_2 & \boldsymbol{M}_2 & \tau \boldsymbol{B}^{\mathrm{T}}(\boldsymbol{Z}_1+\boldsymbol{Z}_2) \\ * & * & \boldsymbol{\Phi}_{33} & \boldsymbol{N}_3 & \boldsymbol{S}_3 & \boldsymbol{M}_3 & \boldsymbol{0} \\ * & * & * & -\boldsymbol{Z}_1 & \boldsymbol{0} & \boldsymbol{0} & \boldsymbol{0} \\ * & * & * & * & -\boldsymbol{Z}_1 & \boldsymbol{0} & \boldsymbol{0} \\ * & * & * & * & * & -\boldsymbol{Z}_2 & \boldsymbol{0} \\ * & * & * & * & * & * & -(\boldsymbol{Z}_1+\boldsymbol{Z}_2) \end{bmatrix} \tag{6-4}$$

$$\boldsymbol{\Phi}_{11}=\boldsymbol{A}^{\mathrm{T}}\boldsymbol{P}+\boldsymbol{PA}+\boldsymbol{Q}+\boldsymbol{R}+\boldsymbol{Z}_1+\boldsymbol{Z}_2,\quad \boldsymbol{\Phi}_{22}=-(1-\mu)\boldsymbol{Q}+2\boldsymbol{Z}_1$$

$$\boldsymbol{\Phi}_{33}=\boldsymbol{Z}_1+\boldsymbol{Z}_2-\boldsymbol{R},\quad \boldsymbol{\Phi}_{12}=\boldsymbol{\Phi}_{21}^{\mathrm{T}}=\boldsymbol{PB}-\boldsymbol{Z}_1$$

$$\boldsymbol{\Phi}_{13}=\boldsymbol{\Phi}_{31}^{\mathrm{T}}=-\boldsymbol{Z}_2,\quad \boldsymbol{\Phi}_{23}=\boldsymbol{\Phi}_{32}^{\mathrm{T}}=-\boldsymbol{Z}_1$$

6.4.2 具有模型不确定性的时变时滞编队稳定性

定理 6.4 如果期望的编队向量 $\boldsymbol{h}$ 和编队速度$\boldsymbol{v}_d(t)$是精确已知的，控制参数$\beta>0,\gamma>0$是有界常量，在通信网络拓扑固定连通的情况下，若对于给定的标量 τ、μ，存在正定对称矩阵 $\boldsymbol{P}$、$\boldsymbol{Q}$、$\boldsymbol{R}$、$\boldsymbol{Z}_1$、$\boldsymbol{Z}_2$ 以及任意合适维数的矩阵$\boldsymbol{N}_1$、$\boldsymbol{N}_2$、$\boldsymbol{N}_3$、$\boldsymbol{S}_1$、$\boldsymbol{S}_2$，$\boldsymbol{S}_3$、$\boldsymbol{M}_1$、$\boldsymbol{M}_2$、$\boldsymbol{M}_3$，使得$\boldsymbol{\Gamma}_6=\boldsymbol{\Gamma}_6^{\mathrm{T}}<0$ 成立，则具有不确定性的和时变均等时滞的编队系统是稳定的，编队能够形成并保持，其中

$$\boldsymbol{\Gamma}_6=\begin{bmatrix} \boldsymbol{Y}_1 & \boldsymbol{Y}_2 & \boldsymbol{\Phi}_{13} & \boldsymbol{N}_1 & \boldsymbol{S}_1 & \boldsymbol{M}_1 & \tau \boldsymbol{A}^{\mathrm{T}}(\boldsymbol{Z}_1+\boldsymbol{Z}_2) & \boldsymbol{PD} \\ * & \boldsymbol{Y}_3 & \boldsymbol{\Phi}_{23} & \boldsymbol{N}_2 & \boldsymbol{S}_2 & \boldsymbol{M}_2 & \tau \boldsymbol{B}^{\mathrm{T}}(\boldsymbol{Z}_1+\boldsymbol{Z}_2) & \boldsymbol{0} \\ * & * & \boldsymbol{\Phi}_{33} & \boldsymbol{N}_3 & \boldsymbol{S}_3 & \boldsymbol{M}_3 & \boldsymbol{0} & \boldsymbol{0} \\ * & * & * & -\boldsymbol{Z}_1 & \boldsymbol{0} & \boldsymbol{0} & \boldsymbol{0} & \boldsymbol{0} \\ * & * & * & * & -\boldsymbol{Z}_1 & \boldsymbol{0} & \boldsymbol{0} & \boldsymbol{0} \\ * & * & * & * & * & -\boldsymbol{Z}_2 & \boldsymbol{0} & \boldsymbol{0} \\ * & * & * & * & * & * & -(\boldsymbol{Z}_1+\boldsymbol{Z}_2) & \tau(\boldsymbol{Z}_1+\boldsymbol{Z}_2)^{\mathrm{T}}\boldsymbol{PD} \\ * & * & * & * & * & * & * & -\lambda \boldsymbol{I} \end{bmatrix}$$

(6-5)

$$\boldsymbol{Y}_1 = \boldsymbol{\Phi}_{11} + \boldsymbol{E}_a^{\mathrm{T}} \boldsymbol{E}_a$$
$$\boldsymbol{Y}_2 = \boldsymbol{\Phi}_{12} + \boldsymbol{E}_a^{\mathrm{T}} \boldsymbol{E}_b$$
$$\boldsymbol{Y}_3 = \boldsymbol{\Phi}_{22} + \boldsymbol{E}_b^{\mathrm{T}} \boldsymbol{E}_b$$

6.4.3 仿真结果分析

为了验证本节的理论结果，在时变均等时滞下，研究包含3个个体的多无人飞行器系统在平面内编队运动的情况。每个无人飞行器动态方程均为二阶模型。个体的初始位置随机分布在$[0,60] \times [0,60]$的范围内，初始速度向量均为$\boldsymbol{0}$；通信连接拓扑结构如图6-10所示，期望的编队向量是$\boldsymbol{h}^{\mathrm{T}}$，期望的初始编队速度为$\boldsymbol{v} = [6,6]^{\mathrm{T}}$，编队加速度$\dot{\boldsymbol{v}}_d = [1,2]^{\mathrm{T}}$；控制参数$\beta = 5, \gamma = 1$；仿真时间40s，仿真步长0.1s。给定的具体编队向量$\boldsymbol{h}^{\mathrm{T}}$为$\boldsymbol{h} = [0, -100, 100, 0, 100, 100, 100, 0, 200, -100, 0, 0, -100, -200, 0, -100, 0, 0]$。

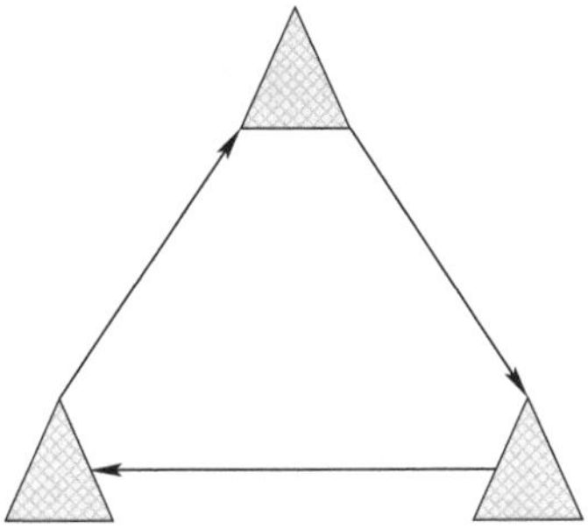

图6-10　通信拓扑结构图

根据通信拓扑结构图6-10，可以得到编队系统的邻接矩阵、度矩阵和归一化Laplace矩阵为

$$\boldsymbol{A}_{dj} = \begin{bmatrix} 0 & 1 & 0 \\ 0 & 0 & 1 \\ 1 & 0 & 0 \end{bmatrix}, \quad \boldsymbol{D} = \begin{bmatrix} 1 & 0 & 0 \\ 0 & 1 & 0 \\ 0 & 0 & 1 \end{bmatrix}, \quad \bar{\boldsymbol{L}} = \begin{bmatrix} 1 & -1 & 0 \\ 0 & 1 & -1 \\ -1 & 0 & 1 \end{bmatrix}$$

系统参数为$n=2, N=3$，系统的系数矩阵为

$$\boldsymbol{A} = \begin{bmatrix} \boldsymbol{0} & \boldsymbol{I}_6 \\ -\boldsymbol{I}_6 & -6\boldsymbol{I}_6 \end{bmatrix}, \quad \boldsymbol{B} = \begin{bmatrix} \boldsymbol{0} & \boldsymbol{I}_6 \\ \boldsymbol{B}_1 & \boldsymbol{B}_1 \end{bmatrix}, \quad \boldsymbol{B}_1 = \begin{bmatrix} \boldsymbol{0} & \boldsymbol{I}_4 \\ \boldsymbol{I}_2 & \boldsymbol{0} \end{bmatrix}$$

(1) 时变均等通信时滞下的群体编队仿真实验。

在给定的条件下，设定时滞为$0.5+0.5\cos t$，根据定理6.3，使用MATLAB的LMI工具箱求解线性矩阵不等式，存在可行解。多无人飞行器编队运动的仿真结果如图6-11～图6-14所示。

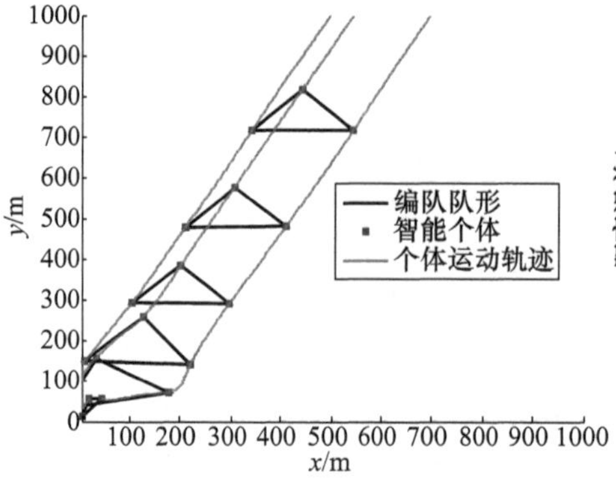

图 6－11　多无人飞行器运动轨迹(见彩插)

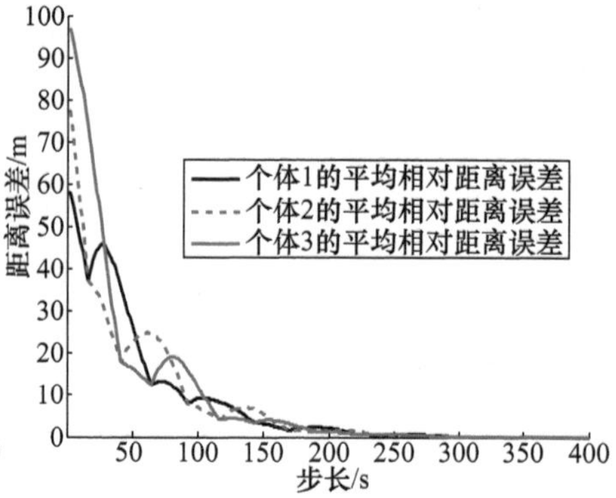

图 6－12　个体的平均相对距离误差(见彩插)

图 6－11 描述了多无人飞行器的编队运动轨迹,从图中可以清晰地看出,期望的编队队形能够形成并且保持;图 6－12 描述了每个个体与其他所有个体平均相对距离误差的变化,从图中可以看到,每个无人飞行器的相对距离误差均收敛到零,说明精确的编队队形能够形成并且保持。

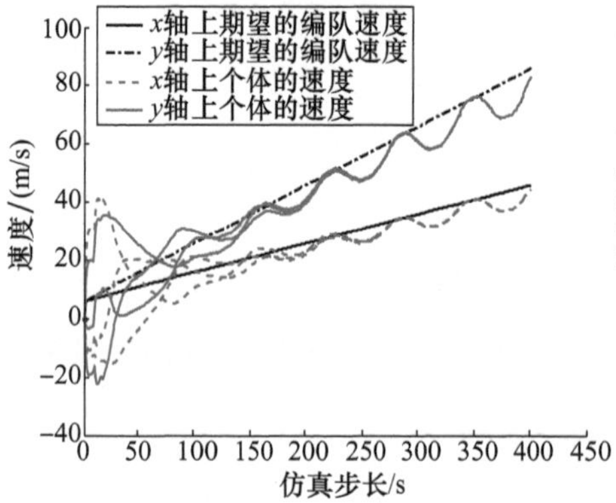

图 6－13　无人飞行器速度变化(见彩插)

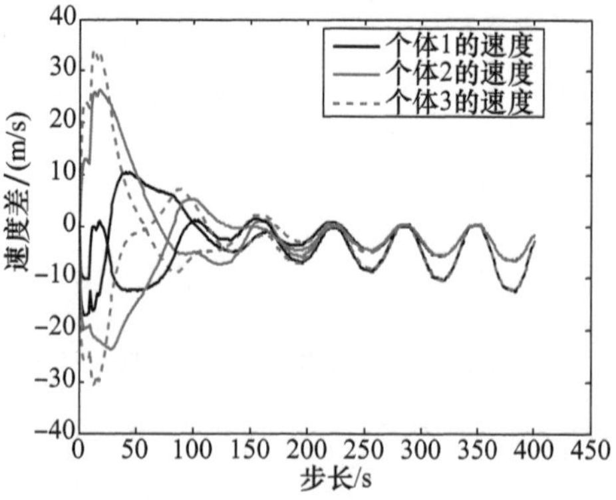

图 6－14　个体速度误差变化(见彩插)

图 6－13 描述了所有个体速度的变化和期望编队速度的变化,从图中能够明显地看出,所有个体的速度能够达成一致,但是由于时变均等时滞的存在,滞后于期望的编队速度,并且滞后特性与时滞的周期性变化相吻合;图 6－14 描述了所有个体的速度与期望速度偏差的变化,图中共有 6 条曲线,可以看出,所有的个体速度与期望的编队速度偏差达成一致,并且收敛到负值,该值在零值以下变化,呈现出与时变时滞同类型的变化特性。结合图 6－13 和图 6－14 可知,时

变时滞对个体速度的最终收敛值具有较大影响，但是不影响系统的收敛特性，即所有的个体速度能够达成一致。

仿真结果表明，在编队控制律的作用下，当系统满足定理的要求时，具有时变均等时滞的群体编队系统是稳定的，群体能够形成期望的编队队形，个体速度能够达成一致，群体编队能够形成并保持。

（2）时变均等通信时滞和具有模型确定性的群体编队仿真实验。

在时滞为 $0.5+0.5\cos t$ 的情况下，在系统中引入不确定性，设定 $\boldsymbol{E}_a=2\boldsymbol{I}$，$\boldsymbol{E}_b=2\boldsymbol{I}$，$\boldsymbol{D}=\boldsymbol{I}_{12}\otimes\begin{bmatrix}0.8 & \\ & 0.8\end{bmatrix}$，$\boldsymbol{F}(t)=\boldsymbol{I}_{12}\otimes\begin{bmatrix}\sin\alpha & \\ & \cos\alpha\end{bmatrix}$，$\alpha$ 在区间 $[0,2\pi]$ 内随机分布。根据定理 6.4，使用 MATLAB 的 LMI 工具箱求解线性矩阵不等式，存在可行解。多无人飞行器编队运动的仿真结果如图 6－15～图 6－18 所示。

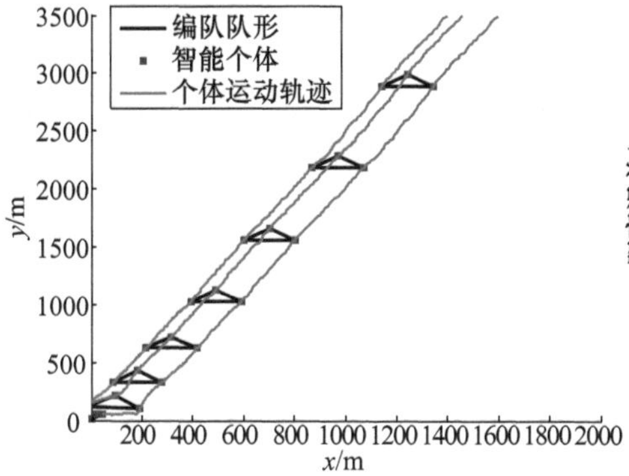

图 6－15　有不确定性的多无人飞行器运动轨迹（见彩插）

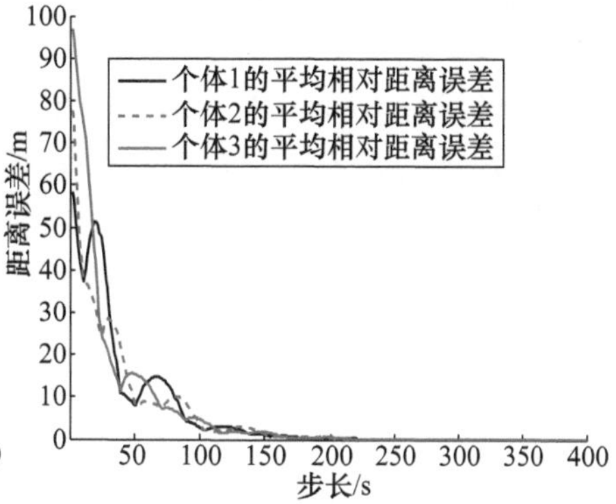

图 6－16　有不确定性的个体的平均相对距离误差（见彩插）

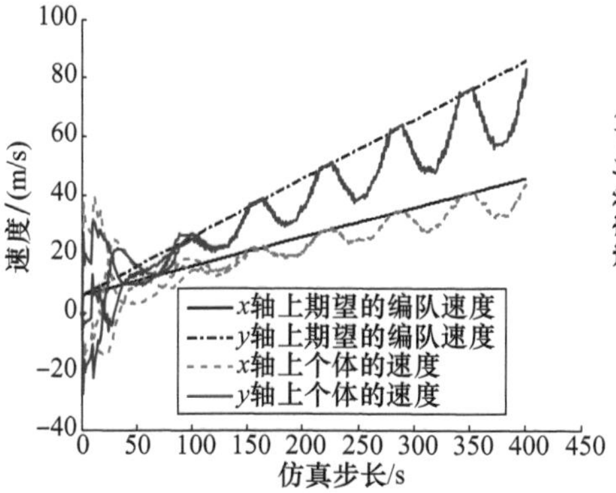

图 6－17　有不确定性的无人飞行器速度变化（见彩插）

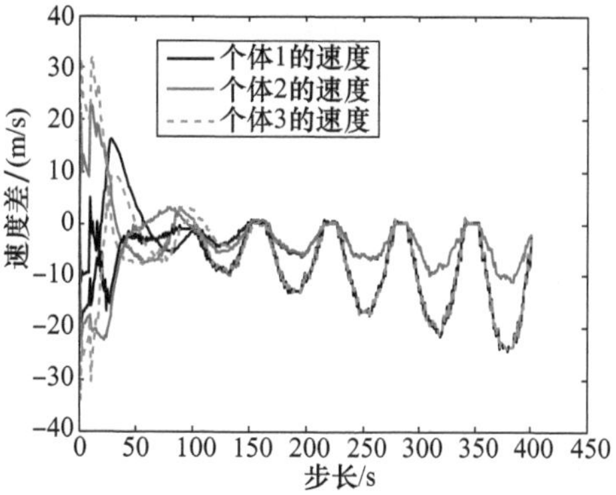

图 6－18　有不确定性的个体速度误差变化（见彩插）

图 6 – 15 描述了有不确定性的多无人飞行器的编队运动轨迹,从图中能够看出,期望的编队队形能够形成并且保持;图 6 – 16 描述了有不确定性的个体的平均相对距离误差,误差逐渐减小并最终收敛到零。仿真结果说明,期望的编队队形能够形成并保持。图 6 – 17 描述了具有模型不确定性的无人飞行器速度变化,从图中能够看出,所有个体的速度能够达成一致,对比图 6 – 13 能够发现,形成的实际编队速度与期望的编队速度之间存在偏差,并且具有明显的扰动。这种差异和扰动是由于时变时滞和模型不确定性造成的;图 6 – 18 描述了所有的个体速度与期望编队速度的误差变化,从图中能够看出,所有个体速度的误差能够达成并保持一致,对比图 6 – 14 发现,由于引入模型不确定性,该误差的最大值变大,但是周期性的特性不变。仿真结果说明,引入模型不确定性后,个体的速度能够达成一致。

仿真结果表明,编队系统内存在时变均等时滞和个体模型不确定性时,在所设计的编队控制律的作用下,当系统满足定理的要求时,编队系统是稳定的,期望的编队队形能够形成并保持;个体速度受到时变时滞和模型不确定性的影响,虽然与期望的编队速度具有一定差异,但是所有个体速度能够形成并保持一致,编队能够形成并保持。

第7章 不同时滞下多无人飞行器一致性协同编队控制

7.1 引 言

实际的多无人飞行器系统内必然存在多个不同的通信时滞，针对多个不同通信时滞下的多无人飞行器一致性编队控制的研究，更加具有实际工程意义。本章在多无人飞行器系统内存在多个不同通信时滞的假设下，对多无人飞行器的一致性协同编队控制问题进行了深入研究。研究了系统内存在多个不同通信时滞和系统不确定性的编队控制及系统的稳定性问题。推导了具有多个不同通信时滞的一致性编队控制律，获得了时滞系统状态方程。在无模型不确定性和具有模型不确定性的情况下，分别应用LMI的方法和李雅普诺夫(Lyapunov)泛函的方法，获得了编队系统时滞依赖稳定性条件，仿真结果验证了结论的正确性。

7.2 多个不同通信时滞下的一致性协同编队控制律

每个无人飞行器装配相同的无线通信设备，依赖自载的通信设备，使用自组网技术形成一跳无线网络，无人飞行器间的通信时滞及其拓扑变化如图7-1所示。

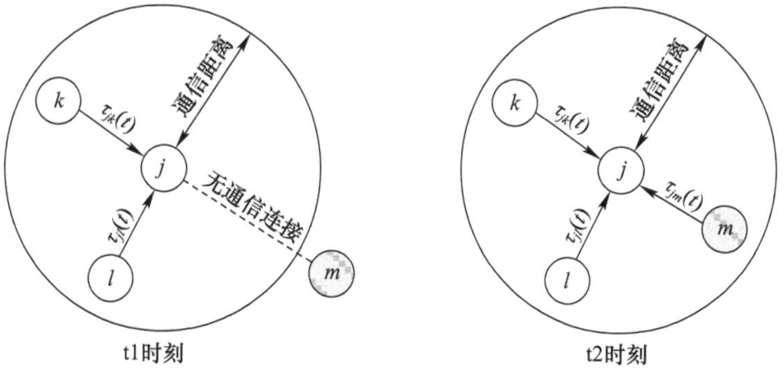

图7-1 通信拓扑及时滞变化示意图

在 t 时刻,无人飞行器 j 从它的邻居 k 接收到的信息具有延迟 $\tau_{jk}(t)$,假定无人飞行器接收自身信息没有时滞,即 $\tau_{jj}(t)=0$。在 N 个无人飞行器接收邻居信息的过程中,将不同时滞的总数记为 r,则必然有 $r\leqslant N(N-1)$,不妨将这些时滞的集合记为 $\Theta=\{\tau_{jk}:j,k=1,2,\cdots,N\}$,为便于研究,使用 $\tau_i(t)\in\Theta,i=1,2,\cdots,r$ 来表示 t 时刻 r 个不同的通信时滞。

假设 7.1 期望的编队向量 $\boldsymbol{h}=[h_{11}^1,h_{12}^1,\cdots,h_{1N}^1,\cdots,h_{N1}^n,\cdots,h_{NN}^n]^{\mathrm{T}}$ 及期望的编队运动初始速度 $\boldsymbol{v}_d$、编队加速度为 $\dot{\boldsymbol{v}}_d$ 等信息是精确已知的。

假设 7.2 系统中存在 m 个不同的通信时滞 τ_q 且满足 $0<\tau_q\leqslant\infty$,$q=1,2,\cdots,m$,不妨假设 $0\leqslant\tau_1\leqslant\tau_2\leqslant\cdots\leqslant\tau_m,q=1,2,\cdots,m$。

考虑到多个不同通信时滞问题,具有多个不同通信时滞的一致性协同编队控制律 $\boldsymbol{u}_{imd}(t)$ 为

$$\boldsymbol{u}_{imd}(t)=\dot{\boldsymbol{v}}_d-\beta(\boldsymbol{v}_i(t)-\boldsymbol{v}_d)-\frac{\gamma}{N_i}\sum_{q=1}^{m}\sum_{j=1}^{N}a_{ij}(\boldsymbol{v}_i(t)-\boldsymbol{v}_j(t-\tau_q))$$
$$-\frac{1}{N_i}\sum_{q=1}^{m}\sum_{j=1}^{N}a_{ij}(\boldsymbol{x}_i(t)-\boldsymbol{x}_j(t-\tau_q)-\boldsymbol{h}_{ij})\qquad(7-1)$$

因为

$$\begin{aligned}&\frac{1}{N_i}\sum_{q=1}^{m}\sum_{j=1}^{N}a_{ij}(-\gamma\boldsymbol{v}_i(t)-\boldsymbol{x}_i(t)+\gamma\boldsymbol{v}_j(t-\tau_q)+\boldsymbol{x}_j(t-\tau_q)+\boldsymbol{h}_{ij})\\&=\sum_{q=1}^{m}(-\gamma\boldsymbol{v}_i(t)-\boldsymbol{x}_i(t)+\frac{\gamma}{N_i}\sum_{j=1}^{N}a_{ij}\boldsymbol{v}_j(t-\tau_q)+\frac{1}{N_i}\sum_{j=1}^{N}a_{ij}\boldsymbol{x}_j(t-\tau_q)+\frac{1}{N_i}\sum_{j=1}^{N}a_{ij}\boldsymbol{h}_{ij})\\&=\sum_{q=1}^{m}(-\gamma\boldsymbol{v}_i(t)-\boldsymbol{x}_i(t)+\gamma\boldsymbol{v}_i(t-\tau_q)+\boldsymbol{x}_i(t-\tau_q)+\frac{1}{N_i}\sum_{j=1}^{N}a_{ij}\boldsymbol{h}_{ij})\\&\quad+\frac{1}{N_i}\sum_{q=1}^{m}\sum_{j=1}^{N}a_{ij}(-\gamma\boldsymbol{v}_i(t-\tau_q)+\gamma\boldsymbol{v}_j(t-\tau_q)-\boldsymbol{x}_i(t-\tau_q)+\boldsymbol{x}_j(t-\tau_q))\end{aligned}\qquad(7-2)$$

将式(7-2)代入式(7-1)中,可得

$$\begin{aligned}\boldsymbol{u}_{imd}(t)&=\dot{\boldsymbol{v}}_d-\beta(\boldsymbol{v}_i(t)-\boldsymbol{v}_d)\\&\quad+\frac{1}{N_i}\sum_{q=1}^{m}\sum_{j=1}^{N}a_{ij}(-\gamma\boldsymbol{v}_i(t-\tau_q)+\gamma\boldsymbol{v}_j(t-\tau_q)-\boldsymbol{x}_i(t-\tau_q)+\boldsymbol{x}_j(t-\tau_q))\\&\quad+\sum_{q=1}^{m}\left(-\gamma\boldsymbol{v}_i(t)-\boldsymbol{x}_i(t)+\gamma\boldsymbol{v}_i(t-\tau_q)+\boldsymbol{x}_i(t-\tau_q)+\frac{1}{N_i}\sum_{j=1}^{N}a_{ij}\boldsymbol{h}_{ij}\right)\end{aligned}\qquad(7-3)$$

式中：$\boldsymbol{x}_i(t),\boldsymbol{v}_i(t)\in R^n$ 分别为个体 i 的位置和速度向量；$\boldsymbol{x}_j(t-\tau_q)$，$\boldsymbol{v}_j(t-\tau_q)\in R^n$分别为具有通信时滞$\tau_q$的个体 j 的位置和速度向量；$\boldsymbol{u}_{imd}(t)\in R^n$ 为个体 i 的控制向量；$\boldsymbol{v}_d\in R^n$，$\dot{\boldsymbol{v}}_d\in R^n$表示期望的编队速度和加速度；$a_{ij}\geqslant 0$ 表示信息权重系数，当且仅当个体 i 与个体 j 之间无信息交互时，$a_{ij}=0$；$\beta>0,\gamma>0$ 且有界为控制参数；$\boldsymbol{h}_{ij}$是个体 i、j 的期望相对距离向量；N 为多无人飞行器个体的总数；N_i是个体 i 当前时刻的邻居个数；m 表示系统内存在的不同通信时滞的个数。整理可得，群体系统的编队控制向量 $\boldsymbol{u}_{md}(t)$ 为

$$
\begin{aligned}
\boldsymbol{u}_{md}(t) &= (\boldsymbol{1}_N\otimes\dot{\boldsymbol{v}}_d)-\beta(\boldsymbol{v}(t)-\boldsymbol{1}_N\otimes\boldsymbol{v}_d)\\
&\quad+\sum_{q=1}^{m}(-\gamma\boldsymbol{v}(t)-\boldsymbol{x}(t)+\gamma\boldsymbol{v}(t-\tau_q)+\boldsymbol{x}(t-\tau_q)-\gamma(\bar{\boldsymbol{L}}\otimes\boldsymbol{I}_n)\boldsymbol{v}(t-\tau_q)\\
&\quad-(\bar{\boldsymbol{L}}\otimes\boldsymbol{I}_n)\boldsymbol{x}(t-\tau_q)+\boldsymbol{E})\\
&=(\boldsymbol{1}_N\otimes\dot{\boldsymbol{v}}_d)-\beta(\boldsymbol{v}(t)-\boldsymbol{1}_N\otimes\boldsymbol{v}_d)+\sum_{q=1}^{m}(-\gamma\boldsymbol{v}(t)-\boldsymbol{x}(t)\\
&\quad+\gamma(\boldsymbol{I}_{nN}-\bar{\boldsymbol{L}}\otimes\boldsymbol{I}_n)\boldsymbol{v}(t-\tau_q)+(\boldsymbol{I}_{nN}-\bar{\boldsymbol{L}}\otimes\boldsymbol{I}_n)\boldsymbol{x}(t-\tau_q)+\boldsymbol{E})\\
&=(\boldsymbol{1}_N\otimes\dot{\boldsymbol{v}}_d)+\beta(\boldsymbol{1}_N\otimes\boldsymbol{v}_d)+m\boldsymbol{E}-(m\gamma+\beta)\boldsymbol{v}(t)-m\boldsymbol{x}(t)\\
&\quad+\sum_{q=1}^{m}(\gamma(\boldsymbol{I}_{nN}-\bar{\boldsymbol{L}}\otimes\boldsymbol{I}_n)\boldsymbol{v}(t-\tau_q)+(\boldsymbol{I}_{nN}-\bar{\boldsymbol{L}}\otimes\boldsymbol{I}_n)\boldsymbol{x}(t-\tau_q))
\end{aligned}
\tag{7-4}
$$

式中：$\boldsymbol{E}=\boldsymbol{K}\boldsymbol{h}$，$\boldsymbol{K}=\mathrm{diag}(\boldsymbol{I}_n\otimes\bar{\boldsymbol{L}}_1,\boldsymbol{I}_n\otimes\bar{\boldsymbol{L}}_2,\cdots,\boldsymbol{I}_n\otimes\bar{\boldsymbol{L}}_N)$；$\bar{\boldsymbol{L}}$ 为归一化 Laplace 矩阵。

接下来，整理可得闭环系统的状态方程

$$
\dot{\boldsymbol{\xi}}(t)=\boldsymbol{A}\boldsymbol{\xi}(t)+\sum_{q=1}^{m}\boldsymbol{B}\boldsymbol{\xi}(t-\tau_q)+\boldsymbol{C}
\tag{7-5}
$$

其中

$$
\boldsymbol{\xi}(t)=\begin{bmatrix}\boldsymbol{x}(t)\\ \boldsymbol{v}(t)\end{bmatrix},\quad \boldsymbol{\xi}(t-\tau_q)=\begin{bmatrix}\boldsymbol{x}(t-\tau_q)\\ \boldsymbol{v}(t-\tau_q)\end{bmatrix}
$$

$$
\boldsymbol{A}=\begin{bmatrix}\boldsymbol{0} & \boldsymbol{I}_{nN}\\ -m\boldsymbol{I}_{nN} & -(m\gamma+\beta)\boldsymbol{I}_{nN}\end{bmatrix}
$$

$$
\boldsymbol{B}=\begin{bmatrix}\boldsymbol{0} & \boldsymbol{0}\\ \boldsymbol{I}_{nN}-\bar{\boldsymbol{L}}\otimes\boldsymbol{I}_n & \gamma(\boldsymbol{I}_{nN}-\bar{\boldsymbol{L}}\otimes\boldsymbol{I}_n)\end{bmatrix}
$$

$$
\boldsymbol{C}=\begin{bmatrix}\boldsymbol{0}\\ (\boldsymbol{1}_N\otimes\dot{\boldsymbol{v}}_d)+\beta(\boldsymbol{1}_N\otimes\boldsymbol{v}_d)+m\boldsymbol{E}\end{bmatrix}
$$

7.3 基于 LMI 的多个不同时滞编队稳定性

本节基于 LMI 理论研究了多个不同时滞下的编队系统稳定问题，考虑了无模型不确定性和具有模型不确定性两种情况。定理 7.1 给出了无模型不确定性的编队系统的时滞依赖稳定性条件；定理 7.2 给出了有模型不确定性的编队系统时滞依赖稳定性条件。

7.3.1 无模型不确定性的多个时滞编队稳定性

定理 7.1 如果期望的编队向量 $\boldsymbol{h}$ 和编队速度 $\boldsymbol{v}_d(t)$ 是精确已知的，控制参数 $\beta>0,\gamma>0$ 是有界常量，在通信网络拓扑固定连通的情况下，对于系统内存在的 m 个不同的通信时滞 $0<\tau_q<\infty$，$q=1,2,\cdots,m$，若存在正定对称矩阵 $\boldsymbol{P}$、$\boldsymbol{Q}_q$，$q=1,2,\cdots,m$，使得 $\sum_{q=1}^{m}\boldsymbol{\Xi}_q<0$，则群体编队系统式(7-5)是稳定的，编队能够形成并保持，其中

$$\boldsymbol{\Xi}_q=\begin{bmatrix}\frac{1}{m}(\boldsymbol{PA}+\boldsymbol{A}^{\mathrm{T}}\boldsymbol{P})+2\tau_q(\boldsymbol{B}^{\mathrm{T}}\boldsymbol{Q}_q\boldsymbol{B}+\boldsymbol{A}^{\mathrm{T}}\boldsymbol{Q}_q\boldsymbol{A})+\boldsymbol{B}^{\mathrm{T}}\boldsymbol{P}+\boldsymbol{PB} & \boldsymbol{PB}\\ \boldsymbol{B}^{\mathrm{T}}\boldsymbol{P} & -\frac{\boldsymbol{Q}_q}{\tau_q}\end{bmatrix} \tag{7-6}$$

7.3.2 具有模型不确定性的多时滞编队稳定性

当系统的通信网络为动态变化时，系统的邻接矩阵是时变的，因此，系统的归一化 Laplace 矩阵是随时间变化的，记为 $\bar{\boldsymbol{L}}(t)$。根据 Laplace 矩阵的定义可知，$\bar{\boldsymbol{L}}(t)$ 是范数有界的。根据闭环系统方程，系统的归一化 Laplace 矩阵仅影响系统的系数矩阵，相当于在系统中引入特定的模型不确定性，并且具有模型不确定性的系统方程的结论，适用于通信网络切换连通的情况。

在闭环系统状态方程式(7-5)的基础上，引入系统不确定性，则具有不确定性的闭环系统方程为

$$\dot{\boldsymbol{\xi}}(t)=\tilde{\boldsymbol{A}}(t)\boldsymbol{\xi}(t)+\sum_{q=1}^{m}\tilde{\boldsymbol{B}}(t)\boldsymbol{\xi}(t-\tau_q) \tag{7-7}$$

式中：$\tilde{\boldsymbol{A}}(t)$ 和 $\tilde{\boldsymbol{B}}(t)$ 是具有系统不确定性的系数矩阵，即

$$\tilde{\boldsymbol{A}}(t)=\boldsymbol{A}+\Delta\boldsymbol{A}(t),\quad \tilde{\boldsymbol{B}}(t)=\boldsymbol{B}+\Delta\boldsymbol{B}(t) \tag{7-8}$$

假定系统时变不确定项 $\Delta\boldsymbol{A}(t)$、$\Delta\boldsymbol{B}(t)$ 是范数有界的，且满足

$$\Delta\boldsymbol{A}(t)=\boldsymbol{D}\boldsymbol{F}(t)\boldsymbol{E}_a,\quad \Delta\boldsymbol{B}(t)=\boldsymbol{D}\boldsymbol{F}(t)\boldsymbol{E}_b \tag{7-9}$$

式中：$\boldsymbol{D}$、$\boldsymbol{E}_a$、$\boldsymbol{E}_b$ 是具有合适维数的实常数矩阵；$\boldsymbol{F}(t)$ 是具有合适维数的未知时变矩阵且对于任意的 t 满足 $\boldsymbol{F}^{\mathrm{T}}(t)\boldsymbol{F}(t)\leqslant\boldsymbol{I}$。

定理 7.2 如果期望的编队向量 $\boldsymbol{h}$ 和编队速度 $\boldsymbol{v}_d(t)$ 是精确已知的，控制参数 $\beta>0,\gamma>0$ 是有界常量且通信网络为切换连通的，对于任意 m 个不同的通信时滞 $0<\tau_q<\infty,q=1,2,\cdots,m$，若存在正定对称矩阵 $\boldsymbol{P}$、$\boldsymbol{Q}_q,q=1,2,\cdots,m$ 以及标量 $\lambda>0,\varepsilon_1>0,\varepsilon_2>0$，使得不等式 $\boldsymbol{M}_1>0,\boldsymbol{M}_2>0$ 和 $\sum\limits_{q=1}^{m}\boldsymbol{\Phi}_q<0$ 均成立，则具有多个通信时滞的多无人飞行器系统是稳定的，群体编队能够形成并保持，其中

$$\boldsymbol{\Phi}_q=\begin{bmatrix}\boldsymbol{\Theta}_q+2\tau_q(\varepsilon_1+\varepsilon_2)\boldsymbol{D}\boldsymbol{D}^{\mathrm{T}} & \boldsymbol{P}\boldsymbol{B} & \boldsymbol{D}^{\mathrm{T}}\boldsymbol{P}^{\mathrm{T}} & \frac{1}{m}\boldsymbol{E}_a^{\mathrm{T}}+\boldsymbol{E}_b^{\mathrm{T}} & \boldsymbol{A}\boldsymbol{Q}\boldsymbol{E}_a^{\mathrm{T}} & \boldsymbol{B}\boldsymbol{Q}\boldsymbol{E}_b^{\mathrm{T}}\\ \boldsymbol{B}^{\mathrm{T}}\boldsymbol{P} & -\frac{\boldsymbol{Q}_q}{\tau_q} & \boldsymbol{0} & \boldsymbol{E}_b^{\mathrm{T}} & \boldsymbol{0} & \boldsymbol{0}\\ \boldsymbol{P}\boldsymbol{D} & \boldsymbol{0} & -\lambda\boldsymbol{I} & \boldsymbol{0} & \boldsymbol{0} & \boldsymbol{0}\\ \frac{1}{m}\boldsymbol{E}_a+\boldsymbol{E}_b & \boldsymbol{E}_b & \boldsymbol{0} & -\lambda^{-1}\boldsymbol{I} & \boldsymbol{0} & \boldsymbol{0}\\ \boldsymbol{E}_a\boldsymbol{Q}\boldsymbol{A}^{\mathrm{T}} & \boldsymbol{0} & \boldsymbol{0} & \boldsymbol{0} & -\frac{\boldsymbol{M}_1}{2\tau_q} & \boldsymbol{0}\\ \boldsymbol{E}_b\boldsymbol{Q}\boldsymbol{B}^{\mathrm{T}} & \boldsymbol{0} & \boldsymbol{0} & \boldsymbol{0} & \boldsymbol{0} & -\frac{\boldsymbol{M}_2}{2\tau_q}\end{bmatrix} \tag{7-10}$$

7.3.3 仿真结果分析

为了验证本节的理论结果，在多个不同时滞下，研究包含 6 个无人飞行器的编队系统在平面内编队运动的情况。每个无人飞行器动态方程均为二阶模型。无人飞行器的初始位置随机分布在 60×60 范围内，初始速度均为 $\boldsymbol{0}$；期望的编队向量是 $\boldsymbol{h}^{\mathrm{T}}$，编队速度 $\boldsymbol{v}_d=[8,10]^{\mathrm{T}}$，加速度 $\dot{\boldsymbol{v}}_d=[1,2]^{\mathrm{T}}$；控制参数 $\beta=5,\gamma=1$。仿真时间 40s，步长 0.01s。

给定的具体编队向量 $\boldsymbol{h}^{\mathrm{T}}$ 如下：

$\boldsymbol{h}=20[0,3,-3,6,0,-6,0,3,3,6,6,6,-3,0,-6,3,-3,-9,-3,0,0,3,3,3,3,6,0,9,3,-3,-3,0,0,3,3,3,-6,-3,-9,0,-6,-12,-6,-3,-3,$

0,0,0,0,3,-3,6,0,-6,-6,-3,-3,0,0,0,6,9,3,12,6,0,-6,-3,-3,0,0,0]

(1) 固定通信拓扑结构下,具有多个不同通信时滞的群体编队仿真实验。

根据通信连接拓扑结构图 7-2,可得到编队系统的邻接矩阵、度矩阵和归一化 Laplace 矩阵:

$$\boldsymbol{A}_{dj}=\begin{bmatrix}0&1&0&0&0&0\\0&0&1&1&1&0\\0&0&0&1&0&0\\0&0&0&0&1&0\\0&0&0&0&0&1\\1&1&0&0&0&0\end{bmatrix},\quad \boldsymbol{D}=\begin{bmatrix}1&0&0&0&0&0\\0&3&0&0&0&0\\0&0&1&0&0&0\\0&0&0&1&0&0\\0&0&0&0&1&0\\0&0&0&0&0&2\end{bmatrix},$$

$$\bar{\boldsymbol{L}}=\begin{bmatrix}1&-1&0&0&0&0\\0&1&-\frac{1}{3}&-\frac{1}{3}&-\frac{1}{3}&0\\0&0&1&-1&0&0\\0&0&0&1&-1&0\\0&0&0&0&1&-1\\-\frac{1}{2}&-\frac{1}{2}&0&0&0&1\end{bmatrix}$$

系统参数为 $n=2,N=6$,依据式(7-5)可得闭环系统的系数矩阵:

$$\boldsymbol{A}=\begin{bmatrix}\boldsymbol{0}&\boldsymbol{I}_{12}\\-3\boldsymbol{I}_{12}&-8\boldsymbol{I}_{12}\end{bmatrix},\quad \boldsymbol{B}=\begin{bmatrix}\boldsymbol{0}&\boldsymbol{0}\\\boldsymbol{B}_1&\boldsymbol{B}_1\end{bmatrix},\quad \boldsymbol{B}_1=\begin{bmatrix}\boldsymbol{0}&\boldsymbol{I}_{10}\\\boldsymbol{I}_2&\boldsymbol{0}\end{bmatrix}$$

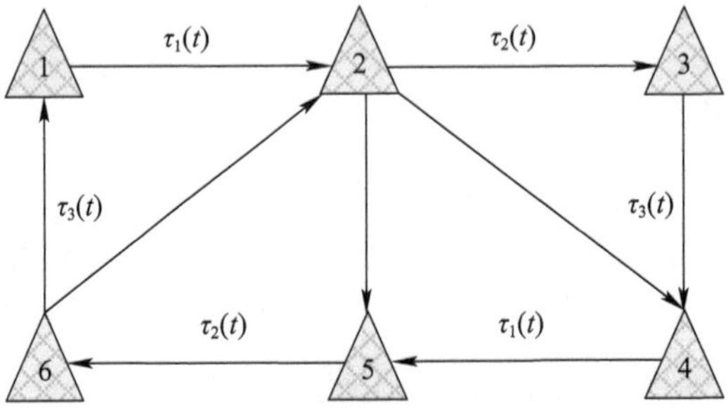

图 7-2 通信连接拓扑结构图

设定系统内存在的 3 个不同通信时滞分别为 $\tau_1=0.2,\tau_2=0.3,\tau_3=0.5$。首先应用 MATLAB 的 LMI 工具箱求解定理 7.1 中的线性矩阵不等式,存在可行解。多无人飞行器编队运动的仿真结果如图 7－3～图 7－7 所示。

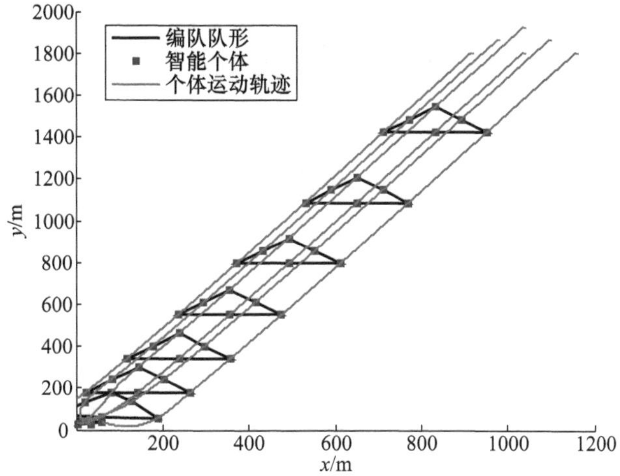

图 7－3　多无人飞行器的运动轨迹（见彩插）

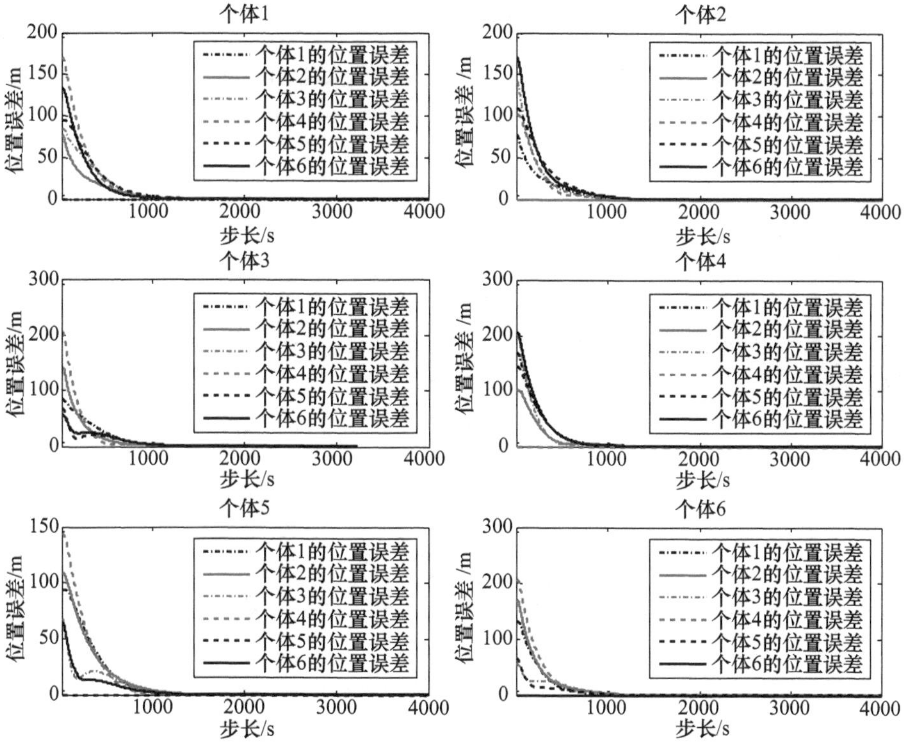

图 7－4　个体的相对距离误差（见彩插）

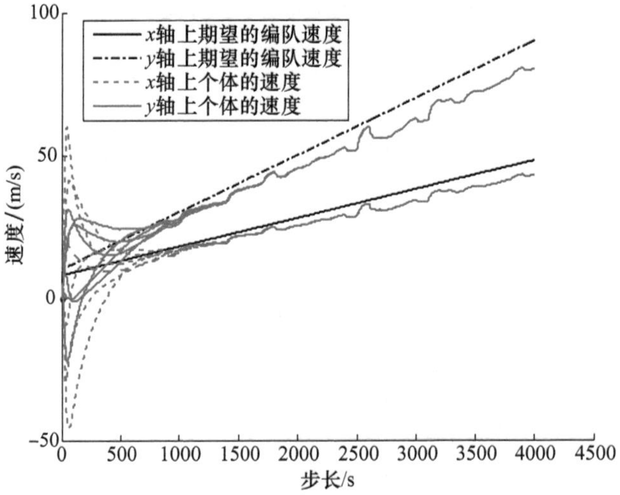

图 7－5　无人飞行器的速度变化(见彩插)

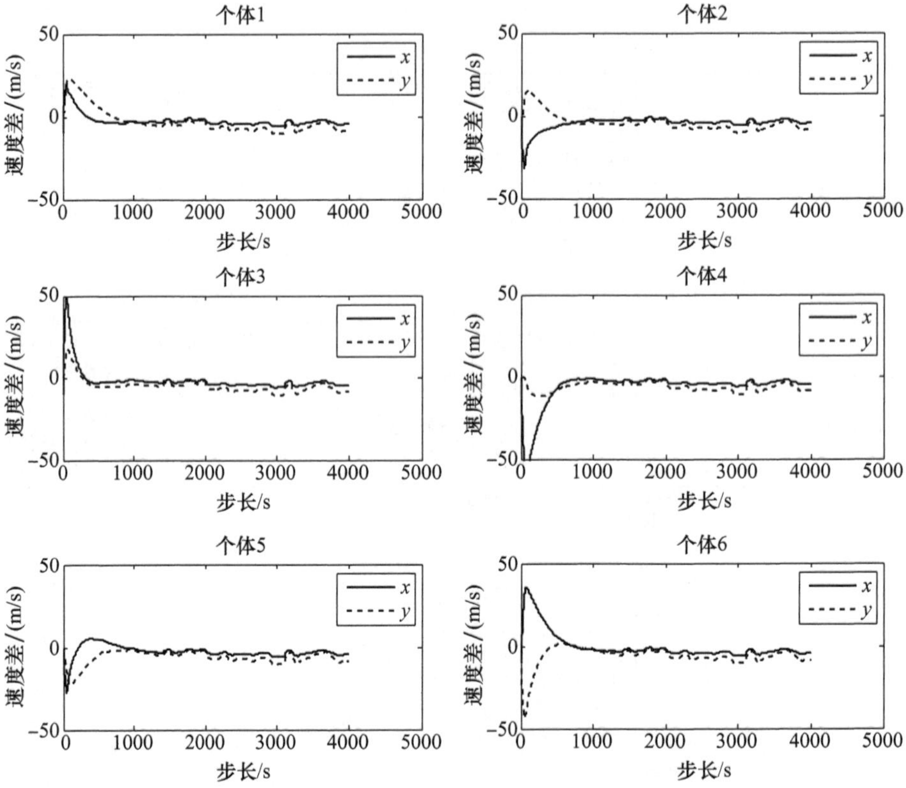

图 7－6　个体速度误差变化

图 7-3 描述了多无人飞行器的编队运动轨迹，从图中可以清晰地看出，期望的编队队形能够形成并且保持。图 7-4 描述了每个个体与其他所有个体相对距离误差的变化，该图包括了 6 个分图，每个分图中均具有 6 条曲线，分别对应于该个体与群体内所有个体的相对距离误差变化，从图中能够清晰地看出，所有的误差均收敛到零，说明无人飞行器之间形成并保持了期望的相对距离，期望的编队队形能够形成并保持。图 7-5 描述了多无人飞行器内所有个体的速度变化和期望编队速度的变化，图中显示，所有个体速度短时间内达成并保持一致，并趋近于期望的编队速度，但是由于系统内存在多个不同的通信时滞，个体速度滞后于期望的编队速度。图 7-6 描述了个体速度与期望速度偏差的变化，共包含 6 个分图，每个分图中均具有 2 条曲线，分别对应于该个体与期望编队速度在两个坐标轴上的误差。图中显示，个体速度与期望的速度较小的负偏差，一段时间后，所有的偏差曲线是相同的，说明所有的个体速度达成并保持了一致。

仿真结果表明，当满足定理的要求时，存在多个不同的通信时滞的群体编队系统是稳定的。虽然，多个通信不同通信时滞使得个体速度滞后于期望的编队速度，但是不影响个体速度达成一致，在编队控制律的作用下，群体能够形成期望的编队队形，并且个体速度能够达成并保持一致，因此，群体编队能够形成并保持。

(2) 动态切换通信拓扑结构下，具有多个不同通信时滞和个体模型不确定性的群体编队仿真实验。

在系统中引入不确定性，并将系统的通信拓扑结构设定为动态切换通信拓扑。仿真实验中，设定的动态切换通信拓扑结构如图 7-7 所示，在每个计算周期内，通信拓扑随机切换一次。系统中存在的 3 个不同通信时滞如图 7-7 中所示。

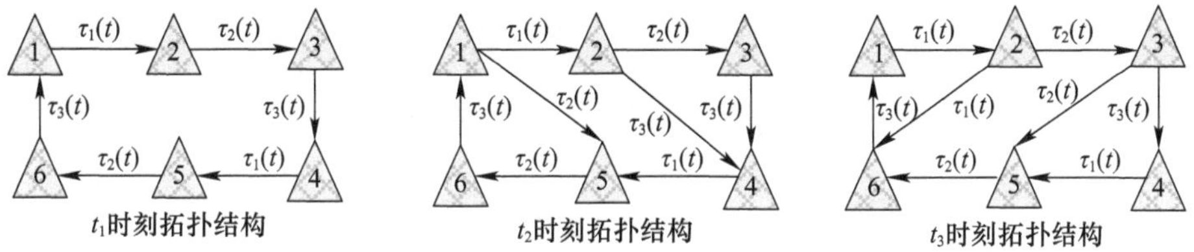

图 7-7 动态切换通信拓扑结构

在系统中引入不确定性，设定 $\boldsymbol{E}_a=2.5\boldsymbol{I}$，$\boldsymbol{E}_b=2.5\boldsymbol{I}$，$\boldsymbol{D}=\boldsymbol{I}_{12}\otimes\begin{bmatrix}0.6 & \\ & 0.6\end{bmatrix}$，$\boldsymbol{F}(t)=\boldsymbol{I}_{12}\otimes\begin{bmatrix}\sin t & \\ & \cos t\end{bmatrix}$，根据定理 7.2，使用 MATLAB 的 LMI 工具箱求解线性矩阵不等式，求解线性矩阵不等式，存在可行解。多无人飞行器编队运动的仿真结果

如图 7－8～图 7－11 所示。

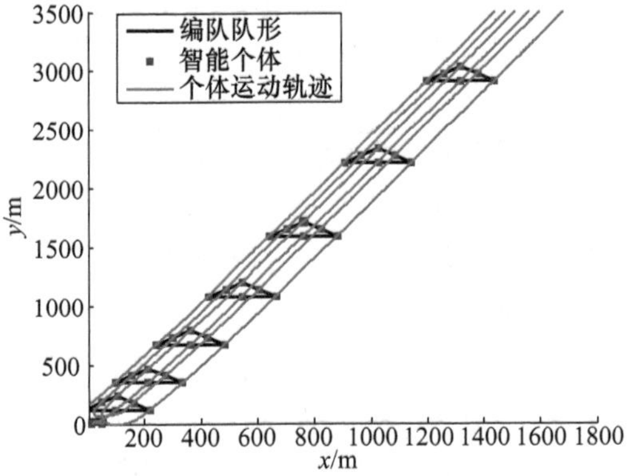

图 7－8　具有模型不确定性的多无人飞行器运动轨迹(见彩插)

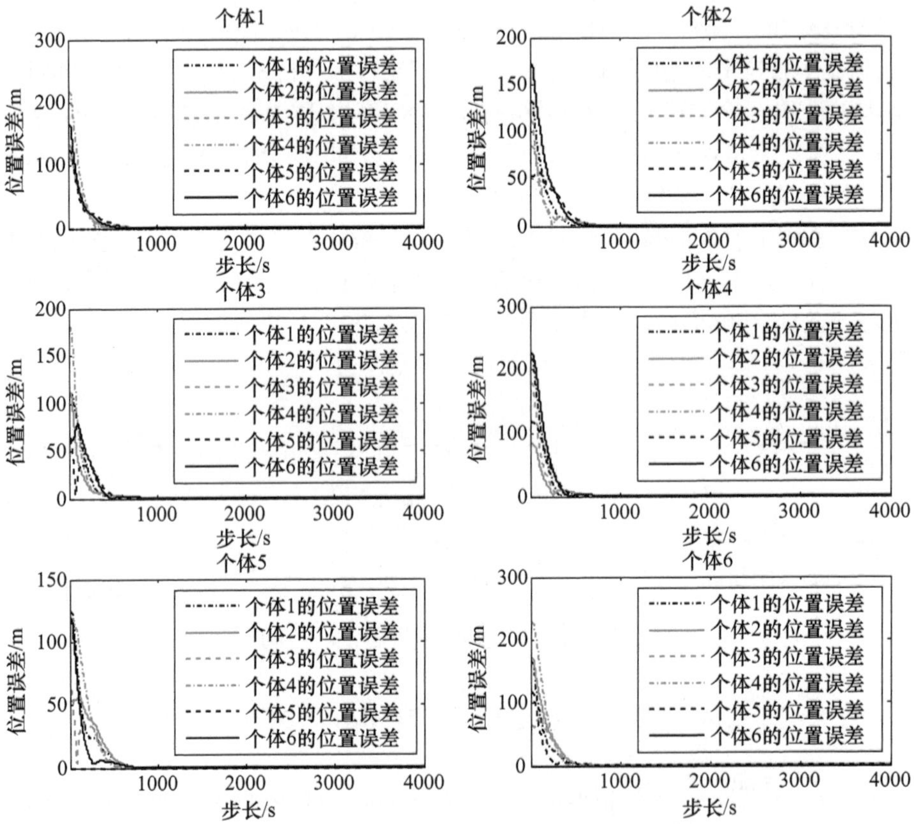

图 7－9　具有模型不确定性的个体相对距离误差(见彩插)

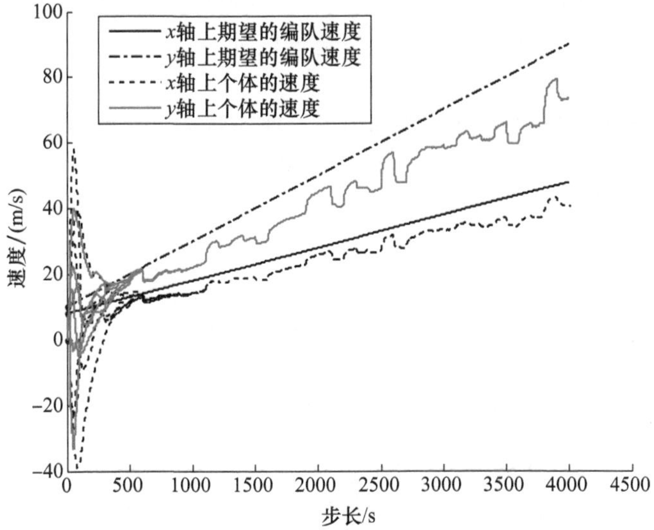

图 7－10　具有模型不确定性的无人飞行器速度变化(见彩插)

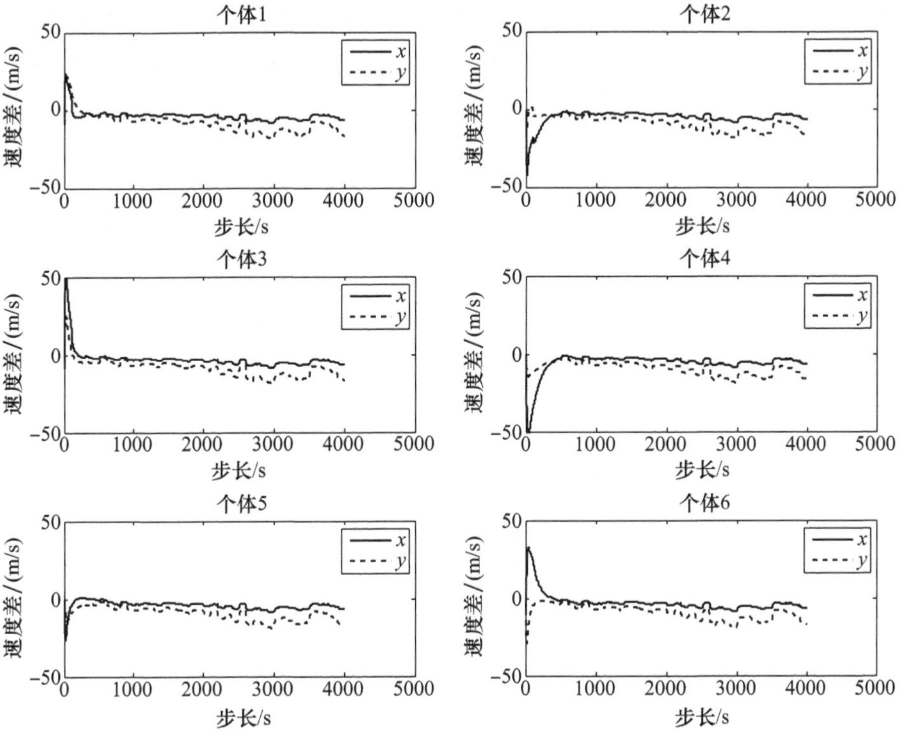

图 7－11　具有模型不确定性的个体速度误差变化

在动态切换连通通信拓扑结构下，图 7－8 描述了具有模型不确定性的多无人飞行器的编队运动轨迹，从图中可以清晰地看出，期望的编队队形能够形成并且保持。

图 7－9 描述了每个个体与其他所有个体相对距离误差的变化，该图包括了 6 个分图，从每个分图中能够清晰地看出，所有的误差均收敛到零，说明无人飞行器之间形成并保持了期望的相对距离，即期望的编队队形能够形成并保持。

图 7－10 描述了具有模型不确定性的多无人飞行器内所有个体的速度变化和期望编队速度的变化，图中显示，所有个体速度短时间内达成并保持一致，并趋近于期望的编队速度，但是由于系统内存在多个不同的通信时滞和模型不确定性，个体速度滞后于期望的编队速度。进一步，与图 7－5 对比可以发现，由于存在模型不确定性，个体最终形成的速度偏差变大。

图 7－11 描述了具有模型不确定性的个体速度与期望速度偏差的变化，共包含 6 个分图，每个分图中的曲线分别对应于该个体与期望编队速度在两个坐标轴上的误差，个体速度与期望的速度较小的负偏差，一段时间后，所有的偏差曲线是相同的，说明所有的个体速度达成并保持了一致。进一步，与图 7－6 对比可以发现，由于系统中存在模型不确定性，个体最终形成的速度与期望速度的偏差变大。

图 7－12 描述了系统的通信拓扑切换过程，图中显示，通信拓扑结构是随机切换的。仿真结果表明，当满足定理的要求时，存在多个不同的通信时滞和模型不确定性的群体编队系统是稳定的。虽然，系统内存在的多个不同通信时滞和模型不确定性，使得个体速度滞后于期望的编队速度，但是不影响个体速度达成一致，在编队控制律的作用下，群体能够形成期望的编队队形，并且个体速度能够达成并保持一致，因此，群体编队能够形成并保持。

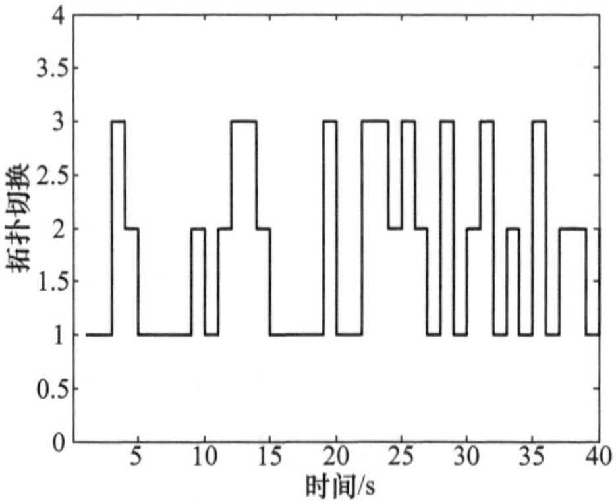

图 7－12　系统通信图拓扑切换信号变化图

第8章　控制攻击时间与攻击角度的导弹三维制导律

8.1　引　　言

当前以国产翼龙系列、彩虹系列为代表的察、打一体化无人飞行器可按需装载多型光电/电子侦察设备及小型空地精确制导武器，多无人机编队到达目标攻击区外某集结点，需向目标发射导弹；或者导弹编队直接向目标发动攻击，为获得最大作战效能，要求多导弹以不同的攻击角度同时到达目标，对目标实施协同攻击。为了提高战斗部的打击效果或规避障碍及敌方火力集中区域，对导弹的攻击角度和攻击时间有要求。

为了提高多导弹的协同攻击能力，有必要在飞行器末制导段同时控制攻击时间与攻击角度，这就需要进一步研究具有攻击时间与攻击角度控制的制导方法，实现对攻击时间和攻击角度误差的精确控制与补偿。已有的研究中，均假定导弹的速度是恒定不变的，但在现实中，导弹的速度通常都是变化的，因此，研究导弹速度变化情况下的攻击时间预测与控制和攻击角度控制的三维制导律将更具有理论意义和实际应用价值，本章正是针对此问题展开深入研究。首先，研究基于最优控制的攻击时间控制制导律与攻击角度控制制导律。其次，在三维空间导引动力学与运动学模型的基础上，假设目标静止，而导弹本身以恒速运动，根据实际的攻击角度与设定的攻击角度误差，分析和设计了期望的视线(LOS)角运动学，基于 Lyapunov 稳定性理论设计了带有攻击角度控制的三维导弹制导律；为了对攻击时间进行预测与控制，考虑导弹本身以恒速或者匀加/减速运动的情况，先将导弹导引到预定的攻击角度上，根据待飞直线距离对待飞时间进行估算，再根据预测时间误差，确定导弹按照特定的圆弧轨迹机动飞行的指令和机动飞行的时间，通过机动飞行来对时间误差进行补偿。最后，再利用所设计的制导律攻击目标，给出仿真结果。仿真结果表明，对于集群攻击的多枚导弹，如果事先为其指定相同的攻时间，那么，采用这种制导律就可以使多枚导弹同时按照指定的攻击时间攻击目标。

8.2 基于 Lyapunov 的攻击时间和攻击角度三维制导

8.2.1 三维空间导引问题描述

本章用到的有关符号说明、坐标系定义及导引动模型如下：

(X_I, Y_I, Z_I)：参考坐标系，与各轴对应的单位向量分别为 $\boldsymbol{i}_I$、$\boldsymbol{j}_I$、$\boldsymbol{k}_I$；

(X_L, Y_L, Z_L)：LOS 坐标系，与各轴对应的单位向量分别为 $\boldsymbol{i}_L$、$\boldsymbol{j}_L$、$\boldsymbol{k}_L$；

(X_M, Y_M, Z_M)：导弹体坐标系，与各轴对应的单位向量分别为 $\boldsymbol{i}_M$、$\boldsymbol{j}_M$、$\boldsymbol{k}_M$；

(X_T, Y_T, Z_T)：目标体坐标系，与各轴对应的单位向量分别为 $\boldsymbol{i}_T$、$\boldsymbol{j}_T$、$\boldsymbol{k}_T$；

$\boldsymbol{L}$：LOS（视线）向量；

$\boldsymbol{V}_M(\boldsymbol{V}_T)$：导弹（目标）速度向量；

$\boldsymbol{A}_M(\boldsymbol{A}_T)$：导弹（目标）加速度向量；

$A_{ym}(A_{zm})$：导弹的俯仰（偏航）加速度；

$A_{yt}(A_{zt})$：目标的俯仰（偏航）加速度；

$V_m(V_t)$：速度向量 $\boldsymbol{V}_M(\boldsymbol{V}_T)$ 的欧氏范数，即导弹（目标）速度的大小；

$A_{ymc}(A_{zmc})$：导弹的俯仰（偏航）加速度命令；

$A_{ytc}(A_{ztc})$：目标的俯仰（偏航）加速度命令；

θ_{ij}, ψ_{ij}：先绕坐标系 (X_i, Y_i, Z_i) 的 Z_i 轴转动 ψ_{ij}，得到新的坐标系 (X_d, Y_d, Z_d)，再绕新的坐标系 (X_d, Y_d, Z_d) 的 Y_d 轴转动 $-\theta_{ij}$，从而使坐标系 (X_d, Y_d, Z_d) 与 (X_j, Y_j, Z_j) 重合时所得到的欧拉角；

r：导弹与目标之间的距离；

$\rho = V_t/V_m$；

$\boldsymbol{\Omega}_L$：LOS 角速度向量；

$\boldsymbol{\Omega}_M$：导弹相对于 LOS 的角速度向量；

$\boldsymbol{\Omega}_T$：目标相对于 LOS 的角速度向量；

$\dot{\lambda}_x, \dot{\lambda}_y, \dot{\lambda}_z$：$\boldsymbol{\Omega}_L$ 沿 $\boldsymbol{i}_L$、$\boldsymbol{j}_L$、$\boldsymbol{k}_L$ 的分量；

θ_{IL}、ψ_{IL} 可简写为 θ_L、ψ_L；θ_{LM}、ψ_{LM} 可简写为 θ_m、ψ_m；θ_{LT}、ψ_{LT} 可简写为 θ_t、ψ_t；$\sin\theta_i$、$\sin\psi_i$ 可简写为 $s\theta_i$、$s\psi_i$；$\cos\theta_i$、$\cos\psi_i$ 可简写为 $c\theta_i$、$c\psi_i$。

通常假设：

（1）导弹和目标均可视为质点，导弹速度 V_m 和目标速度 V_t 均为常数，并且 $V_t/V_m = \rho < 1$；

（2）导弹和目标的加速度向量分别与它们各自的速度向量垂直，即导弹和目标上所施加的加速度向量仅改变速度的方向而不改变速度的大小，采用空气动力控制的导弹和目标一般正是这样一种情况；

(3) 可以忽略导弹的动态特性，因为通常导弹的动态特性比制导回路的动态特性要快得多。

三维空间制导问题如图 8 - 1 所示。

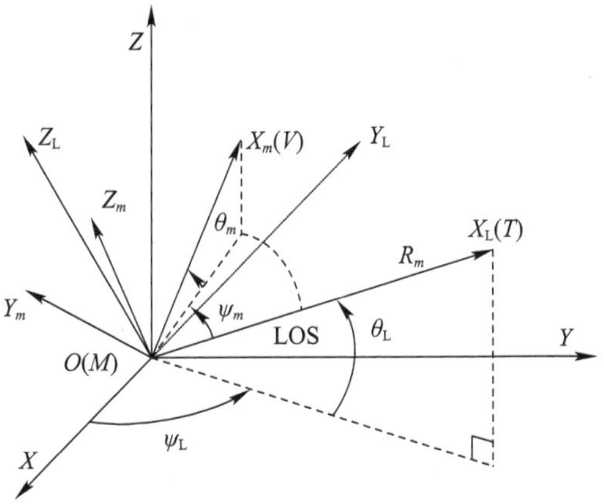

图 8 - 1　三维空间制导几何图

导弹和目标相对运动的向量方程为

$$\frac{\mathrm{d}L}{\mathrm{d}t}=\frac{\mathrm{d}}{\mathrm{d}t}(r\boldsymbol{i}_{\mathrm{L}})=V_t\boldsymbol{i}_{\mathrm{T}}-V_m\boldsymbol{i}_{\mathrm{M}}=\dot{r}\,\boldsymbol{i}_{\mathrm{L}}+\boldsymbol{\Omega}_{\mathrm{L}}\times r\boldsymbol{i}_{\mathrm{L}} \tag{8-1}$$

$$\boldsymbol{A}_{\mathrm{T}}=A_{yt}\boldsymbol{j}_{\mathrm{T}}+A_{zt}\boldsymbol{k}_{\mathrm{T}}=\boldsymbol{\Omega}_{\mathrm{L}}\times\boldsymbol{V}_{\mathrm{T}}+\boldsymbol{\Omega}_{\mathrm{T}}\times\boldsymbol{V}_{\mathrm{T}} \tag{8-2}$$

$$\boldsymbol{A}_{\mathrm{M}}=A_{ym}\boldsymbol{j}_{\mathrm{M}}+A_{zm}\boldsymbol{k}_{\mathrm{M}}=\boldsymbol{\Omega}_{\mathrm{L}}\times\boldsymbol{V}_{\mathrm{M}}+\boldsymbol{\Omega}_{\mathrm{M}}\times\boldsymbol{V}_{\mathrm{M}} \tag{8-3}$$

$$\boldsymbol{\Omega}_{\mathrm{L}}=\dot{\psi}_{\mathrm{L}}s\theta_{\mathrm{L}}\boldsymbol{i}_{\mathrm{L}}-\dot{\theta}_{\mathrm{L}}\boldsymbol{j}_{\mathrm{L}}+\dot{\psi}_{\mathrm{L}}c\theta_{\mathrm{L}}\boldsymbol{k}_{\mathrm{L}}=\dot{\lambda}_x\boldsymbol{i}_{\mathrm{L}}+\dot{\lambda}_y\boldsymbol{j}_{\mathrm{L}}+\dot{\lambda}_z\boldsymbol{k}_{\mathrm{L}} \tag{8-4}$$

$$\boldsymbol{\Omega}_{\mathrm{M}}=\dot{\psi}_m s\theta_m\boldsymbol{i}_{\mathrm{M}}-\dot{\theta}_m\boldsymbol{j}_{\mathrm{M}}+\dot{\psi}_m c\theta_m\boldsymbol{k}_{\mathrm{M}} \tag{8-5}$$

$$\boldsymbol{\Omega}_{\mathrm{T}}=\dot{\psi}_t s\theta_t\boldsymbol{i}_{\mathrm{T}}-\dot{\theta}_t\boldsymbol{j}_{\mathrm{T}}+\dot{\psi}_t c\theta_t\boldsymbol{k}_{\mathrm{T}} \tag{8-6}$$

由以上向量方程可以得到下面的非线性微分方程组

$$\dot{r}=(\rho c\theta_t c\psi_t-c\theta_m c\psi_m)V_m \tag{8-7}$$

$$r\dot{\lambda}_y=(s\theta_m-\rho s\theta_t)V_m \tag{8-8}$$

$$r\dot{\lambda}_z=(\rho c\theta_t s\psi_t-c\theta_m s\psi_m)V_m \tag{8-9}$$

$$\dot{\theta}_m=\frac{A_{zm}}{V_m}+\frac{1}{r}V_m\tan\lambda_y s\psi_m(\rho c\theta_t s\psi_t-c\theta_m s\psi_m)-\frac{1}{r}V_m c\psi_m(\rho s\theta_t-s\theta_m) \tag{8-10}$$

$$\dot{\psi}_m = \frac{A_{ym}}{V_m c\theta_m} - \frac{1}{rc\theta_m}V_m s\theta_m c\psi_m \tan\lambda_y(\rho c\theta_t s\psi_t - c\theta_m s\psi_m) - \frac{1}{rc\theta_m}V_m s\theta_m s\psi_m(\rho s\theta_t - s\theta_m)$$
$$- \frac{1}{r}V_m(\rho c\theta_t s\psi_t - c\theta_m s\psi_m) \tag{8-11}$$

$$\dot{\theta}_t = \frac{A_{zt}}{\rho V_m} + \frac{1}{r}V_m s\psi_t \tan\lambda_y(\rho c\theta_t s\psi_t - c\theta_m s\psi_m) - \frac{1}{r}V_m c\psi_t(\rho s\theta_t - s\theta_m) \tag{8-12}$$

$$\dot{\psi}_t = \frac{A_{yt}}{V_m c\theta_t} - \frac{1}{rc\theta_t}V_m s\theta_t c\psi_t \tan\lambda_y(\rho c\theta_t s\psi_t - c\theta_m s\psi_m)$$
$$- \frac{1}{rc\theta_t}V_m s\theta_t s\psi_t(\rho s\theta_t - s\theta_m) - \frac{1}{r}V_m(\rho c\theta_t s\psi_t - c\theta_m s\psi_m) \tag{8-13}$$

根据假设(3),有

$$A_{ym} = A_{ymc}, \quad A_{zm} = A_{zmc} \tag{8-14}$$

进一步假定要攻击的目标是固定战略目标或者慢速移动目标。考虑到在攻击角度的导引控制中,导弹速度变化的影响其实很小,为简化制导律,以便工程实现,这里假定导弹速度恒定不变,导弹的动态特性可以忽略,即认为 $A_{ym} = A_{ymc}$,$A_{zm} = A_{zmc}$,并且 A_{ym}、A_{zm} 仅改变导弹速度的方向而不改变速度的大小,这时导引运动模型可简化为

$$\dot{r} = -V_m\cos\theta_m\cos\psi_m \tag{8-15}$$

$$r\dot{\lambda}_y = V_m\sin\theta_m \tag{8-16}$$

$$r\dot{\lambda}_z = -V_m\cos\theta_m\sin\psi_m \tag{8-17}$$

$$\dot{\theta}_m = \frac{A_{zm}}{V_m} + \frac{1}{r}V_m(\sin\psi_m)^2\tan\theta_L\cos\theta_m + \frac{1}{r}V_m\cos\psi_m\sin\theta_m \tag{8-18}$$

$$\dot{\psi}_m = \frac{A_{ym}}{V_m\cos\theta_m} - \frac{1}{r}V_m\sin\theta_m\sin\psi_m\cos\psi_m\tan\theta_L +$$
$$\frac{1}{r}V_m\cos\theta_m\sin\psi_m + \frac{1}{r\cos\theta_m}V_m(\sin\theta_m)^2\sin\psi_m \tag{8-19}$$

8.2.2 攻击角度控制的三维制导律

从理论上讲,攻击角度的选择应该能够反映导弹相对于目标的速度方向。根据三维空间导引几何关系,可以选择“$\psi_m + \psi_L$”和“$\theta_m + \theta_L$”为攻击角度。但为了便于理论分析和实际应用,并且考虑到当对攻击角度的导引控制时间足够时,

导弹的速度方向将与弹目视线方向重合，即 $\psi_m \approx 0°$，$\theta_m \approx 0°$，因此，可以选择 ψ_{L} 和 θ_{L} 为攻击角度。设要求的攻击角度（期望值）为 $\psi_{\mathrm{L},c}$，$\theta_{\mathrm{L},c}$，则期望的视线角运动学可设计为

$$\dot{\lambda}_{z,\mathrm{des}} = -k_{\lambda z}(\psi_{\mathrm{L}} - \psi_{\mathrm{L},c}) \tag{8-20}$$

$$\dot{\lambda}_{y,\mathrm{des}} = k_{\lambda y}(\theta_{\mathrm{L}} - \theta_{\mathrm{L},c}) \tag{8-21}$$

式中：$k_{\lambda z} > 0$，$k_{yz} > 0$，它们代表相应的视线角运动学带宽。

如果通过控制，使 $\dot{\lambda}_{z,\mathrm{des}} = \dot{\lambda}_z$，$\dot{\lambda}_{y,\mathrm{des}} = \dot{\lambda}_y$，则有

$$\dot{\lambda}_z = -k_{\lambda z}(\psi_{\mathrm{L}} - \psi_{\mathrm{L},c}) \tag{8-22}$$

$$\dot{\lambda}_y = k_{\lambda y}(\theta_{\mathrm{L}} - \theta_{\mathrm{L},c}) \tag{8-23}$$

考虑到

$$\dot{\lambda}_y = -\dot{\theta}_{\mathrm{L}},\ \dot{\lambda}_z = \dot{\psi}_{\mathrm{L}}\cos\theta_{\mathrm{L}} \tag{8-24}$$

式（8－22）、式（8－23）可表示为

$$\dot{\psi}_{\mathrm{L}} = -\frac{k_{\lambda z}}{\cos\theta_{\mathrm{L}}}(\psi_{\mathrm{L}} - \psi_{\mathrm{L},c}) \tag{8-25}$$

$$\dot{\theta}_{\mathrm{L}} = -k_{\lambda y}(\theta_{\mathrm{L}} - \theta_{\mathrm{L},c}) \tag{8-26}$$

这表明，如果控制是理想的，则视线角运动系统将是稳定的。

由式（8－24）还可得到

$$\theta_{\mathrm{L}}(t) = \theta_{\mathrm{L}}(0) - \int_0^t \lambda_y(t')\,\mathrm{d}t' \tag{8-27}$$

$$\psi_{\mathrm{L}}(t) = \psi_{\mathrm{L}}(0) - \int_0^t \frac{\dot{\lambda}_z(t')}{\cos[\theta_{\mathrm{L}}(t')]}\mathrm{d}t' \tag{8-28}$$

下面根据 Lyapunov 稳定性理论，通过严格推导来确定带有攻击角度控制的三维制导律。选择 Lyapunov 函数为

$$V(t) = \frac{1}{2}r^2(\dot{\lambda}_y - \dot{\lambda}_{y,\mathrm{des}})^2 + \frac{1}{2}r^2(\dot{\lambda}_z - \dot{\lambda}_{z,\mathrm{des}})^2 \tag{8-29}$$

对式（8－29）两边求关于时间的导数，得到

$$\begin{aligned}\dot{V}(t) = &[r(\dot{\lambda}_y - \dot{\lambda}_{y,\mathrm{des}})]\frac{\mathrm{d}}{\mathrm{d}t}[r(\dot{\lambda}_y - \dot{\lambda}_{y,\mathrm{des}})] \\ &+ [r(\dot{\lambda}_z - \dot{\lambda}_{z,\mathrm{des}})]\frac{\mathrm{d}}{\mathrm{d}t}[r(\dot{\lambda}_z - \dot{\lambda}_{z,\mathrm{des}})]\end{aligned} \tag{8-30}$$

其中

$$\dot{\lambda}_x = \dot{\lambda}_z \tan\theta_L$$

将式(8-29)、式(8-30)代入式(8-28),化简可得

$$\begin{aligned}\dot{V}(t) = &[r(\dot{\lambda}_y - \dot{\lambda}_{y,des})] \times [r\dot{\lambda}_{z,des}\dot{\lambda}_x - \dot{r}(\dot{\lambda}_y - \dot{\lambda}_{y,des}) + A_{zm}c\theta_m \\ &-2\dot{r}\dot{\lambda}_{y,des} - r\ddot{\lambda}_{y,des}] + [r(\dot{\lambda}_z - \dot{\lambda}_{z,des})] \times [-r\dot{\lambda}_{y,des}\dot{\lambda}_x \\ &-\dot{r}(\dot{\lambda}_z - \dot{\lambda}_{z,des}) + A_{zm}s\theta_m s\psi_m - A_{ym}c\psi_m - 2\dot{r}\dot{\lambda}_{z,des} - r\ddot{\lambda}_{z,des}]\end{aligned} \tag{8-31}$$

通过观察式(8-31),可选

$$A_{zmc} = -\frac{A_1|\dot{r}|(\dot{\lambda}_y - \dot{\lambda}_{y,des})}{c\theta_m} + \frac{2\dot{r}\dot{\lambda}_{y,des} + r\ddot{\lambda}_{y,des} - r\dot{\lambda}_{z,des}\dot{\lambda}_x}{c\theta_m} \tag{8-32}$$

$$\begin{aligned}A_{ymc} = &-A_1|\dot{r}|(\dot{\lambda}_y - \dot{\lambda}_{y,des})\tan\theta_m\tan\psi_m + \frac{A_2|\dot{r}|(\dot{\lambda}_z - \dot{\lambda}_{z,des})}{c\psi_m} + \\ &(2\dot{r}\dot{\lambda}_{y,des} + r\ddot{\lambda}_{y,des} - r\dot{\lambda}_{z,des}\dot{\lambda}_x)\tan\theta_m\tan\psi_m - \frac{(2\dot{r}\dot{\lambda}_{z,des} + r\ddot{\lambda}_{z,des} + r\dot{\lambda}_{y,des}\dot{\lambda}_x)}{c\psi_m})\end{aligned} \tag{8-33}$$

将式(8-32)、式(8-33)代入式(8-31),并经过化简,可得

$$\dot{V} \leqslant -(A_1-1)r|\dot{r}|(\dot{\lambda}_y - \dot{\lambda}_{y,des})^2 - (A_2-1)r|\dot{r}|(\dot{\lambda}_z - \dot{\lambda}_{z,des})^2 \tag{8-34}$$

若选择导引比常数 $A_1>1, A_2>1$,则 $\dot{V} \leqslant 0$,且仅当 $\dot{\lambda}_y = \dot{\lambda}_{y,des}$、$\dot{\lambda}_z = \dot{\lambda}_{z,des}$ 时,$\dot{V}=0$,因此,$\dot{\lambda}_y \to \dot{\lambda}_{y,des}$、$\dot{\lambda}_z \to \dot{\lambda}_{z,des}$,从而保证导弹按照要求的攻击角度成功地截获目标。

式(8-32)、式(8-33)的计算还需要用到 $\ddot{\lambda}_{z,des}$ 和 $\ddot{\lambda}_{y,des}$。考虑到要求的攻击角度 $\psi_{L,c}$ 和 $\theta_{L,c}$ 通常为常数,因此,由式(8-22)、式(8-23)可得

$$\ddot{\lambda}_{z,des} = -k_{\lambda z}\dot{\psi}_L \tag{8-35}$$

$$\ddot{\lambda}_{y,des} = k_{\lambda y}\dot{\theta}_L \tag{8-36}$$

参数 A_1、A_2、$k_{\lambda z}$、$k_{\lambda y}$ 的具体取值可根据实际情况,按照其物理意义在给定的取值范围先初步确定其值,再通过仿真调试的方法进行调整,直到满足要求为止。

8.2.3 待飞时间估计与攻击时间控制

为了便于对攻击时间进行准确预测，需要先将导弹控制到要求的进攻航线（因为直线飞行时便于准确预测，而导引过程和机动过程中不便于准确预测）。判断“导弹是否满足转入进行攻击时间控制的条件”其实就是判断“导弹是否开始沿着要求的进攻航迹飞行（当该过程进入稳态时，进攻航迹与视线方向重合）”，显然，实际应用中其具体的判断条件带有一定的主观性，可能因人而异。故这里只示例性地给出本书在仿真时所采用的一个判断条件：

$$|\theta_m|<5°\text{且}|\psi_m|<5°\text{且}|A_{mz}|<1g$$

$$|A_{my}|<1g\text{ 且}|v_m+\dot{r}|<20\text{m/s}$$

$$|\psi_{\mathrm{L}}-\psi_{\mathrm{L},c}|<1°\text{且}|\theta_{\mathrm{L}}-\theta_{\mathrm{L},c}|<1°$$

式中：$|\theta_m|<5°$ 且 $|\psi_m|<5°$ 表明导弹的速度方向与视线方向基本重合；$|A_{mz}|<1g$且$|A_{my}|<1g$ 表明该过程基本进入稳态；$|v_m+\dot{r}|<20\text{m/s}$ 也是为表述导弹基本按视线方向飞行（例如，若 $v_m=300$，$\dot{r}=-300$，则表明导弹严格按视线方向飞行）；$|\psi_{\mathrm{L}}-\psi_{\mathrm{L},c}|<1°$且$|\theta_{\mathrm{L}}-\theta_{\mathrm{L},c}|<1°$表明导弹基本被控制到进攻航迹上。

本节针对导弹抵达目标的预测时间误差 $\Delta t_f>0$ 的情况，在导弹本身以恒速或匀加/减速运动条件下，提出通过特定的机动飞行指令来解决攻击时间控制问题的方法。

1. 导弹速度恒定的情况

设当前的弹目距离为 r_{go}，导弹速度为 v_m，假设导弹对准目标沿视线直线飞行，则可估计出导弹的待飞时间为

$$t_{go}=r_{go}/v_m \tag{8-37}$$

图 8-2 为直线飞行航迹 AE 与侧向机动飞行航迹 $ABCDE$ 示意图。设图 8-2中 A 点的时刻为 t_A，要求的攻击时间为 $t_{f,\mathrm{des}}$，则导弹抵达目标的预测时间误差为

$$\Delta t_f=t_{f,\mathrm{des}}-(t_A+t_{go}) \tag{8-38}$$

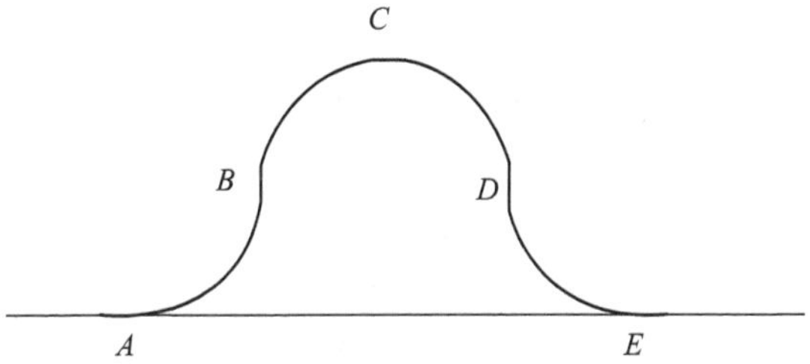

图 8-2 侧向机动飞行航迹

当 $\Delta t_f>0$ 时,为了补偿时间误差 Δt_f,可控制导弹按照如图 8 -2 所示的轨迹进行机动飞行,该轨迹由 4 段相同弧长的圆弧构成,即弧长 $s_1=s_2=s_3=s_4$,这些圆弧的转弯半径相同,均为 R,当假设导弹飞行速度大小不变时,导弹飞完这些圆弧段的时间也是相同的,即 $t_1=t_2=t_3=t_4$。

设 4 段相同弧长所加的侧向机动过载为 $A_{my\max}$(最大过载),则

$$R=v_m^2/A_{my\max} \tag{8-39}$$

根据图 8 -2 中的几何关系和运动学关系,有

$$4t_1=\Delta t_f+\frac{4R}{v_m}\sin\left(\frac{v_m t_1}{R}\right) \tag{8-40}$$

式(8 -40)可以表示为

$$x-\sin x=c \tag{8-41}$$

其中

$$x=\frac{v_m t_1}{R},\quad c=\frac{v_m\Delta t_f}{4R} \tag{8-42}$$

式(8 -41)可通过二分法迭代求解,但比较费时间。下面通过构造插值表来求解 x。令 $\boldsymbol{X}=[0° \quad 10° \quad 20° \quad \cdots \quad 90°]\cdot\pi/180°=[x_0 \quad x_1 \quad x_2 \quad \cdots \quad x_9]$,分别计算 $c_i=x_i-\sin x_i, i=0,1,2,\cdots,9$,令 $\boldsymbol{C}=[c_0,c_1,\cdots,c_9]$,以 $\boldsymbol{C}$ 作为插值表的输入插值节点向量,以 $\boldsymbol{X}$ 作为插值表的输出插值节点向量,可构造出一维的插值表。当输入一个具体的 c,就可以通过插值计算出相应的 x,进一步可解出

$$t_1=xR/v_m \tag{8-43}$$

当导弹经过初始位置和飞行方向的纠偏,从 A 点开始转入直线飞行状态时,将导弹的水平侧向导引指令切换为如下的机动飞行指令:

$$A_{ymc}=\begin{cases}A_{my\max}, & t_A\leqslant t<t_A+t_1\\ -A_{my\max}, & t_A+t_1\leqslant t<t_A+3t_1\\ A_{my\max}, & t_A+3t_1\leqslant t<t_A+4t_1\end{cases} \tag{8-44}$$

当 $t<t_A$ 或者 $t\geqslant t_A+4t_1$ 时,A_{ymc}需要采用式(8 -33)进行自动导引。在导弹通过水平方向侧向机动指令进行攻击时间控制期间,考虑到目标很可能超出导引头的视场之外,因此,这时竖直方向的侧向导引指令被切换为 $A_{zmc}=0$(即不进行导引)。注意:这里为了简单起见,没有考虑重力的影响,但在实际控制系统设计时必须考虑对重力进行补偿。对导弹速度匀加/减速变化的情况也同此处理,不再重复说明。

2. 导弹速度匀加/减速变化的情况

设期望的攻击时间为 $t_{f,\mathrm{des}}$，初始弹目距离为 r_0，导弹速度按照匀加/减速规律变化，$v_m(t)=v_{m,0}+A_{mx}t$，导弹初始速度为 $v_{m,0}$，匀加/减速度为 A_{mx}。为保证转弯飞行所需要的过载不超过最大过载 $A_{my\max}$，当导弹速度匀加速变化时，可保守地取转弯半径：

$$R=(v_{m,0}+A_{mx}t_{f,\mathrm{des}})^2/A_{my\max} \tag{8-45a}$$

当导弹速度匀减速变化时，可保守地取转弯半径

$$R=v_{m,0}^2/A_{my\max} \tag{8-45b}$$

设 A 点的弹目距离为 r_{go}，如果导弹对准目标后按直线飞行，则由运动学关系

$$r_{go}=v_m(t_A)t_{go}+\frac{1}{2}A_{mx}t_{go}^2 \tag{8-46}$$

可估计出导弹的待飞时间为

$$t_{go}=\frac{-v_m(t_A)\pm\sqrt{[v_m(t_A)]^2+2A_{mx}r_{go}}}{A_{mx}} \tag{8-47}$$

当导弹速度按匀加速规律变化时，按式(8-47)可计算出两个 t_{go} 值，一个为正，另一个为负，考虑到 $t_{go}>0$，因此，取 t_{go} 为正的解。当导弹速度按匀减速规律变化时，按式(8-47)可计算出两个 t_{go} 值，均为正，但一个大，另一个小，较小的 t_{go} 表示导弹一直以正的速度飞向目标所需要的时间(可取)，但较大的 t_{go} 表示导弹以正的速度飞过目标后又以负的速度反方向飞向目标时所需要的时间。

综合上述分析，不管导弹速度是按匀加速规律变化，还是按匀减速规律变化，均取

$$t_{go}=\frac{-v_m(t_A)+\sqrt{[v_m(t_A)]^2+2A_{mx}r_{go}}}{A_{mx}} \tag{8-48}$$

设 t_A 时刻导弹进入对准目标直线飞行的状态，这时，可按式(8-24)预测导弹抵达目标的时间误差。当 $\Delta t_f>0$ 时，为了补偿时间误差 Δt_f，可控制导弹按照如图8-2所示的轨迹进行机动飞行，该轨迹由4段相同弧长的圆弧构成，弧长 $s_1=s_2=s_3=s_4=s$，这些圆弧的转弯半径相同，均为 R。由运动学关系可知

$$s=v_m(t_A)t+\frac{1}{2}A_{mx}t^2 \tag{8-49}$$

导弹由 A 点飞到 B 点，经过的弧长是 s，需要的时间为

$$t_{AB}=\frac{-v_m(t_A)+\sqrt{[v_m(t_A)]^2+2A_{mx}s}}{A_{mx}} \tag{8-50}$$

导弹由 A 点飞到 B 点，再经过 C 点到达 D 点，经过的弧长是 $3s$，需要的时间为

$$t_{AD}=\frac{-v_m(t_A)+\sqrt{[v_m(t_A)]^2+6A_{mx}s}}{A_{mx}} \tag{8-51}$$

导弹由 A 点飞到 B 点，再经过 C 点、D 点到达 E 点，经过的弧长是 $4s$，需要的时间为

$$t_{AE}=\frac{-v_m(t_A)+\sqrt{[v_m(t_A)]^2+8A_{mx}s}}{A_{mx}} \tag{8-52}$$

当导弹通过对初始位置和飞行方向的纠偏，从 A 点开始转入直线飞行状态时，将导弹的水平侧向导引指令切换为如下的机动飞行指令：

$$A_{ymc}=\begin{cases}A_{ymc1}, & t_A\leqslant t<t_A+t_{AB}\\ -A_{ymc1}, & t_A+t_{AB}\leqslant t<t_A+t_{AD}\\ A_{ymc1}, & t_A+t_{AD}\leqslant t<t_A+t_{AE}\end{cases} \tag{8-53}$$

其中

$$A_{ymc1}=v_m^2(t)/R \tag{8-54}$$

当 $t<t_A$ 或者 $t\geqslant t_A+t_{AE}$ 时，A_{ymc} 需要采用式（8－19）进行自动导引。式（8－40）～式（8－42）的计算需要先确定 s，下面进一步求 s。

导弹由 A 点直线飞行到 E 点，所经过的直线距离为

$$r_{\overline{AE}}=4R\sin s/R \tag{8-55}$$

由运动学关系

$$r_{\overline{AE}}=v_m(t_A)t_{\overline{AE}}+\frac{1}{2}A_{mx}t_{\overline{AE}}^2 \tag{8-56}$$

可以估算出导弹由 A 点直线飞行到 E 点所需要的时间为

$$t_{\overline{AE}}=\frac{-v_m(t_A)+\sqrt{[v_m(t_A)]^2+8A_{mx}R\sin\frac{s}{R}}}{A_{mx}} \tag{8-57}$$

t_{AE} 与 $t_{\overline{AE}}$ 之间应有如下关系：

$$t_{AE}=t_{\overline{AE}}+\Delta t_f \tag{8-58}$$

将式（8－56）与式（8－57）代入式（8－58），整理得

$$\sqrt{1+\frac{8A_{mx}s}{[v_m(t_A)]^2}}=\frac{\Delta t_f A_{mx}}{v_m(t_A)}+\sqrt{1+\frac{8A_{mx}R\sin\frac{s}{R}}{[v_m(t_A)]^2}} \tag{8-59}$$

当下面条件成立时

$$\frac{8A_{mx}s}{[v_m(t_A)]^2}\ll 1,\frac{8A_{mx}R\sin\frac{s}{R}}{[v_m(t_A)]^2}\ll 1 \tag{8-60}$$

则有

$$1+\frac{4A_{mx}s}{[v_m(t_A)]^2}=\frac{\Delta t_f A_{mx}}{v_m(t_A)}+1+\frac{4A_{mx}R\sin\frac{s}{R}}{[v_m(t_A)]^2} \tag{8-61}$$

式(8-61)也可化为

$$x-\sin x=c \tag{8-62}$$

$$x=s/R,\quad c=v_m(t_A)\Delta t_f/4R \tag{8-63}$$

可根据前面介绍的方法构造插值表,输入一个具体的 c,就可以通过插值计算出相应的 x,进一步可解出

$$s=xR \tag{8-64}$$

当 $\Delta t_f<0$ 时,将无法对时间误差进行补偿,这时,导弹只能直接飞向目标。为使导引结束时攻击角度控制和攻击时间控制都能达到控制要求,需要合理设定期望的攻击时间,要保证 $\Delta t_f>0$,但也不能使 Δt_f 太大,否则,若攻击时间控制(机动飞行)所需时间太长,使得最终对攻击角度的导引控制时间太短而达不到攻击角度控制的要求。

8.3 仿真分析

8.3.1 导弹速度恒定仿真分析

期望的攻击时间 $t_{f,\mathrm{des}}=58\mathrm{s}$,初始弹目距离为 $r_0=15000\mathrm{m}$,导弹速度 $v_m=300\mathrm{m/s}$,最大过载 $A_{my\max}=A_{mz\max}=8g$,初始 $\lambda_y(0)=0°$,$\lambda_z(0)=0°$,$\theta_m(0)=-3°$,$\psi_m(0)=-3°$,$\theta_{\mathrm{L}}(0)=-30°$,$\psi_{\mathrm{L}}(0)=45°$。目标的速度 $v_t(t)=1\mathrm{m/s}$,$\theta_t(t)=20°$,$\psi_t(t)=135°$,目标不机动。设定的攻击角度 $\theta_{\mathrm{L},c}=-35°$,$\psi_{\mathrm{L},c}=40°$,取 $A_1=7$,$A_2=7$,$k_{\lambda z}=0.5$,$k_{\lambda y}=0.5$,取转弯半径 $R=v_m^2/A_{my\max}$。计算步长取 0.001s。仿真结果如图 8-3 所示,得到实际的攻击时间 $t_f=58.13\mathrm{s}$,可精确地按照设定的攻击角度实现直接碰撞。

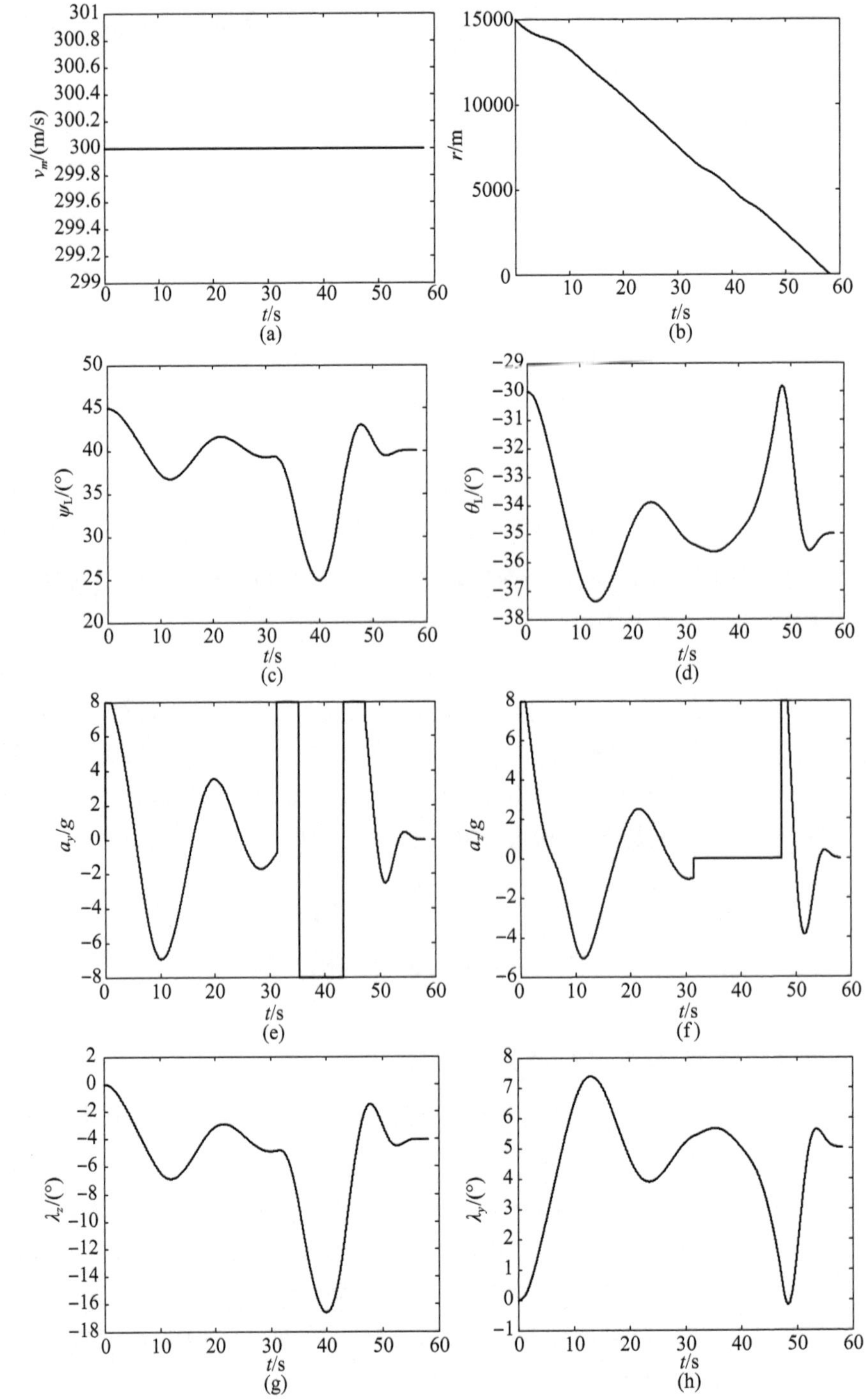

v_m/(m/s)
r/m
ψ_L/(°)
θ_L/(°)
a_y/g
a_z/g
λ_z/(°)
λ_y/(°)
t/s
(a)
(b)
(c)
(d)
(e)
(f)
(g)
(h)

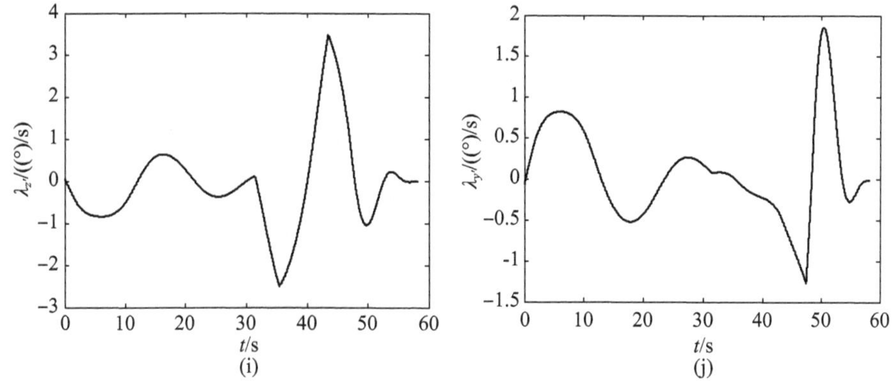

图 8 - 3　导弹速度恒定时的仿真结果

(a)导弹速度曲线；(b)导弹—目标距离；(c)攻击角度 ψ_{L}；(d)攻击角度 θ_{L}；(e)加速度分量 A_{my}；(f)加速度分量 A_{mz}；(g)弹目视线角分量 λ_z 曲线；(h)弹目视线角分量 λ_y 曲线；(i)弹目视线角速率分量 $\dot{\lambda}_z$ 曲线；(j)弹目视线角速率分量 $\dot{\lambda}_y$ 曲线。

8.3.2　导弹匀速仿真分析

期望的攻击时间 $t_{f,\mathrm{des}}=62\mathrm{s}$，初始弹目距离为 $r_0=18000\mathrm{m}$，设导弹速度按照匀加速规律变化，$v_m(t)=v_{m,0}+A_{mx}t$，$v_{m,0}=300\mathrm{m/s}$，$A_{mx}=0.2v_{m,0}/t_{f,\mathrm{des}}$，最大过载 $A_{my\max}=A_{mz\max}=8g$，初始 $\lambda_y(0)=0°$，$\lambda_z(0)=0°$，$\theta_m(0)=-3°$，$\psi_m(0)=-3°$，$\theta_{\mathrm{L}}(0)=-30°$，$\psi_{\mathrm{L}}(0)=45°$。目标的速度 $v_t(t)=1\mathrm{m/s}$，$\theta_t(t)=20°$，$\psi_t(t)=135°$，目标不机动。设定的攻击角度 $\theta_{\mathrm{L},c}=-35°$，$\psi_{\mathrm{L},c}=40°$，取 $A_1=7$，$A_2=7$，$k_{\lambda z}=0.5$，$k_{\lambda y}=0.5$，转弯半径 $R=(v_{m,0}+A_{mx}t_{f,\mathrm{des}})^2/A_{my\max}$，计算步长 0.001s。仿真结果如图 8 - 4 所示，得到实际的攻击时间 $t_{f,\mathrm{des}}=62.41\mathrm{s}$，可精确按照设定的攻击角度实现直接碰撞。

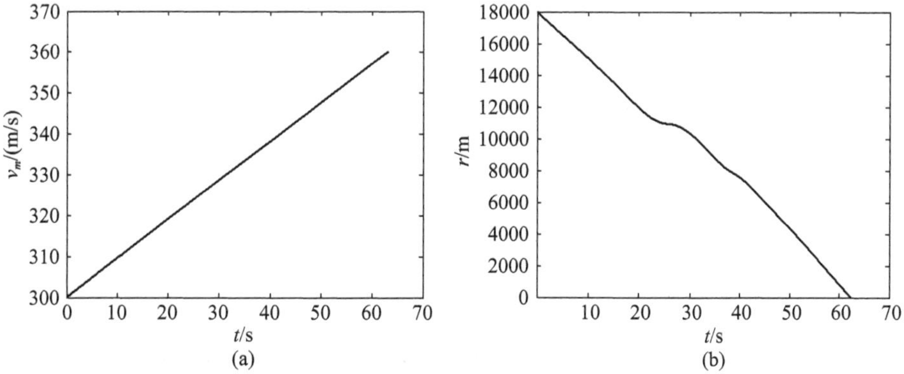

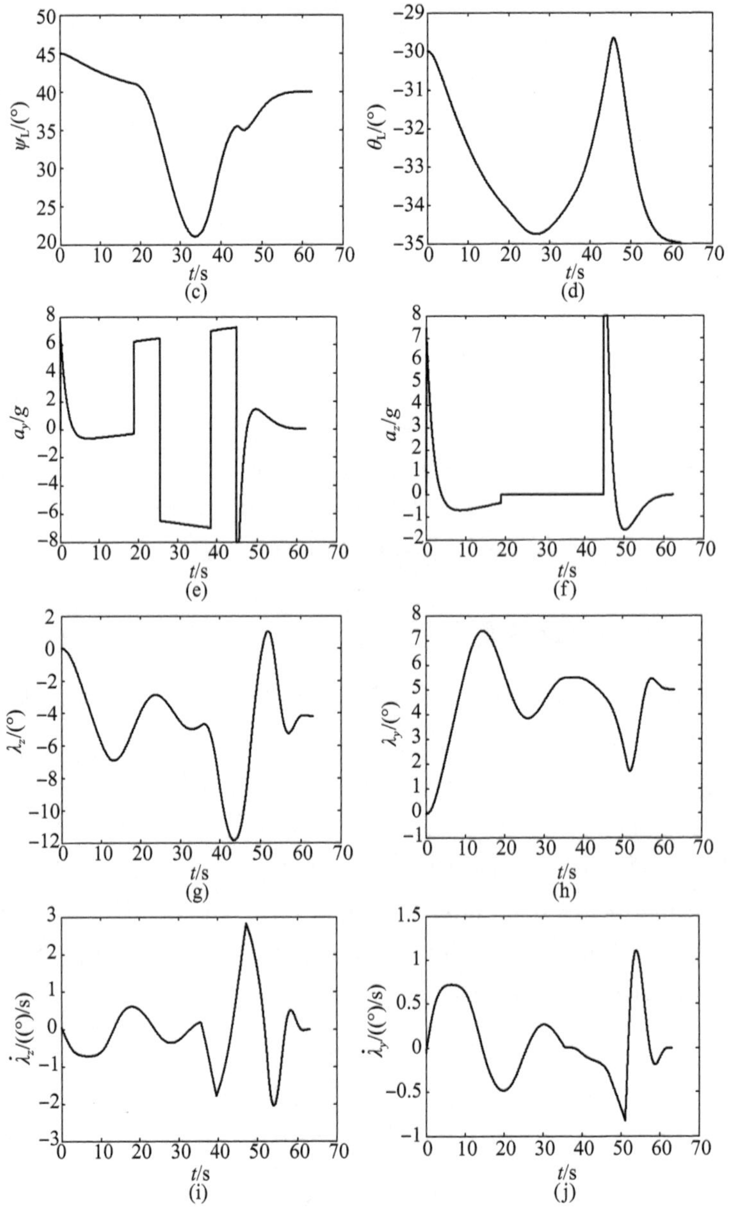

图 8-4　导弹匀速时的仿真结果

(a)导弹速度曲线；(b)导弹—目标距离；(c)攻击角度 ψ_L；(d)攻击角度 θ_L；(e)加速度分量 A_{my}；(f)加速度分量 A_{mz}；(g)弹目视线角分量 λ_z 曲线；(h)弹目视线角分量 λ_y 曲线；(i)弹目视线角速率分量 $\dot{\lambda}_z$ 曲线；(j)弹目视线角速率分量 $\dot{\lambda}_y$ 曲线。

8.3.3 导弹螺旋机动仿真分析

设初始弹目距离为 $r_0 = 6264\text{m}$,导弹速度 $V_m = 300\text{m/s}$,最大过载 $a_{y\max} = a_{z\max} = 8g$,初始 $\lambda_y(0) = 0°$,$\lambda_z(0) = 0°$,$\theta_m(0) = 20°$,$\psi_m(0) = 10°$,$\theta_L(0) = -9.18°$,$\psi_L(0) = -18.18°$,目标静止。取 $A_1 = 10$,$A_2 = 10$。当采用攻击时间与攻击角度控制时,当期望的攻击时间与期望攻击角度分别为 $T_d = 23\text{s}$,$\theta_{L,c} = -10°$,$\psi_{L,c} = -20°$,仿真结果如图 8-5 所示,实际的攻击时间 $t_f = 22.985\text{s}$,θ_L 和 ψ_L 都能精确控制。当期望的攻击时间与期望攻击角度分别为 $T_d = 25\text{s}$,$\theta_{L,c} = 0°$,$\psi_{L,c} = 0°$,仿真结果如图 8-6 所示,实际的攻击时间与攻击角度与期望值吻合。

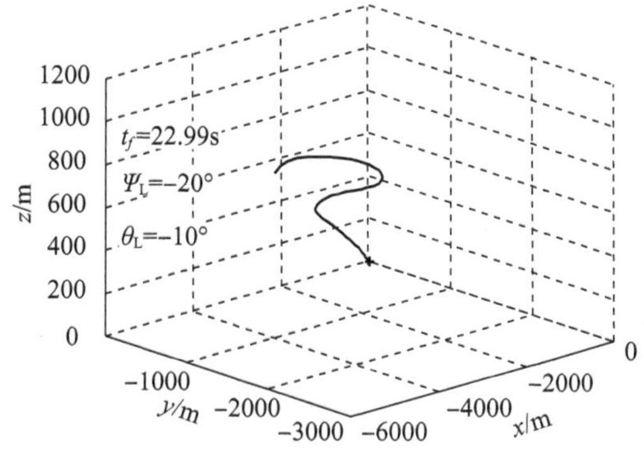

(a)

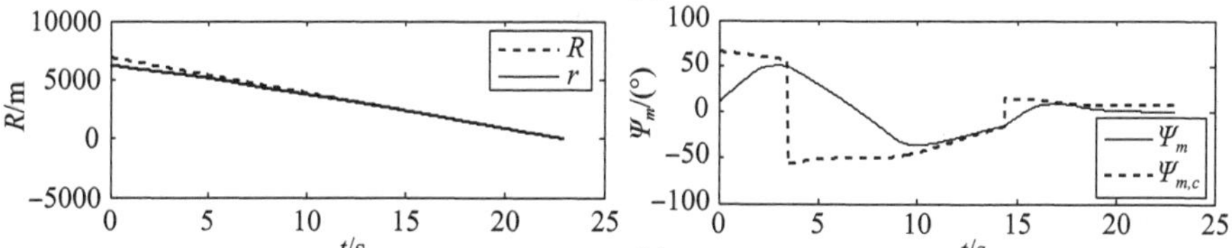

(b)

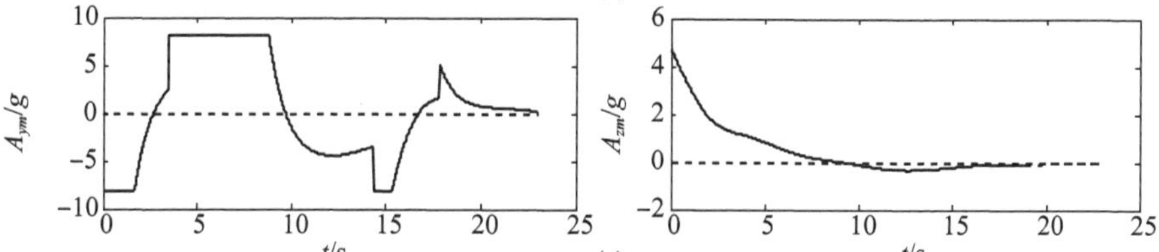

(c)

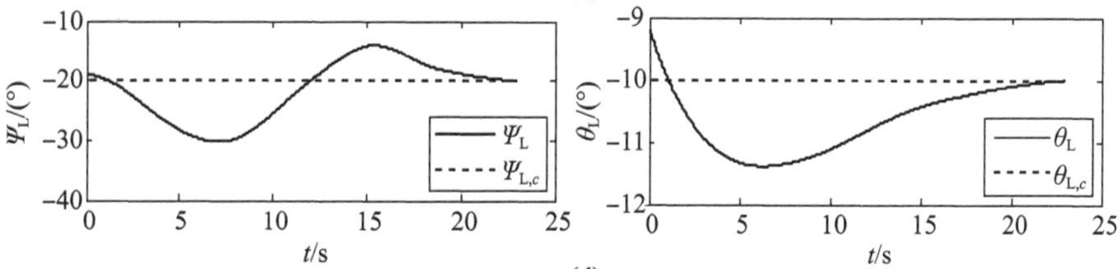

(d)

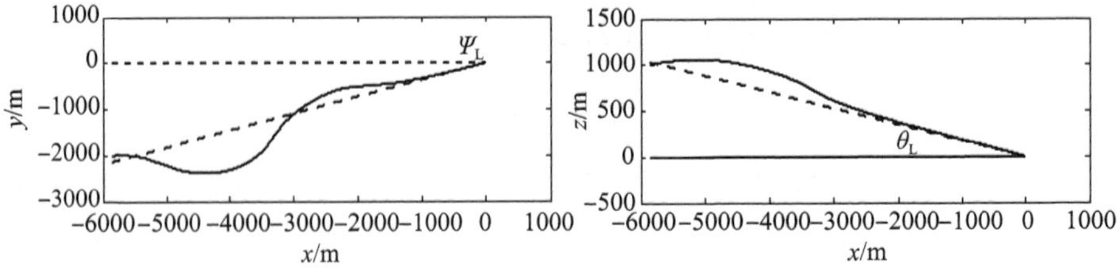

(e)

图 8-5　控制攻击时间与攻击角度($T_d = 23\mathrm{s}$、$\theta_{L,c} = -10°$、$\psi_{L,c} = -20°$)

(a)三维弹道轨迹；(b)R 与 ψ_m 的跟踪曲线；(c)导弹加速度曲线；

(d)ψ_L 与 θ_L 的跟踪曲线；(e)导弹运动轨迹在侧向及纵向投影。

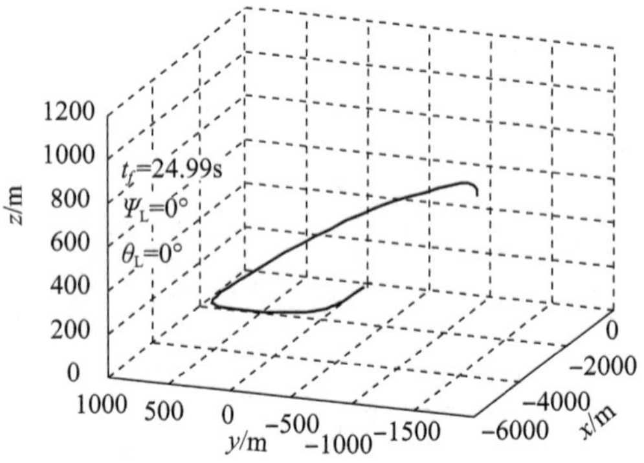

(a)

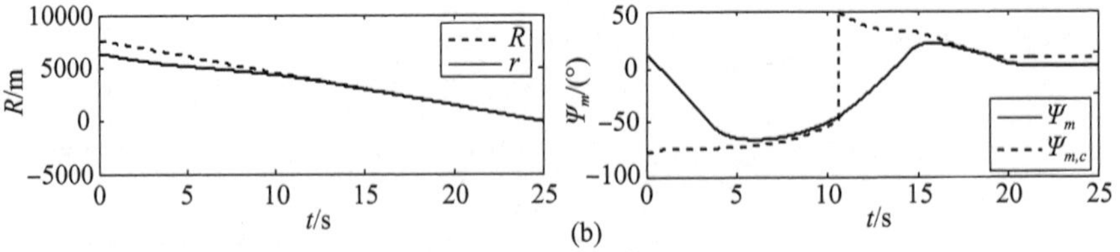

(b)

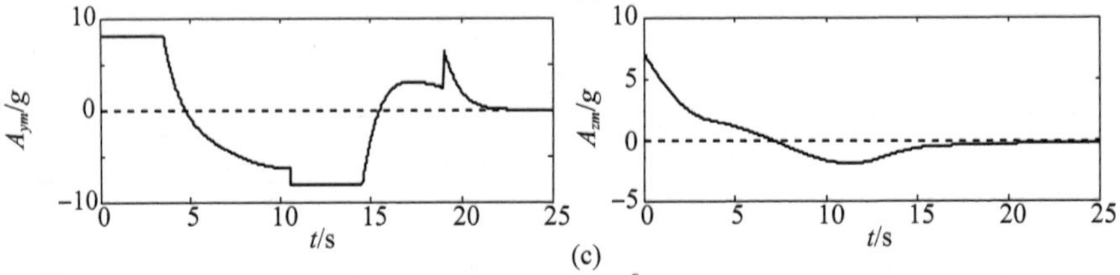

(c)

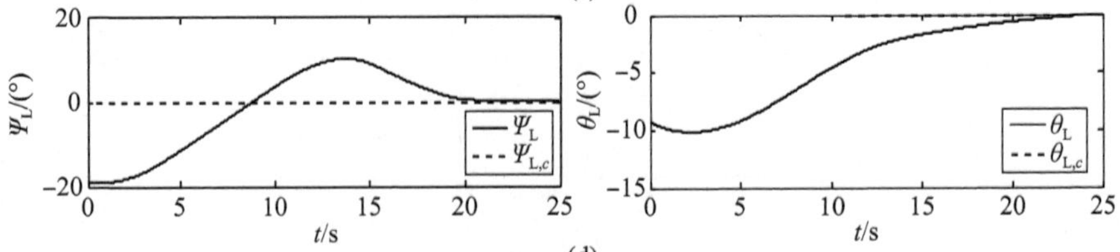

(d)

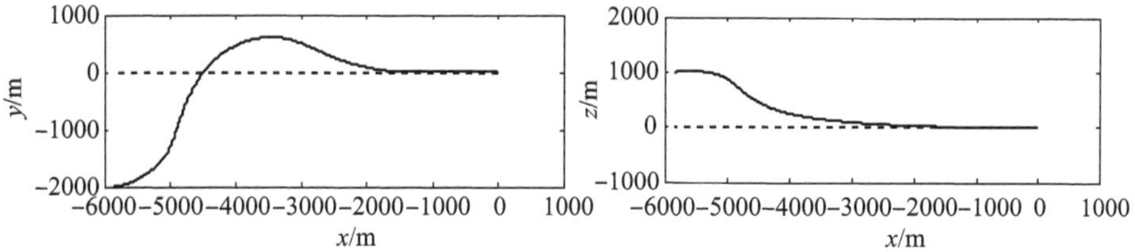

(e)

图 8 -6　控制攻击时间与攻击角度($T_d=25\mathrm{s},\theta_{\mathrm{L},c}=0°,\psi_{\mathrm{L},c}=0°$)曲线

(a)三维弹道轨迹；(b) R 与 ψ_m 的跟踪曲线；(c)导弹加速度曲线；

(d) ψ_{L} 与 θ_{L} 的跟踪曲线；(e)导弹运动轨迹在侧向及纵向投影。

采用攻击时间与攻击角度控制导引时，当期望的攻击时间与期望攻击角度分别为 $T_d=25\mathrm{s}$, $\theta_{\mathrm{L},c}=-10°$, $\psi_{\mathrm{L},c}=-20°$，仿真结果如图 8 - 7 所示，由图 8 -7(a)可见，导弹分别在两个平面围绕其指定的攻击角度作机动，两个平面运动合成即为图 8 -7(b)所示的近似螺旋机动。实际的攻击时间与攻击角度与期望值吻合。由图 8 -7(c)可见在时间控制阶段，导弹在最大的加速度进行机动，以消除攻击时间的误差，当到达最大允许的误差时，调整机动方向，以达到时间的精确控制与角度粗略控制。在角度精确控制阶段，控制量趋于收敛，只进行角度的微调，这样就能完成角度精确控制的同时而不会影响时间控制的效果。由图 8 -7(d)可以看见角度在两个阶段的控制效果：第一阶段进行粗略控制，使角度偏差不大，第二阶段进行粗确控制，使之收敛于指定的角度。由图 8 -7(e)可以看出两个中间控制量的动态过程。

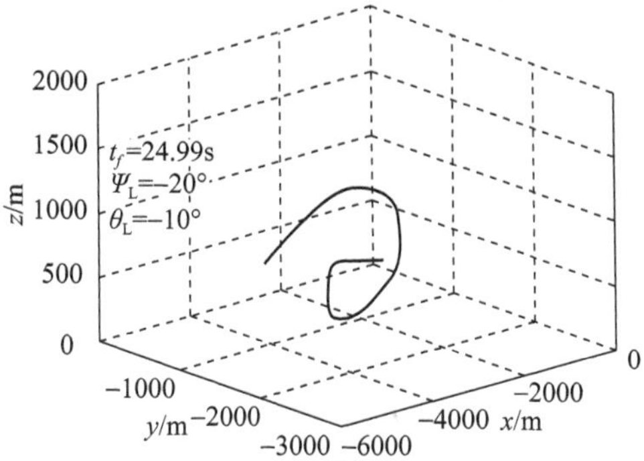

(a)

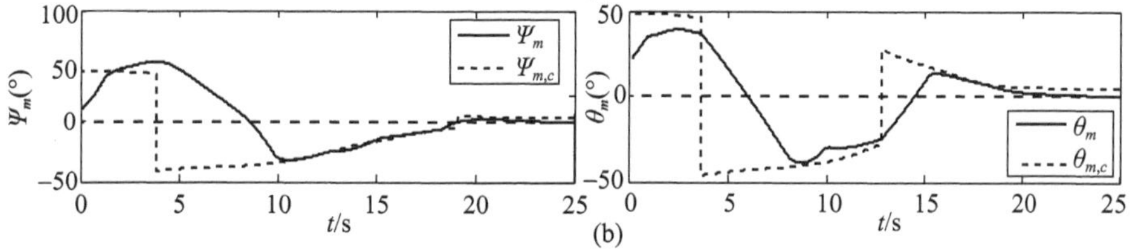

(b)

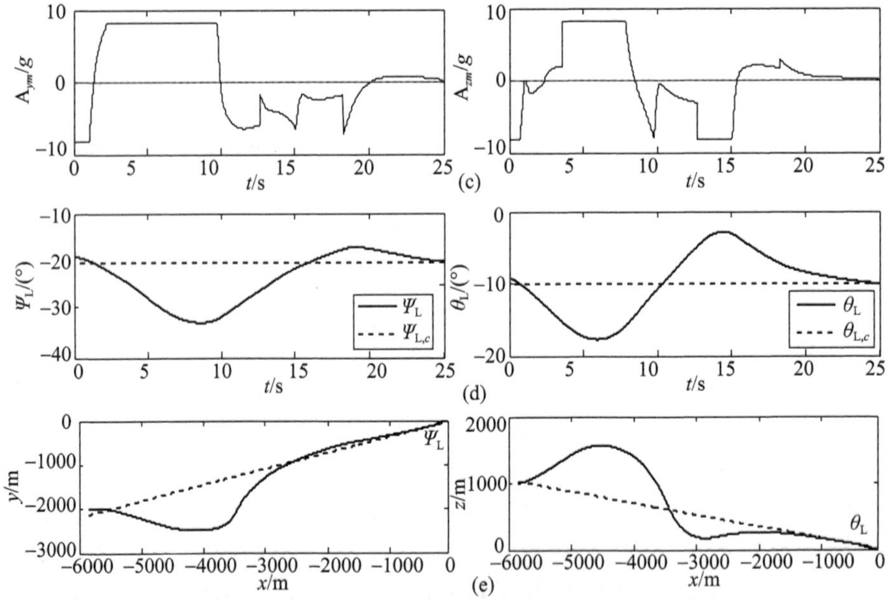

图 8-7　导弹采用螺旋机动策略时仿真结果

(a)三维弹道轨迹；(b)ψ_m 与 θ_m 的跟踪曲线；(c)导弹加速度曲线；

(d)导弹 ψ_L 与 θ_L 跟踪曲线；(e)导弹轨迹在纵向与侧的投影。

参考文献

[1] 张克,刘永才,关世义. 体系作战条件下飞航导弹突防与协同攻击问题研究[J]. 战术导弹技术,2005(3):1-7.

[2] 林涛,刘永才,关成启. 飞航导弹协同作战使用方法探讨[J]. 战术导弹技术,2005(3):8-12.

[3] Beard R W, Lawton J, Hadaegh F Y. A feedback architecture for formation control[J]. IEEE Transactions on Control System Technology. November, 2001:777-790.

[4] Kang W, Yeh H H. Coordinated attitude control of multi-satellite systems[J]. International Journal of Robust and Nonlinear Control, 2002, 12:185-205.

[5] Tanner H, Jadbabaie A, Pappas G J. Stable rocking of mobile agents, part II Dynamic topology[C]. In Proceedings of the 42th IEEE Conference on Decision and Control, Maui, HI, December, 2003:1-10.

[6] Jeon I S, Lee J I, Tahk M J. Impact-Time-Control Guidance Law for Anti-Ship Missiles[J]. IEEE Transactions on Control Systems Technology, 2016, 14(2):260-266.

[7] Jeon I S, Lee J I, Tahk M J. Homing Guidance Law for Cooperative Attack of Multiple Missiles[J]. Journal of Guidance, Control, and Dynamics, 2014, 33(1):275-280.

[8] 马培蓓,纪军. 多无人飞行器协同航迹控制[M]. 北京:北京航空航天大学出版社, 2017.

[9] 吕超,马培蓓,等. 空中机器人规划与决策[M]. 北京:国防工业出版社,2018.

[10] 李和平. 2007—2032 年美国无人系统发展路线图[M]. 北京:海潮出版社,2009.

[11] 魏瑞轩,李学仁. 无人系统及作战使用[M]. 北京:国防工业出版社,2009.

[12] Desimone R, Richard L. Flexible UAV mission management using emerging technologies[C]. Command and Control Research and Technology Symposium. California, 2002:1-11.

[13] Bellingham J S, Tillerson M, Alighanbari M. Cooperative path planning for multiple UAVs in dynamic and uncertain environment [C]. In Proceedings of the 41th IEEE Conference on Decision and Control. December, 2002:2816-2822.

[14] Jin Y, Minai A A, Polycarpou M M. Cooperative real-time search and task allocation in UAV teams[C]. In Proceedings of the 42nd IEEE Conference on Decision and Control, Maui, HI, December, 2003:7-12.

[15] Olfati-Saber R, Murray R M. Mesh stability of unmanned aerial vehicle cluster[C]. In Proceedings of the 2001 American Control Conference, Arlington, VA, June, 2001.

[16] Luo J, Some new optimal control problem in UAV cooperative control with information flow constraints [C]. In Proceedings of the 2003 American Control Conference, pages, Denver, CO, June, 2003:2181-2186.

[17] Beard R, Stepanyan V. Information consensus in distributed multiple vehicle coordinated control[C]. In Proceedings of the 43th IEEE Conference on Decision and Control, Maui, Hawaii, December, 2003: 2029-2034.

[18] Schumacher C. Ground moving target engagement by cooperative UAVs[C]. in Proceedings of American Control Conference, Portland, OR, June, 2005:4502-4505.

[19] Kim J, Vidal R, Shim D, et al. A hierarchical approach to probabilistic pursuit – evasion games with unmanned ground and aerial vehicles[C] In Proceedings of the IEEE Conference on Decision and Control, December, 2001.

[20] Cruz, Jose B Jr. Strategies for human – automation resource entity deployment[C]. Special invited session (THAPI), In Proceedings of the 42th IEEE Conference on Decision and Control, Maui, Hawaii, December, 2003.

[21] Rabbath C A, Gagnon E, Lauzon M. On the cooperative control of multiple unmanned aerial vehicles [C]. IEEE Canadian Review, 2004: 15 – 18.

[22] Johnson C L. Inverting the Control Ratio: Human Control of Large Autonomous Teams[C]. The International Conference on Autonomous Agents and Multi – Agent Systems. Melbourne, Australia, 2003.

[23] Joint Unmanned Combat Air Systems[J – UCAS]. [Online]. http://www. globalsecurity. org/military/systems/aircraft/j – ucas. htm, 2006.

[24] Michael Ownby. Mixed Initiative Control of Automa – teams (MICA)—A Progress Report[C]. AIAA 3rd "Unmanned Unlimited" Technical Conference, Chicago, Illinois, 2004. AIAA – 2004 – 6483.

[25] McLain T, Beard R. Cooperative rendezvous of multiple unmanned air vehicles[C]. In: The Proceedings of Guidance, Navigation and Control Conference, AIAA, Denver, CO, 2000, AIAA Paper 2000 – 4369.

[26] Beard R W, McLain T W, Goodrich M A, et al. Coordinated target assignment and intercept for unmanned air vehicles[J]. IEEE Transactions on Robotics and Automation, 2002, 18(6): 911 – 922.

[27] McLain T, Chandler P, Rasmussen S, et al. Cooperative control of UAV rendezvous[J]. In: The Proceedings of American Control Conference, 2001: 2309 – 2314.

[28] Bortoff S A. Path planning for UAVs[C]. In: The Proceedings of American Control Conf., 2000: 364 – 368.

[29] 庄益夫,田义宏,王磊. 智能反舰导弹作战任务规划系统研究[J]. 战术导弹技术,2009(4):13 – 16.

[30] 肖志斌,何冉,赵超. 导弹编队协同作战的概念及其关键技术[J]. 航天电子对抗,2013,29(1):1 – 3.

[31] 董受全. 反舰导弹齐射及其应用分析[J]. 战术导弹技术,2001(5):7 – 10.

[32] Chandler P, Rasumussen S, Pachter M. UAV cooperative path planning[C]. In: The Proceedings of AIAA Guidance, Navigation, and Control Conference. Denver, CO, 2000, AIAA Paper 2000 – 4370.

[33] Chandler Phillip R, Meir Pachter. Complexity in UAV cooperative control [C]. In: The Proceedings of. American Control Conf., 2002: 1831 – 1836.

[34] 张煜. 战术飞机飞行任务规划中不确定因素处理方法研究[D]. 长沙:国防科学技术大学,2006.

[35] 符小卫,高晓光. 多架无人作战飞机协同作战的几个关键问题[J]. 电光与控制,2003,10(3):19 – 22.

[36] 李林森,于海勋,佟明安,等. 协同空战的最小共享信息集[J]. 火力与指挥控制度,2001,26(2):19 – 22.

[37] 李林森,于海勋,韩志刚,等. 论协同空战及关键技术[J]. 电光与控制,2000(1):29 – 34.

[38] 丁明跃,郑昌文,周成平,等. 无人飞行器航迹规划[M]. 北京:电子工业出版社,2009.

[39] Brandao A S, Barbosa J P A, Mendoza V. A multi – layer control scheme for a centralized UAV formation [C]. 2014 International Conference on Unmanned Aircraft systems(ICUAS), 2014: 1181 – 1187.

[40] Scherer J, Yahyanejad S, Hayat S. An autonomous multi – UAV system for search and rescue [C]. Proceedings of the First Workshop on Micro Aerial Vehicle Networks, Sysems, and Applications for Civilian Use. ACM, 2015: 33 – 38.

[41] Lemaire T, Alami R, Lacroix S. A distributed tasks allocation scheme in multi - UAV context[C]. IEEE International Conference on Robotics and Automation, 2008:3622 - 3627.

[42] Qiu H, Duan H. Multiple UAV distributed close formation control based on inflight leadership hierarchies of pigeon flocks[J]. Aerospace Science and Technology, 2017:471 - 486.

[43] Pettersen K Y, Lefebe E. Way - point Tracking Control of Ships[C]. in Proceedings of the 40th IEEE Conference on Decision and Control, (Orlando, FL), Dec., 2001:940 - 945.

[44] Lapierre L, Soetanto D, Pascoal A. Nonlinear Path Following with Applications to the Control of Autonomous Underwater Vehicles[C], in Proceedings of the 42nd IEEE Conference on Decision and Control, (Maui, HI), Dec., 2003:1256 - 1261.

[45] Kim B, Tsiotras P. Time - Invariant Stabilization of a Unicycle - Type Mobile Robot: Theory and Experiments[C]. in IEEE Conference on Control Applications, Sept., 2000:443 - 448.

[46] Anderson E P, Beard R W. An Algorithmic Implementation of Constrained Extremal Control for UAVs [C]. in AIAA Guidance, Navigation, and Control Conference and Exhibit, (Monterey, Canada), Aug., 2002., AIAA - 2002 - 4470.

[47] Bui X N, Soueres P. Shortest Path Synthesis for Dubins Nonholonomic Robot[C]. in Proceedings of IEEE International Conference on Robotics and Automation, vol. 1, (San Diego, CA), May, 1994:2 - 7.

[48] Shanmugavel M, Tsourdos A, Zbikowski R, et al. 3D Dubins Sets Based Coordinated Path Planning for Swarm of UAVs[C]. in AIAA Guidance, Navigation, and Control Conference and Exhibit, Keystone, CO, Aug., 2006. AIAA - 2006 - 6211:1 - 20.

[49] Berglund T, Jonsson H, Oderkvist S. An Obstacle - avoiding Minimum Variation B - spline Problem[C]. in Proceedings of International Conference on Geometric Modeling and Graphics, July, 2003:156 - 161.

[50] Barraquand J, Langlois B, Latombe J C. Numerical Potential Field Techniques for Robot Path Planning[J], IEEE Transactions on Systems, Man, and Cybernetics, vol. 22, Mar. Apr., 1992:224 - 240.

[51] Neus M, Maouche S. Motion Planning using the Modified Visibility Graph[C]. in Proceedings of the IEEE International Conference on Systems, Man, and Cybernetics, vol. 4, (Tokyo, Japan), Oct., 1999:651 - 655.

[52] Kavraki L, Latombe J C. Randomized Preprocessing of Configuration for Fast Path Planning[C]. in Proceedings of the IEEE International Conference on Robotics and Automation, vol. 3, (San Diego, CA), May, 1994:2138 - 2145.

[53] Rathbun D, Kragelund S, Pongpunwattana A. An Evolution Based Path Planning Algorithm for Autonomous Motion of a UAV Through Uncertain Environments[C]. in Proceedings of the 21st Digital Avionics Systems Conference, vol. 2, 2002:8D2(1) - 8D2(12).

[54] Marti K, Qu S. Path Planning for Robots by Stochastic Optimization Methods[J], International Journal of Intelligent and Robotic Systems, vol. 22, June, 1998:117 - 127.

[55] Yang H I, Zhao Y J. Trajectory Planning for Autonomous Aerospace Vehicles amid Known Obstacles and Conflicts[J]. Journal of Guidance, Control, and Dynamics, vol. 27, Nov. - Dec., 2004:997 - 1008.

[56] Stentz A. Map - based Strategies for Robot Navigation in Unknown Environments[C]. in Proceedings AAAI 1996 Spring Symposium on Planning with Incomplete Information for Robot Problems, (Menlo Park, CA), 1996:110 - 116.

[57] Richards A, How J. Aircraft Trajectory Planning with Collision Avoidance using Mixed Integer Linear Programming[C]. in Proceedings of the American Control Conference, 2002:1936 - 1940.

[58] Schouwenaars T, Moor B D, Feron E. Mixed Integer Programming for Multi - Vehicle Path Planning[C]. in Proceedings of the European Control Conference, (Porto, Portugal), 2001:2603 - 2608.

[59] Smith R G. The contract net protocol: High - level communication and control in a distributed problem solver [J]. IEEE Transactions on computers, 1980(12):1104 - 1113.

[60] Li Y F, Jie Z, Houjun S. Task allocation method of manned/unmanned aerial vehicle formation based on extended CNP [C]. 2016 IEEE Chinese Guidance, Navigation and Control Conference. IEEE, 2016: 1975 - 1979.

[61] Suijit P B, Sinha A, Ghose D. Multiple UAV task allocation using negotiation[C]. Proceedings of the fifth international joint conference on Autonomous agents and multi - agent systems. ACM, 2006:471 - 478.

[62] Bernstein D S, Givan R, Immerman N. The complexity of decentralized control of markov decision processes [J]. Mathematics of Operations Research, 2002, 27(4):819 - 840.

[63] Capitan J, Merino L, Ollero A. Decentralized cooperation of multiple of UAVs for multi - target surveillance under uncertainties[C]. 2014 Internatonal Conference on Unmanned Aircraft Systems (ICUAS). IEEE, 2014:1196 - 1202.

[64] Chen S, Wu F, Shen L. Decentralized patrolling under constraints in dynamic environments[J]. IEEE transactions on cybernetics, 2015, 46(12):3364 - 3376.

[65] Capitan J, Merino L, Ollero A. Cooperative decision - making under uncertainties for multi - target surveillance with multiples UAVs[J]. Journal of Intelligent and Robotic Systems, 201684(1 - 4):371 - 386.

[66] 郜晨. 多无人机自主任务规划方法研究[D]. 南京:南京航空航天大学,2016.

[67] 李相民,薄宁,代进进. 基于模型预测控制的多无人机避碰航迹规划研究[J]. 西北工业大学学报, 2017,35(3):513 - 522.

[68] 周绍磊,康宇航,史贤俊,等. 基于 RQPSO - DMPC 的多无人机编队自主重构控制方法[J]. 北京航空航天大学学报,2017,43(10):1960 - 1971.

[69] Lin Z, Liu H T. Consensus based on learning game theory with a UAV rendezvous application[J]. Chinese Journal of Aeronautics, 2015, 28(1):191 - 199.

[70] Li P, Duan H. A potential game approach to multiple UAV cooperative search and surveillance [J]. Aerospace Science and Technology, 2017, 68:403 - 415.

[71] 关旭宁,魏瑞轩,郭庆. 多无人机时序到达协同控制方法[J]. 电光与控制,2014,21(01):18 - 22.

[72] Pettersson P O, Doherty P. Probabilistic roadmap based on path planning for an antonomous unmanned aerial vehicle[C]. Proc of ICAPS - 04 Workshop on Connecting Planning Theory with Practice, 2004.

[73] Lim S, Kim Y, Lee D. Standoff Target Tracking using a Vector Field for Multiple Unmanned Aircrafts [J]. Intel Robot Sys, 2013, 69(4):347 - 360.

[74] Mehdi Alighanbari, Yoshiaki Kuwata. Coordination and control of multiple UAVs with timing constraints and loitering[C]. Proceedings of the American Control Conference Denver, Colorado, June 4 - 6, IEEE 2003: 5311 - 5316.

[75] Bellingham J, Tillerson M, Richards A, et al. Multi - task allocation and path planning for cooperating UAV [C]. In Cooperative Control: Models, Applications Algorithms. Conference Coordination, Control Optimization, Nov. , 2001:1 - 19.

[76] Richards A, Bellingham J, Tillerson M, et al. Coordination and control of UAVs[C]. presented at the AIAA Guidance, Navigation Control Conf. , Monterey, CA, Aug. , 2002, AIAA - 2002 - 4588.

[77] John Bellingham, Yoshiaki Kuwata. Stable receding horizon trajectory control for complex environments [C]. AIAA Guidance, Navigation, and Control Conference and Exhibit 11 - 14 August 2003, Austin, Texas, AIAA 2003 - 5635:1 - 11.

[78] 陈志旺,夏顺,李建雄. 基于定向 A* 算法的多无人机同时集结分布策略[J]. 控制与决策,2019,34(06):1169 - 1177.

[79] Lin Z, Brouckc M, Francis B. Local control strategies for groups of mobile autonomous agents[J]. IEEE Transactions on Automatic Control,2004,49(4):622 - 629.

[80] Lin Z, Francis B, Maggiore M. Necessary and sufficient graphical conditions for formation control of unicycles [J]. IEEE Transactions on Automatic Control,2005,50(1):121 - 127.

[81] Lin Z, Francis B, Maggiore M. State agreement for continuous - time coupled nonlinear systems[J]. SIAM Journal on Control and Optimization,2007,46(1):288 - 307.

[82] Tal Shima, Steven Rasmussen. UAV cooperative decision and control: challenges and practical approaches [M]. Society for industrial and applied mathematics, Philadelphia,2009.

[83] Ren W, Ella Atkins. Distributed multi - vehicle coordinated control via local information exchange [J]. International Journal of Robust Nonlinear Control,2007,17:1002 - 1033.

[84] Ren W. Leaderless formation control for multiple autonomous vehicles[C]. AIAA Guidance, Navigation and Control Conference. August,2006:221 - 230.

[85] Ren W. Distributed coordination architecture for multi - robot formation control[J]. Robotics and Autonomous Systems,2008,56:324 - 333.

[86] Ren W. Multi - vehicle consensus with a time - varying reference state[J]. Systems & Control Letters, 2007,56:474 - 483.

[87] Cucker F, Smale S. Emergent behavior in flocks[J]. IEEE Transactions on Automatic Control,2007,52(5):852 - 862.

[88] Tanner H G, Jadbabaie A, Pappas G J. Stable flocking of mobile agents, Part I: Fixedtopology [C]. Proceedings of the IEEE Conference on Decision and Control,2003,2:2010 - 2015.

[89] Tanner H G, Jadbabaie A, Pappas G J. Stable flocking of mobile agents, part ii: Dynamic topology [C]. Proceedings of the IEEE Conference on Decision and Control,2003,2016 - 2021.

[90] Tanner H G, Jadbabaie A, Pappas G J. Flocking in fixed and switching networks[J]. IEEE Transactions on Automatic Control,2007,52(5):863 - 868.

[91] Olfati - Saber R. Flocking for multi - agent dynamic systems: Algorithms and theory[J]. IEEE Transactions on Automatic Control,2006,51(3):401 - 420.

[92] Liu Y, Passino K M, Polycarpou M M. Stability analysis of one - dimensional asynchronous swarms [J]. IEEE Transactions on Automatic Control,2003,48(10):1848 - 1854.

[93] Liu Y, Passino K M. Stable social foraging swarms in a noisy environment[J]. IEEE Transactions on Automatic Control,2004,49(1):30 - 44.

[94] Gazi V, Passino K M. Stability analysis of social foraging swarms[J]. IEEE Transactions on Systems, Man and Cybernetics, Part B(Cybernetics),2004,34(1):539 - 557.

[95] Jadbabaie A, Motee N, Barahona M. On the stability of the kuramoto model of coupled nonlinear oscillators [C]. Proceeding of the American Control Conference,2004,5:4296 - 4301.

[96] Chopra N, Spong M W. On synchronization of kuramoto oscillators[C]. Proceedings of the IEEE Conference

on Decision and Control,2005:3916 - 3922.
[97] Olfati - Saber R, Murray R M. Consensus problems in networks of agents with switching topology and time - delays[J]. IEEE Transactions on Automatic Control,2004,49(9):1520 - 1533.
[98] Fax J A, Murray R M. Information flow and cooperative control of vehicle formation[J]. IEEE Transactions on Automatic Control,2004,49(9):1465 - 1476.
[99] Ren W, Beard R W. Consensus seeking in multi - agent systems under dynamically changing interaction topologies[J]. IEEE Transactions on Automatic Control,2005,50(5):655 - 661.
[100] Ren W, Beard R W. Multi - agent consensus with relative uncertainty. Proceedings of American Control Conference, Portland,2005:1865 - 1870.
[101] Ren W, Beard R W, Atkins E M. Information consensus in multivehicle cooperative control: Collective group behavior through local interaction[J]. IEEE Control Systems Magazine,2007,27(2):71 - 82.
[102] Ren W, Beard R W. Consensus of information under dynamically changing interaction topologies[C], in Proc. IEEE American Control Conference,2004:4939 - 4944.
[103] Xiao F, Wang L. Finite - time formation control for multi - agent systems[J]. Automatica,2009,45: 2605 - 2611.
[104] Sun D, Wang C, Shang W, et al. A synchronization approach to trajectory tracking of multiple mobile robots while maintaining time - varying formations[J]. IEEE Transactions on Robotics,2009,25(5): 1074 - 1086.
[105] Sanhoury Ibrahim M H, Amin Shamsudin H M, Abdul Rashid Husain. Multiple nonholonomic wheeled mobile robots trajectory tracking while maintaining time - varying formation via synchronous controller [J]. Procedia Engineering,2012,41:1044 - 1050.
[106] Ren W. Consensus based formation control strategies for multi - vehicle systems[C]. IEEE Proceedings of American Control Conference, New York,2006:4237 - 4242.
[107] Justh E W, Krishnaprasad P S. Equilibria and steering laws for planar formations[J]. Systems & Control Letters,2004,52(1):25 - 38.
[108] Yang J C, Lu Q S, Lang X F. Flocking shape analysis of multi - agent systems[J]. Science China Technological Sciences,2010,53(3):741 - 747.
[109] Lu Y, Guo Y, Dong Z Y. Multi - agent flocking with formation in a constrained environment[J]. Journal of Control Theory and Appllication,2010,8(2):151 - 159.
[110] Marshall J A, Broucke M E, Francis B A. Formations of vehicles in cyclic pursuit[J]. IEEE Transaction on Automatic Control,2004,9(11):1963 - 1974.
[111] Caughman J S, Lafferriere G, Veerman J P, et al. decentralized control of vehicle formations[J]. System &. Control Letters,2005,54(9):899 - 910.
[112] Sun Y G, Wang L, Xie G M. Average consensus in networks of dynamic agents with switching topologies and multiple time - varying delays[J]. Systems and Control Letters,2008,57(2):175 - 183.
[113] Wang J, Elia N. Consensus over network with dynamic channels[C]. Proceedings of the American Control Conference. Seattle,2008:2637 - 2642.
[114] Munz U, Papachristodoulou A, Allgower F. Nonlinear multi - agent system consensus with time - varying delays[C]. Proceedings of the 17th IFAC World Congress. Seaul,2008:1522 - 1527.
[115] Moreau L. Stability of multi - agent systems with time - dependent communication links[J]. IEEE Trans-

actions on Automatic Control,2005,50(2):169 – 182.

[116] Lee D,Spong Mark W. Agreement with non – uniform information delays[C]. Proceedings of the American Control Conference,2006:14 – 16.

[117] Hu J P,Hong Y G. Leader – following coordination of multi – agent systems with coupling time delays [J]. Physica A,2007,374(2):853 – 863.

[118] Jadbabaie A,Lin J,Morse S A. Coordination of groups of mobile autonomous agents using nearest neighbor rules[J]. IEEE Transactions on Automatic Control,2003,48(6):988 – 1000.

[119] Sun Y G,Wang L,Xie G M. Average consensus in networks of dynamic agents with switching topologies and multiple time – varying delays[J]. Systems and Control Letters,2008,57(2):175 – 183.

[120] Wang J,Elia N. Consensus over network with dynamic channels[C]. Proceedings of the American Control Conference. Seattle,2008:2637 – 2642.

[121] Munz U,Papachristodoulou A,Allgower F. Nonlinear multi – agent system consensus with time – varying delays[C]. Proceedings of the 17th IFAC World Congress. Seaul,2008:1522 – 1527.

[122] Moreau L. Stability of multi – agent systems with time – dependent communication links[J]. IEEE Transactions on Automatic Control,2005,50(2):169 – 182.

[123] Lee D,Spong Mark W. Agreement with non – uniform information delays[C]. Proceedings of the American Control Conference,2006:14 – 16.

[124] Hu J P,Hong Y G. Leader – following coordination of multi – agent systems with coupling time delays [J]. Physica A,2007,374(2):853 – 863.

[125] Su H S,Zhang W. Second – order consensus of multiple agents with coupling delay [J]. Communication. Theory Physics,2009(51):101 – 109.

[126] Liu C L,Liu F. Consensus problem of coupled dynamic agents with Communication Delay[C]. Proceedings of the 29th Chinese Control Conference,Beijing,China,2010:4501 – 4505.

[127] Lin P,Jia Y M. Consensus of a class of second – order multi – agent systems with time – delay and jointly – connected topologies[J]. IEEE Transactions on Automatic Control,2010,3(55):778 – 784.

[128] Liu C L,Liu F. Consensus of second – order multi – agent systems under communication delay[C]. 2010 Chinese Control and Decision Conference,2010:739 – 744.

[129] Zhu W,Cheng D Z. Leader – following consensus of second – order agents with multiple time – varying delays[J]. Automatica,2010(46):1994 – 1999.

[130] 杨洪勇,李晓．时延多智能体系统的编队控制[J]．浙江大学学报(工学版),2010,44(7):1355 – 1360.

[131] Lin P,Jia Y M. Average consensus in networks of multi – agents with both switching topology and coupling time – delay[J]. Physica A,2008,387(1):303 – 313.

[132] Sun Y G,Wang L,Xie G. Average consensus in directed networks of dynamic agents with time – varying communication delays[C]. Proceedings of the 45th IEEE Conference on Decision and Control. San Diego,2006:3393 – 3398.

[133] Tian Y P,Stability analysis and design of the second – order congestion control for networks with heterogeneous delays[J]. IEEE/ACM Transactions on networking,2005,13(5):1082 – 1093.

[134] Yang W,Bertozzi A L,Wang X F. Stability of a second order consensus algorithm with time delay[C]. // Proc of the 47th IEEE Conf on Decision and Control. Cancun,2008:2926 – 2931.

[135] Tian Y P, Liu C L, Robust consensus of multi – agent systems with diverse input delays and nonsymmetric interconnection perturbations[J]. Automatic, 2009(45): 1347 – 1353.

[136] Ma C Q, Li T, Zhang J E. Leader – following consensus control for multi – agent systems under measurement noises[C]. Proceedings of the International Federation of Automatic Control, 2008: 1528 – 1533.

[137] Sun Y Z, Ruan J. Leader – follower consensus problems of multi – agent systems with noise perturbation and time delays[J]. Chinese Physics Letters, 2008, 25(9): 3493 – 3495.

[138] Ren W. On consensus algorithms for double – integrator dynamics[J]. IEEE Transactions on Automatic Control, 2008, 53(6): 1503 – 1509.

[139] Tian Y, Liu C. Robust consensus of multi – agent systems with diverse input delays and asymmetric interconnection perturbations[J]. Automatic, 2009, 45: 1347 – 1353.

[140] Shang Y. Leader – following consensus problems with a time – varying leader under measurement noises [J]. Advances in Dynamical Systems and Applications, 2011(06): 255 – 270.

[141] Ren W, Beard R W, Kingston D B. Multi – agent kalman consensus with relative uncertainty [C]. Proceedings of American Control Conference. Portland, OR, Jun., 2005: 1865 – 1870.

[142] Kingston D B, Ren W, Beard R W. Consensus algorithm are input – to – state stable[C]. Proceedings of Amecican Control Conference. Portland, OR, Jun., 2005: 686 – 1690.

[143] Ren W, Beard R W. Derek Kingston. Kalman consensus strategies and their application to cooperative control[Online]. http://contentdm. lib. byu. Edu/cdm/singleitem/collection/IR/id/591/rec/4.

[144] Huang M, Manton J H. Coordination and consensus of networked agents with noisy measurement: Stochastic algorithms and asymptotic behavior[J]. SIAM J. Control Optim., 2009, 48(1): 134 – 161.

[145] Li T. Asymptotically unbiased average consensus under measurement noises and fixed topologies [C]. Proc. of 17th IFAC World Congress, Seoul, Korea, Jul., 2008: 2867 – 2873.

[146] Li T, Zhang J F. Mean square average consensus under measurement noises and fixed topologies: necessary and sufficient conditions. Automatica[J]. Automatical, 2009, 45(8): 1929 – 1936.

[147] Li T, Zhang J F. Consensus conditions of multi – agent systems with time – varying topologies and stochastic communication noises[J]. IEEE Transactions on Automatic Control, 2010, 55(9): 2043 – 2057.

[148] Bauso D, Giarre L, Pesenti R. Lazy consensus for networks with unknown but bounded disturbances [C]. Proceedings of the 46th IEEE Conference on Decision and Control, 2007: 2283 – 2288.

[149] Guerrero J A, Romero G, Lozano R. Robust consensus tracking of leader – based multi – agent systems [C]. Proceedings of 2010 American Control Conference(ACC). Marriott Waterfront. Baltimore. MD. USA, 2010: 6299 – 6305.

[150] Wang L, Liu Z X, Guo L. Robust consensus of multi – agent systems with noise[C]. Control Conference, 2007. CCC Chinese, 2007: 737 – 741.

[151] Wu Y H, Guan Z H, Liao R Q, et al. Robust consensus control in networks of agents with singular systems [C], Proceedings of 8th IEEE International Conference on Control and Automation(ICCA), 2010: 2115 – 2119.

[152] Jinyoung Lee, Jung – Su Kim. Discrete time consensus problem using optimal control[C]. ICROS – SICE International Joint Conference, August, Fukuoka International Congress Center, Japan, 2009: 262 – 266.

[153] Zhang Y, Tian Y P. Consensus of data – sampled multi – agent systems with random communication delay and packet loss[J]. IEEE Transactions on Automatic Control, 2010, 55(4): 939 – 943.

[154] Castro G A, Paganini F. Convex synthesis of controllers for consensus[C]. Proceeding of the American Control Conference. Boston. Massachusetts June 30 – July 2,2004:4933 – 4938.

[155] Ryoo C K, Cho H, Tahk M J. Optimal Guidance Laws with Terminal Impact Angle Constrain[J]. Journal of Guidance, Control, and Navigation, 2005, 28(4):724 – 732.

[156] Lee Y I, Kim S H, Lee J I, et al. Analytic Solutions of Generalized Impact – Angle – Control Guidance Law for First – Order Lag System[J]. Journal of Guidance, Control, and Navigation, 2013, 36(1):96 – 112.

[157] Lee C H, Kim T H, Min – JeaTahk, et al. Polynomial Guidance Laws Considering Terminal Impact Angle and Acceleration Constraints[J]. IEEE Transactions on Aerospace and Electronic Systems, 2013, 49(1): 74 – 92.

[158] Erer K S, Merttopçuoğlu O. Indirect Impact – Angle – Control Against Stationary Targets Using Biased Pure Proportional Navigation[J]. Journal of Guidance, Control, and Navigation, 2012, 35(2):700 – 703.

[159] Erer K S, Özgören M K. Control of Impact Angle using Biased Proportional Navigation[C]. AIAA Guidance, Navigation, and Control(GNC) Conference, 2013:1 – 15.

[160] Lee C H, Kim T H, Tahk M J. Interception Angle Control Guidance Using Proportional Navigation with Error Feedback[J]. Journal of Guidance, Control, and Navigation, 2013, 36(5):1556 – 1561.

[161] Zhang Y, Sun M, Chen Z. Finite – time convergent guidance law with impact angle constraint based on sliding – mode control[J]. Nonlinear Dynamics, 2012, 20(1):619 – 25.

[162] Kumar S R, Rao S, Ghose D. Sliding – Mode Guidance and Control for All – Aspect Interceptors with Terminal Angle Constraints[J]. Journal of Guidance, Control, and Navigation, 2012, 35(4):1230 – 1246.

[163] Xiong S, Wang W, Liu X, et al. Guidance law against maneuvering targets with intercept angle constraint [J]. ISA Transactions, 2014, 53(4):1332 – 1342.

[164] Padhi R, Kothari M. Model predictive static programming: a computationally efficient technique for suboptimal control design[J]. International Journal of Innovative Computing Information and Control, 2009, 5 (2):399 – 411.

[165] Le Roux J D, Padhi R, Craig I K. Optimal control of grinding mill circuit using model predictive static programming: A new nonlinear MPC paradigm[J]. Journal of Process Control, 2014, 24(12):29 – 40.

[166] Kang S, Kim H J. Differential game missile guidance with impact angle and time constraints[C]. Preprints of the 18th IFAC World Congress, 2011:3920 – 3925.

[167] Harl N, Balakrishnan S N. Impact time and angle guidance with sliding mode control[J]. IEEE Transactions on Control Systems Technology, 2012, 20(6):1436 – 1449.

[168] Tekin R, Erer K S. Switched – Gain Guidance for Impact Angle Control Under Physical Constraints [J]. Journal of Guidance, Control, and Dynamics, 2015, 38(2):205 – 216.

[169] Sang D, Ryoo C K, Song K R, et al. AGuidance Law with a Switching Logic for Maintaining Seeker's Lock – on for Stationary Targets[C]. AIAA Guidance, Navigation and Control Conference and Exhibit, 2008:1 – 10.

[170] Tahk M J, Sang D K. Guidance law switching logic considering the seeker's field – of – view limits [J]. Proceedings of the Institution of Mechanical Engineers, Part G: Journal of Aerospace Engineering, 2009, 223(8):1049 – 1058.

[171] He S, Lin D. A robust impact angle constraint guidance law with seeker's field – of – view limit [J]. Transactions of the Institute of Measurement and Control, 2015, 37(3):317 – 328.

[172] Chwa D, Choi J Y. Adaptive Nonlinear Guidance Law Considering Control Loop Dynamics [J]. IEEE Transactions on Aerospace and Electronic Systems, 2003, 39(4): 1134 – 1143.
[173] Qu P, Zhou D. A dimension reduction observer – based guidance law accounting for dynamics of missile autopilot[J]. Proceedings of the Institution of Mechanical Engineers, Part G: Journal of Aerospace Engineering, 2013, 227(7): 1114 – 1121.
[174] Sun S, Zhou D, Hou W T. A guidance law with finite time convergence accounting for autopilot lag [J]. Aerospace Science and Technology, 2013, 25(1): 132 – 137.
[175] Qu Z, Wang J A H R. Cooperative control of dynamical systems with application to autonomous vehicles [J]. IEEE Trans on Automatic Control, 2008, 53(4): 894 – 911.
[176] Li C, Qu Z. Distributed finite – time consensus of nonlinear systems under switching topologies [J]. Automatica, 2014, 50(6): 1626 – 1631.
[177] Di Y, Qinghe W, Yinqiu W. Consensus analysis of high – order multi – agent network in fixed and dynamical switching topology[J]. Axta Armamentarii, 2012, 33(1): 56 – 62.
[178] 马国欣,张友安. 多导弹时间协同分布式制导律设计[J]. 控制与决策, 2014, 29(5): 843 – 847.
[179] Qu Z. Cooperative Control of Dynamical Systems[M]. Springer, 2009.

内 容 简 介

以无人机和导弹为代表的多无人飞行器协同作战作为一种可以预见的全新力量,是提升我军协同作战能力的有效途径。多无人飞行器协同作战以自主协同网络为依托,在局部战场上创造出压倒性优势,可前突到高危战场前沿,完成情报监视、侦察搜索任务,为作战行动提供实时目标情报信息。在进攻歼灭任务中,无人飞行器可利用携带的制导弹药或直接对目标进行突发性的攻击摧毁,为进一步协同攻击提供安全通道。多无人飞行器协同作战问题已成为相关技术领域的研究热点,本书结合作者的研究工作,将多无人飞行器协同作战过程分为在线任务规划、巡航编队飞行和目标打击 3 个阶段,重点研究多无人飞行器协同航迹规划、一致性协同编队控制以及控制攻击时间和攻击角度的三维协同制导等问题。

本书可作为高等院校或科研院所中从事无人飞行器系统工程、无人飞行器任务规划等专业领域的科研工作者和工程技术人员的参考用书,也可作为导航与制导、信息处理等其他相关专业师生和科研人员的参考用书。

As a predictable new force, the cooperative operation of multiple unmanned aerial vehicles represented by UAVs and missiles is an effective way to improve the cooperative combat capability of our army. The cooperative operation of multi – UAVs is based on the independent cooperative network to create an overwhelming advantage in the local battlefield. It can advance to the front of the high – risk battlefield, complete the tasks of intelligence surveillance, reconnaissance and search, and provide real – time target intelligence information for combat operations. In the attack and annihilation mission, UAV can use the guided ammunition or directly attack and destroy the target suddenly, so as to provide a safe channel for further cooperative attack. Combined with the author's research work, this book divides the multi – UAVs cooperative operation process into three stages: online mission planning, cruise formation flight and target attack. It focuses on the multi – UAVs cooperative path planning, consistent cooperative formation control and three – dimensional cooperative guidance for controlling attack time and attack angle.

This book can be used as a reference book for scientific researchers and engineering technicians engaged in UAV system engineering, UAV mission planning and other professional fields in colleges and universities or scientific research institutes. It can also used as a reference for teachers, students and scientific researchers of navigation and guidance, information processing and other related majors.

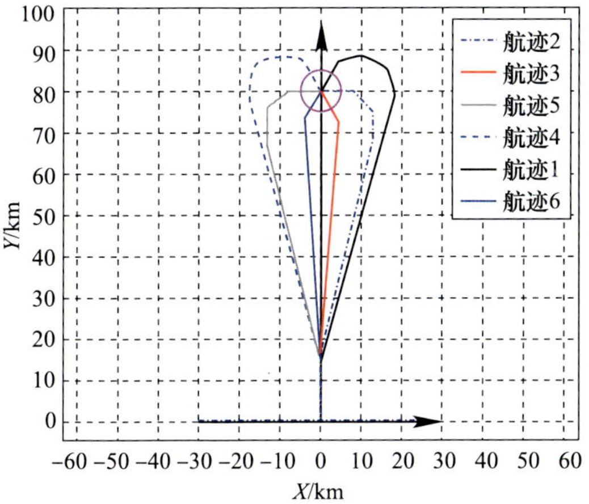

图 3-3　6 架无人飞行器协同攻击仿真图

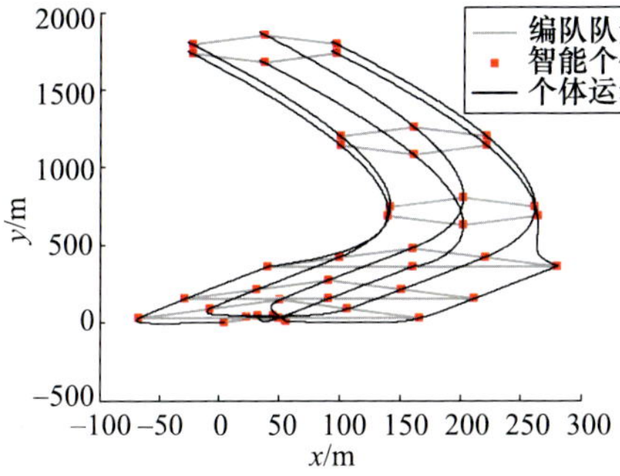

图 5-5　编队运动轨迹变化

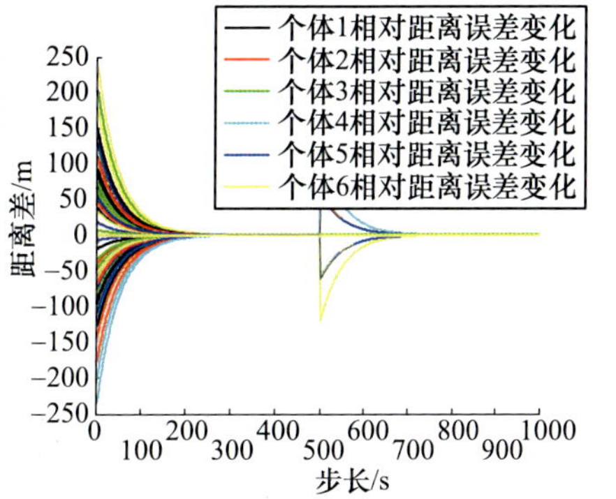

图 5-6　个体相对距离误差变化

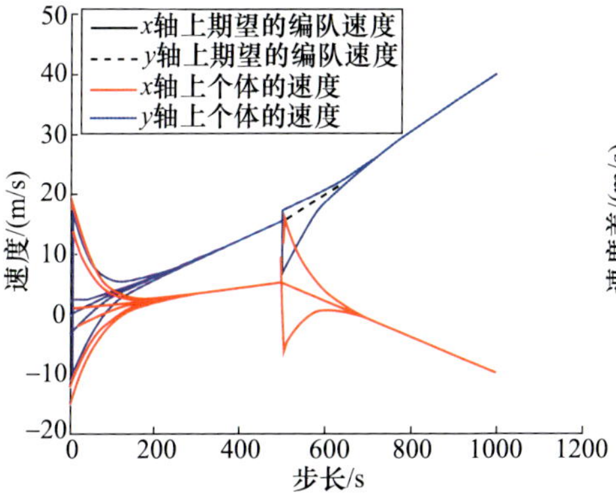

图 5-7　编队速度变化图

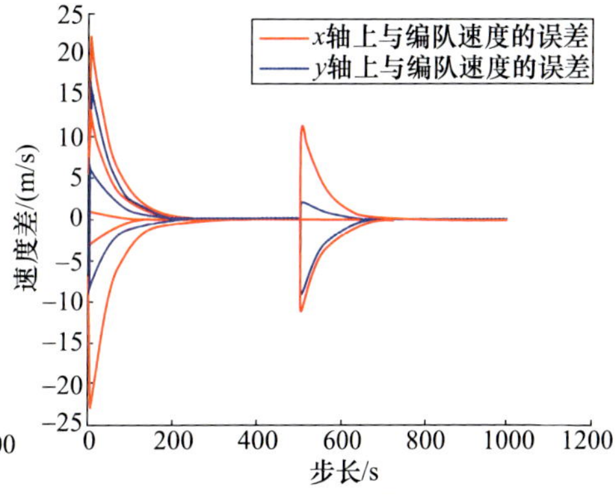

图 5-8　编队速度误差变化图

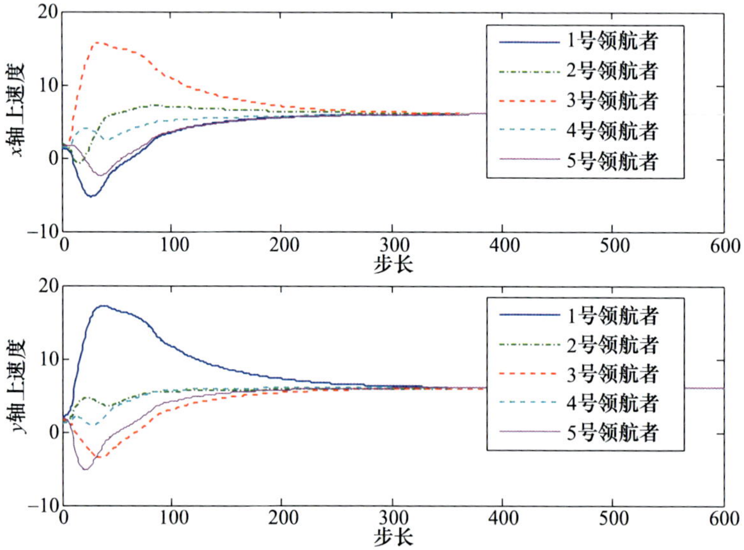

图 5－26　领航者无人飞行器的速度变化图

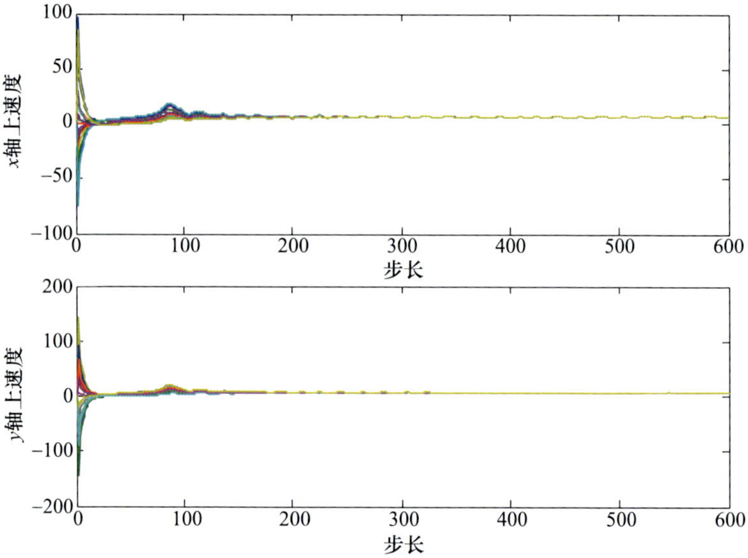

图 5－27　跟随者无人飞行器的速度变化图

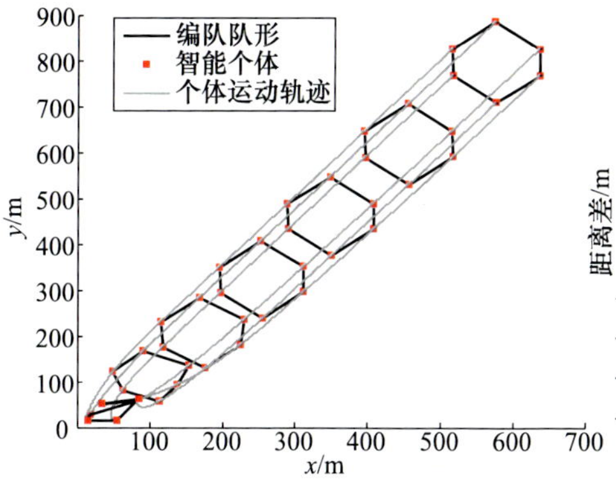

图 6-2 无人飞行器运动轨迹

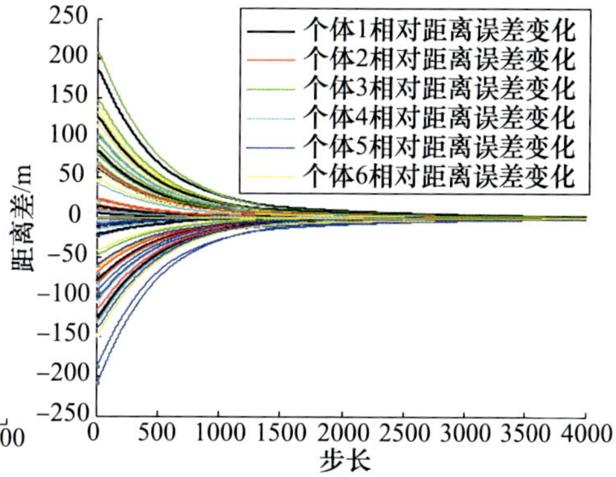

图 6-3 个体相对距离误差变化

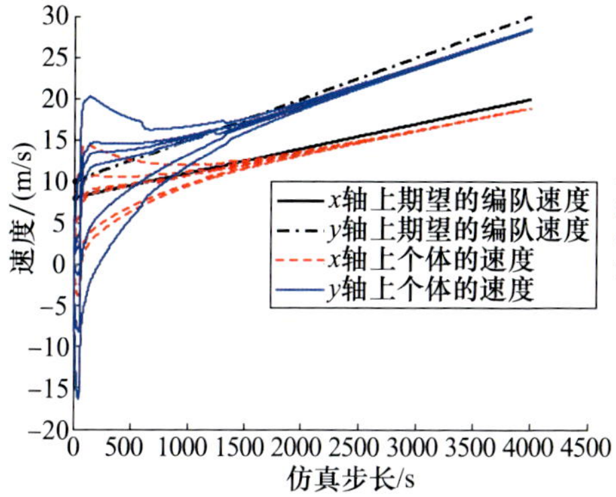

图 6-4 无人飞行器速度变化

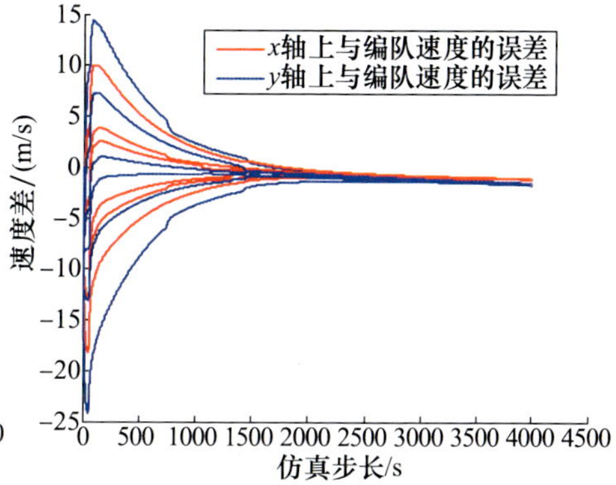

图 6-5 个体速度误差变化

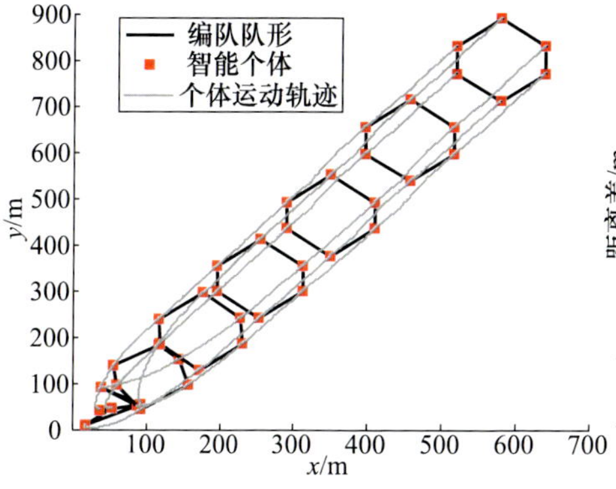

图 6-6 具有不确定性的多无人飞行器运动轨迹

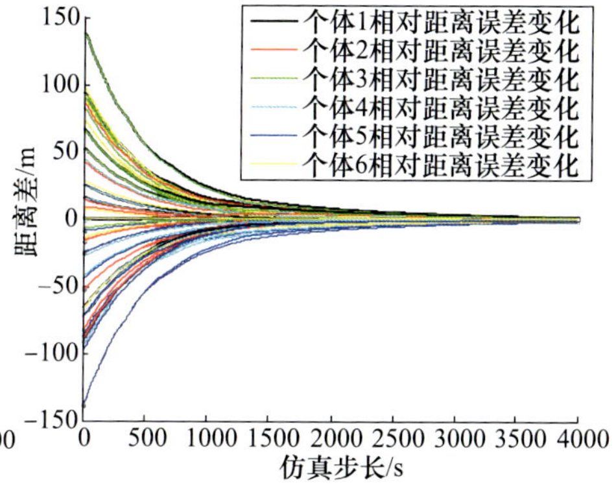

图 6-7 具有不确定性的个体相对距离误差变化

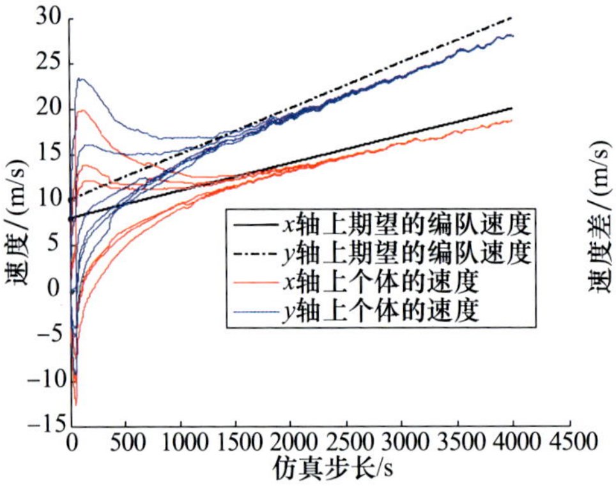

图 6-8　具有不确定性的个体速度变化

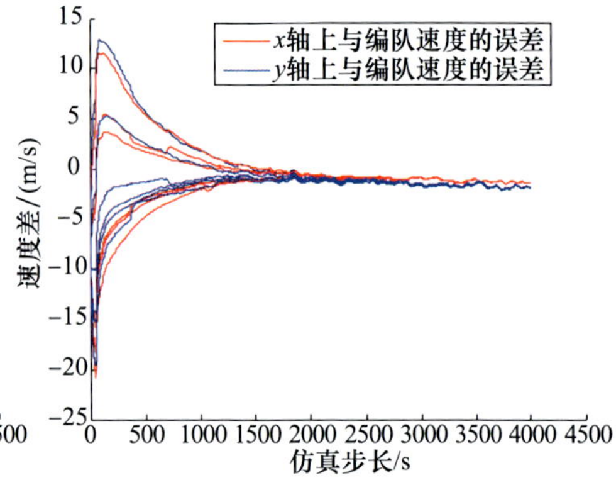

图 6-9　具有不确定性的个体速度误差变化

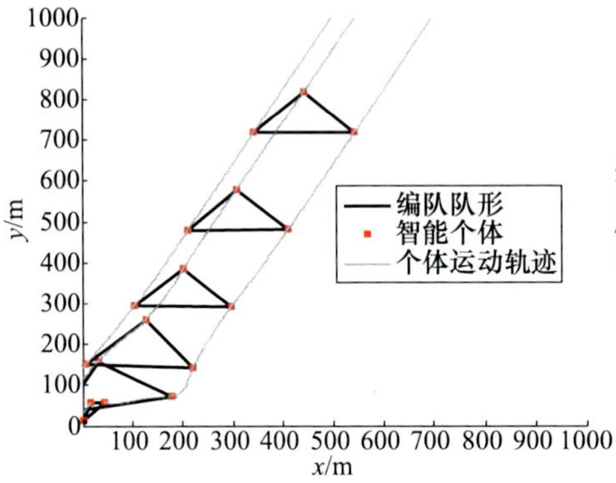

图 6-11　多无人飞行器运动轨迹

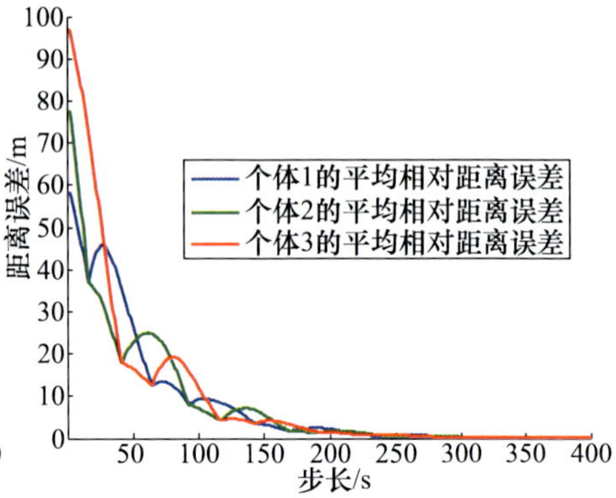

图 6-12　个体的平均相对距离误差

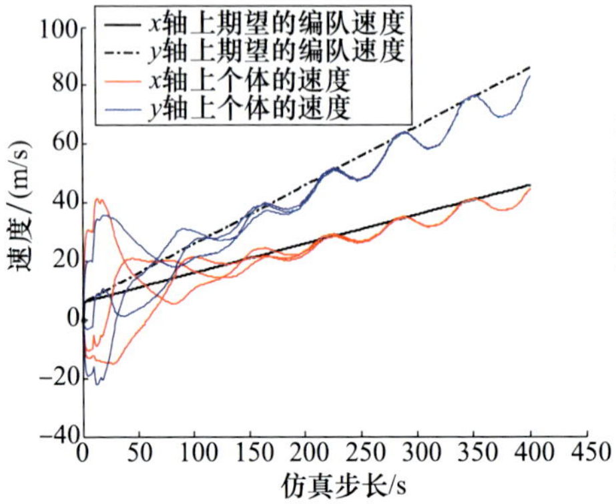

图 6-13　无人飞行器速度变化

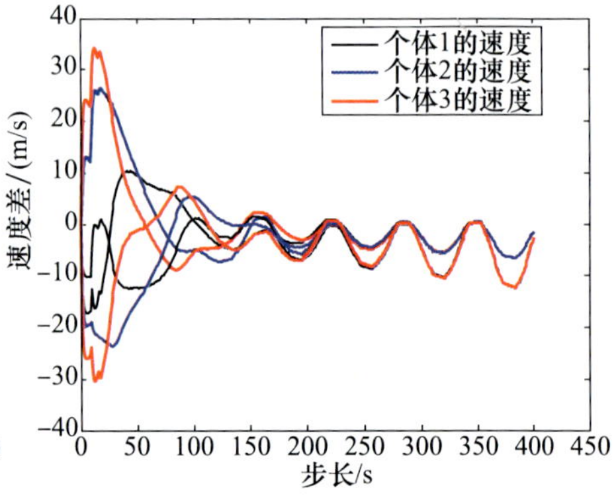

图 6-14　个体速度误差变化

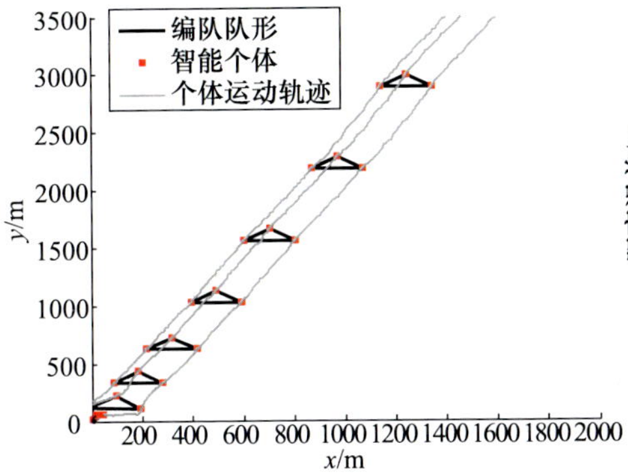

图 6－15　有不确定性的多无人飞行器运动轨迹

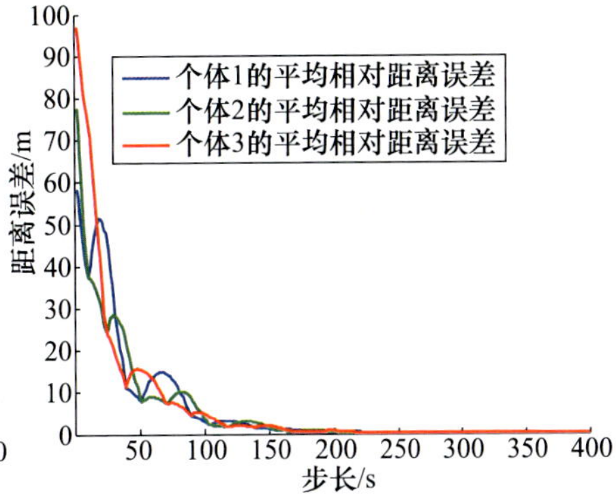

图 6－16　有不确定性的个体的平均相对距离误差

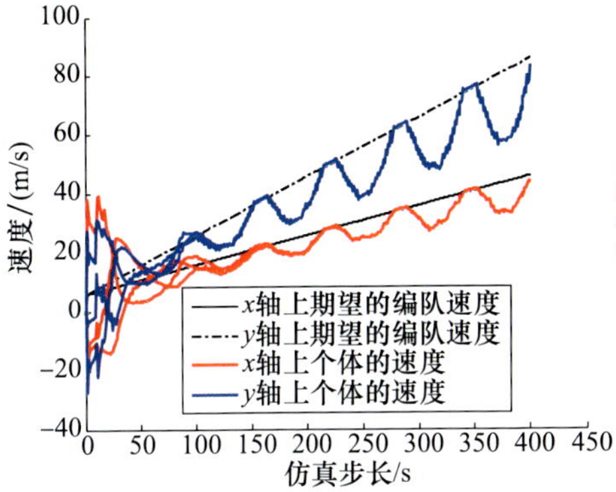

图 6－17　有不确定性的无人飞行器速度变化

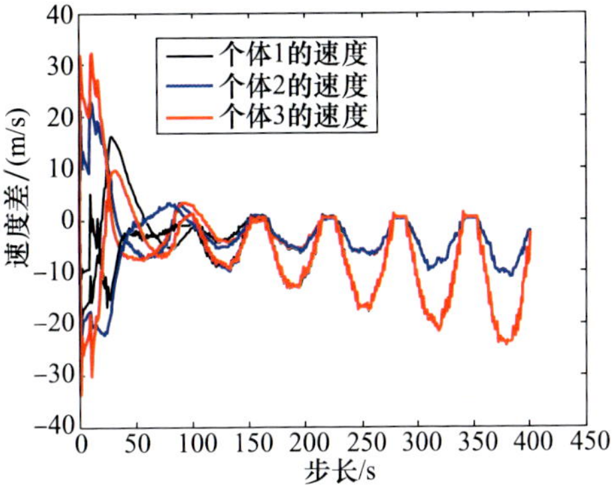

图 6－18　有不确定性的个体速度误差变化

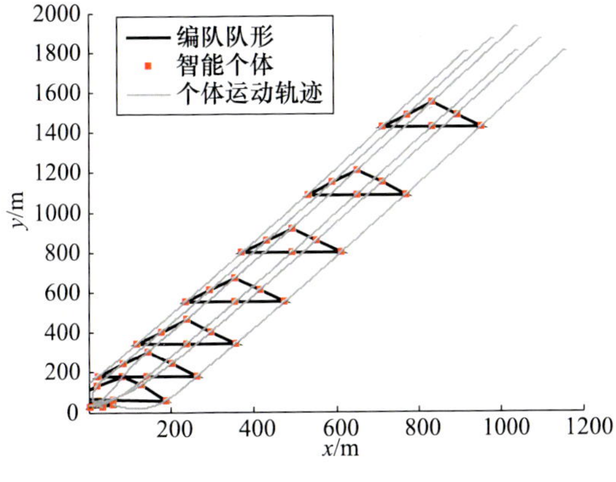

图 7－3　多无人飞行器的运动轨迹

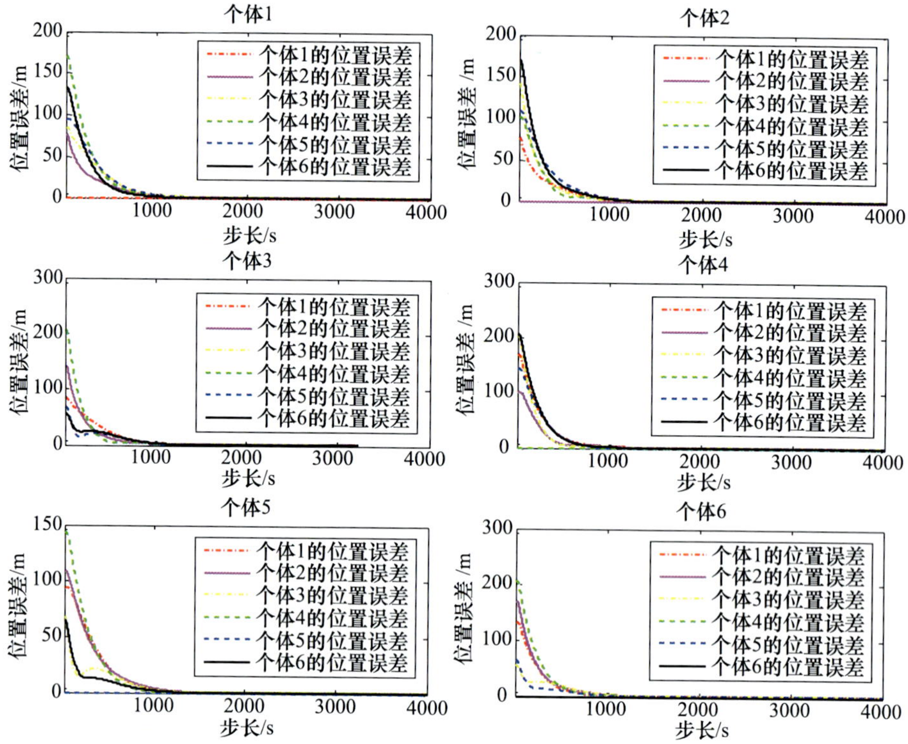

图 7-4 个体的相对距离误差

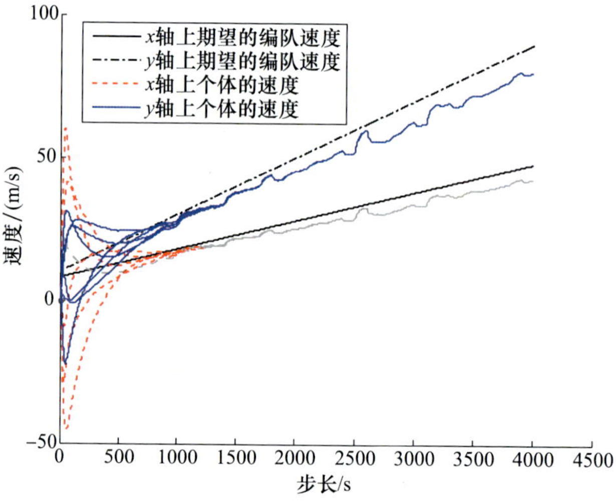

图 7-5 无人飞行器的速度变化

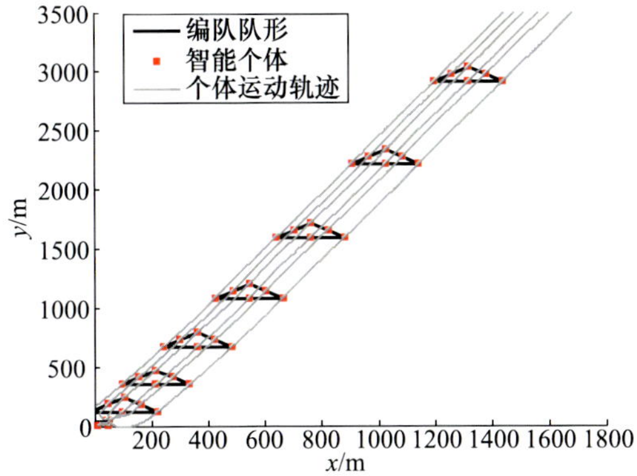

图 7－8 具有模型不确定性的多无人飞行器运动轨迹

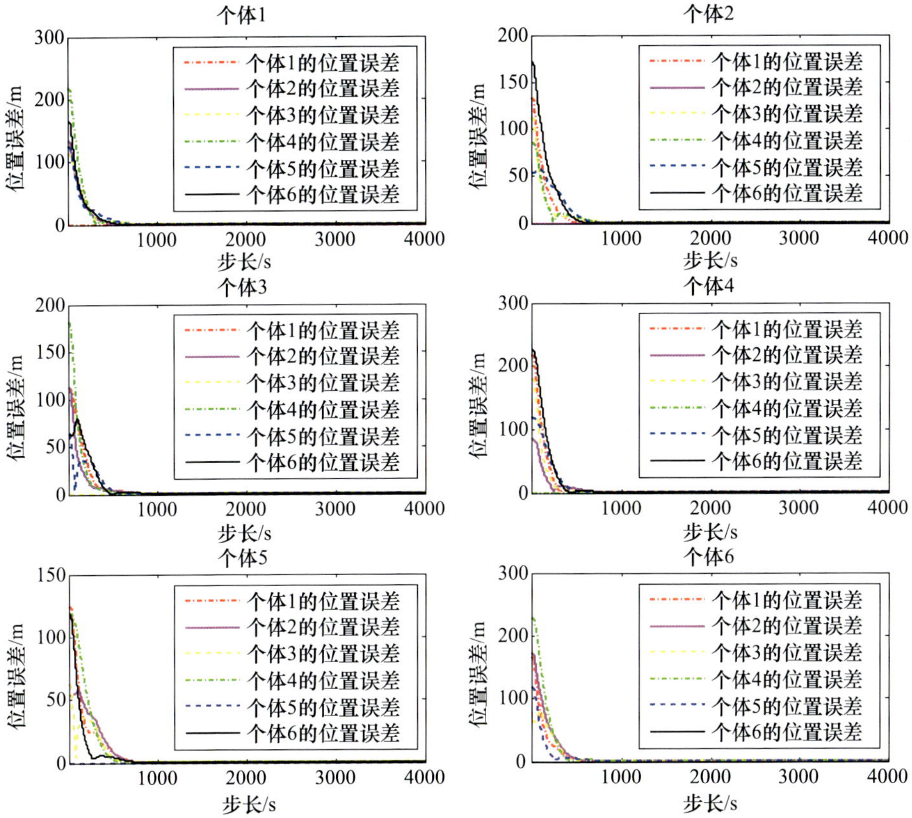

图 7－9 具有模型不确定性的个体相对距离误差

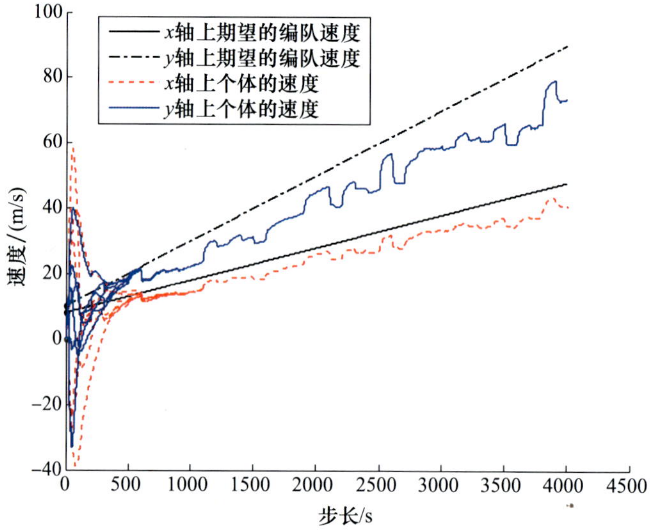

图 7-10　具有模型不确定性的无人飞行器速度变化